Elektrische Leitungen

Praktische Berechnung von Leitungen für die Übertragung elektrischer Energie

Von

Dr.-Ing. A. Schwaiger

o. Professor an der Technischen Hochschule in München

Mit 134 Bildern und 8 Zahlentafeln

München und Berlin 1941

Verlag von R. Oldenbourg

Druck von R. Spies & Co., Wien

Printed in Germany

Vorwort.

Die Übertragung elektrischer Energie auf sehr große Entfernungen hat heute eine erhöhte Bedeutung erlangt, wie der umfangreiche Bau von Fernleitungen beweist. Damit geht Hand in Hand die Erstellung von Mittelspannungs- und Niederspannungsleitungen. Die Berechnung elektrischer Leitungen aller Art ist deshalb heute wiederum in den Vordergrund der Aufgaben getreten, welche die Elektrotechnik zu bewältigen hat.

Meine im Jahr 1931 erschienene Schrift „H o c h s p a n n u n g s l e i t u n g e n", die inzwischen ins Französische übersetzt wurde, ist vergriffen. Meine darin zum erstenmal in ausführlicher Form veröffentlichten g r a p h i s c h e n M e t h o d e n zur Berechnung von Niederspannungs- und Mittelspannungsnetzen haben sich in die Praxis eingeführt und gut bewährt.

Vor die Frage der Herausgabe einer Neuauflage gestellt, habe ich erkannt, daß besonders die Abschnitte über die F e r n - ü b e r t r a g u n g wesentlich erweitert werden müssen, was weit über eine Neuauflage der genannten Schrift hinausgeht und so habe ich mich entschlossen, ein ganz neues Buch unter dem Titel „E l e k t r i s c h e L e i t u n g e n" erscheinen zu lassen.

Bei den F e r n l e i t u n g e n hat man z w e i Gruppen von Leitungsdiagrammen zu unterscheiden. Bei der einen Gruppe handelt es sich darum, die Zustände am A n f a n g und am E n d e der Leitung zu ermitteln ohne Berücksichtigung der Verteilung der elektrischen Größen längs der Leitung. Die Leitungslängen, um die es sich hierbei handelt, gehen nicht über 200 km bei Freileitungen bzw. über 100 km bei Kabeln hinaus. Zur Ermittlung dieser Zustände werden die von J. O s s a n n a entwickelten „N e u e n A r b e i t s d i a g r a m m e" verwendet.

Bei der anderen Gruppe handelt es sich um Fernleitungen von erheblich g r ö ß e r e n Längen. Hier müssen nicht nur die Zustände am Anfang und am Ende der Leitungen, sondern auch die Verteilung der elektrischen Größen l ä n g s der Leitungen untersucht werden. Es wird hierbei folgender Weg eingeschlagen. Die Fernleitung wird in mehrere Abschnitte zerlegt mit Längen von etwa 200 km bzw. 100 km und jeder Abschnitt wird unter Anwendung der Ossanna-Diagramme berechnet. Dieses Vorgehen weicht von dem sonst üblichen Verfahren der rein mathematischen Behandlung ab, die in jedem Lehrbuch zu finden ist. Ich habe diese etwas umständlichere Methode deshalb gewählt, weil sie mir anschaulicher zu sein scheint; denn man kann das Entstehen der Zustände auf der Leitung in allen Einzelheiten unmittelbar verfolgen und sozusagen miterleben. Man erkennt auf diese Weise Schritt für Schritt die physikalischen Gründe, die zu den Änderungen der Spannung, des Stromes usw. längs der Leitung führen. Dem Leser, der sich mit diesen Problemen näher beschäftigen will, sei empfohlen, im Anschluß daran die mathematische Behandlung zu studieren, die für ihn dann nichts Geheimnisvolles mehr enthält.

Neuerdings hat der Blitzschutz der Leitungen mit Hilfe von Erdseilen große Bedeutung erlangt, da der unmittelbare Blitzschlag die Hauptgefahr für den Betrieb der Hochspannungsleitungen ist. Ich habe deshalb auch die Ermittlung der Erdseilanordnungen im Mastbild aufgenommen. Dabei habe ich hauptsächlich die Ergebnisse meiner eigenen Forschungen auf diesem Gebiet verwertet. Der Rosenthal-Isolatoren G. m. b. H. in Selb, die meine Arbeiten auf diesem Gebiet wesentlich unterstützt hat und ihr Hochvolthaus für umfangreiche Versuche zur Verfügung stellte, bin ich zu großem Dank verpflichtet.

Meine Assistenten, die Herren Dipl.-Ing. P. Schwarze und Ing. K. Merkl haben mich bei der Berechnung und beim Entwurf der Diagramme in dankenswerter Weise unterstützt.

Dem Verlag habe ich für das gezeigte Entgegenkommen zu meinen Wünschen über die Ausgestaltung des Buches und für die rasche Drucklegung bestens zu danken.

München, den 1. August 1941.

A. Schwaiger.

Inhaltsverzeichnis.

Seite

Vorwort 3

I. Grundlagen 7
 A. Aufgaben der Leitungsberechnung 7
 B. Grundlegendes Leitungsdiagramm 9
  1. Ableitung des Diagrammes 9
  2. Der Spannungsabfall ΔU 12
  3. Die Phasendifferenz δU 14

II. Niederspannungs- und Mittelspannungsleitungen 18
 A. Die offenen Leitungen 19
  1. Die unverzweigte Leitung 19
  2. Die verzweigte Leitung 30
  3. Die gleichmäßig belastete Leitung 32
 B. Die geschlossenen Leitungen 33
  1. Die unverzweigte, in mehreren Punkten belastete
   Leitung 33
  2. Die verzweigte, nur in einem Punkt belastete Leitung 41
  3. Die verzweigte, in beliebigen Knotenpunkten belastete
   Leitung 43
  4. Die vermaschten Leitungen 44
  5. Superposition von Strömen 48
  6. Stromänderung längs der Leitungen 54
 C. Die mit Kurzschlußströmen belastete Leitungsanlage . 59
  1. Die von einem Kraftwerk gespeisten Leitungen . . . 61
  2. Die von mehreren Kraftwerken gespeiste Leitungsanlage 64
  3. Kapazitive Netze 79

III. Die Fernleitungen 83
 A. Grundsätzliches 83
 B. Die Fernleitung als Vierpol 93
  1. Einfache Entwicklung der Diagramme 93
   a) Erste Hauptform der Energieübertragung 93
   b) Zweite Hauptform der Energieübertragung . . . 106
   c) Dritte Hauptform der Energieübertragung 111

Seite

2. Arbeitsdiagramme 112
  a) Erstes Arbeitsdiagramm; größte übertragbare Lei-
    stung 112
  b) Zweites Arbeitsdiagramm; konstante Phasenver-
    schiebung 117
  c) Drittes Arbeitsdiagramm; Scheinleistung konstant . 121
  d) Viertes Arbeitsdiagramm; Blindleistung konstant . 123
  e) Fünftes Arbeitsdiagramm; Spannungsverhältnis
    konstant 125
  f) Sechstes Arbeitsdiagramm; sekundäres Wirk-
    leistungsverhältnis konstant 127
3. Anhang; Ableitung von Formeln; Beweise 129

C. Die Fernleitung als Vierpolkette 134
1. Die verlustfreie Fernleitung 135
  a) Leerlauf 136
  b) Belastung 140
  c) Analytische Untersuchung 154
2. Die verzerrende Leitung 156
  a) Leerlauf 157
  b) Belastung 163
  c) Die kompensierte Leitung 172
3. Die Gleichstromfernleitung 179
  a) Belastung 181
  b) Leerlauf 184

IV. Das Mastbild 186
A. Grundlagen für den Blitzschutz 187
1. Die Entwicklung des Blitzschutzes 187
2. Physikalische Grundlagen des Blitzschutzes 193
B. Versuche und Beobachtungen 195
1. Versuche 195
2. Die Blitzentladungen 199
C. Praktische Ausführung 203
1. Ableitung der Regeln 204
2. Praktisches Beispiel 207
3. Vergleiche 209

Anhang 213
A. Widerstandsbelag 213
B. Induktivitäts- und Kapazitätsbelag 215
C. Ableitungsbelag 218

Schrifttum 219

I. Grundlagen.

A. Aufgaben der Leitungsberechnungen.

Die Leitungsanlagen unterteilt man gewöhnlich in N i e d e r -
s p a n n u n g s l e i t u n g e n, in H o c h s p a n n u n g s l e i -
t u n g e n (auch Mittelspannungsleitungen genannt) und in
H ö c h s t s p a n n u n g s l e i t u n g e n.

Die N i e d e r s p a n n u n g s l e i t u n g e n dienen zur
Verteilung der elektrischen Energie an die Verbraucher von Licht,
Kraft und Wärme. Die hier üblichen Spannungen sind 110, 220
und 380 V. Vielfach werden diese Netze von eigenen Kraftwerken
gespeist. Die Regel ist jedoch, daß ihnen die Energie über Trans-
formatorenstationen von Ü b e r l a n d k r a f t w e r k e n zugeführt wird.

Den Niederspannungsnetzen sind also die Leitungsnetze
der Überlandwerke übergeordnet. Diese Leitungsnetze versorgen
die Ortschaften und Städte ganzer Provinzen mit elektrischer
Energie. Der großen Ausdehnung dieser Netze entsprechend sind
hierzu h o h e S p a n n u n g e n bis etwa 60 000 V notwendig.

Diesen Hochspannungsnetzen übergeordnet sind H ö c h s t -
s p a n n u n g s l e i t u n g e n, welche die Überlandkraftwerke
untereinander verbinden. Zwar besitzen die Überlandwerke meist
eigene Kraftwerke; es hat sich aber wirtschaftlich für zweckmäßig
erwiesen, Überschußenergie des einen Kraftwerkes dem Netz
eines anderen überbelasteten Kraftwerkes zuführen zu können
und hierzu dienen die Höchstspannungsleitungen. Daß diese
Leitungen mit noch höheren Spannungen (bis zu 380 000 V) arbeiten, ist verständlich; denn sie haben noch größere Entfernungen
zu überbrücken als die Hochspannungsleitungen. Diesen Betrieb
des gegenseitigen Energieaustausches nennt man auch „Verbundbetrieb".

Welche Bedeutung die Höchstspannungsleitungen für die
V o l k s w i r t s c h a f t besitzen, erkennt man aus folgendem.
Die Gebiete, in welchen die Energie des Wassers, der Kohle oder

des Öles in großen Mengen vorhanden ist, sind durch die Natur gegeben. Die Orte, wo Energie gebraucht wird, die Städte und Industriezentren, sind meist unabhängig davon entstanden. Es ist daher notwendig, die Energie vom Ort des Anfalles zum Ort des Verbrauches zu t r a n s p o r t i e r e n. Bei der Ausnützung der W a s s e r k r ä f t e ist der e l e k t r i s c h e Transport der einzig mögliche. Bei der Ausnützung der Kohlen- und Ölfelder steht der elektrische Transport in Konkurrenz mit dem mechanischen Transport mit Hilfe der Eisenbahn; hier zeigt sich in den meisten Fällen der elektrische Transport wirtschaftlich überlegen. Diesem Transport der Energie aus entlegenen Gebieten zum Ort des Verbrauches dienen ebenfalls die Höchstspannungsleitungen.

Ein Projekt von gewaltigen Ausmaßen war geplant. Durch die von der O r t s z e i t abhängigen Helligkeiten wird die Verbrauchszeit der elektrischen Energie bestimmt. Mit Hilfe von Ost-Westleitungen über den ganzen Kontinent könnte ein Ausgleich dieser Belastungsverschiebungen erreicht werden, indem den gerade stark belasteten Kraftwerken Energie von den noch schwach belasteten zugeführt wird. Ferner läßt die Abhängigkeitskurve der Helligkeit von der geographischen Breite auf der Erdoberfläche einen Ausgleich der dadurch gegebenen Belastungsunterschiede für erwünscht erscheinen; hierzu wären Höchstspannungsleitungen, die in Nord-Südrichtung verlaufen, notwendig. Endlich könnten die Unterschiede der Schmelzwasserzeiten der verschiedenen Gebirge durch zweckmäßige Verbindungsleitungen ausgeglichen werden. Daraus erkennt man, welche große Aufgaben der elektrischen Energieübertragung durch Höchstspannungsleitungen noch gestellt sind.

Den verschiedenen Z w e c k e n und B e d i n g u n g e n entsprechend sind auch die Aufgaben und Methoden der Berechnung bei den einzelnen Leitungsarten verschieden. Bei den N i e d e r s p a n n u n g s l e i t u n g e n handelt es sich in der Hauptsache um die Ermittlung des Q u e r s c h n i t t e s der Leitungen bei vorgeschriebenem Spannungsabfall. Die hierbei anzuwendenden Gesetze sind einfach; die Rechnung wird jedoch bei den stark vermaschten Netzen oft umständlich. Bei den M i t t e l s p a n n u n g s n e t z e n muß die Phasenverschiebung, welche durch die Asynchronmotoren usw. zustande kommt und der Spannungsabfall durch die Induktivität der Leitungen berücksichtigt werden. Auch die Kapazität der Leitungen darf bei höheren Spannungen nicht mehr vernachlässigt werden. Dafür sind aber die Netze meist viel einfacher als bei den Niederspannungsleitungen. Im großen und ganzen können bei diesen beiden Leitungsarten die gleichen Methoden der Berechnung angewendet werden. Die Höchstspannungsleitungen sind sogenannte spannungsgebundene Leitungen; hier müssen die Spannungen in den Punkten der Erzeugung und des Verbrauches auf bestimmten Werten gehalten werden, während die Spannungen bei den beiden anderen Arten der Leitungen innerhalb gewisser Grenzen schwanken dürfen. Bei den Höchstspannungsleitungen lautet deshalb die zu lösende Aufgabe wie folgt: Welche Leistungen können bei den vorgeschriebenen Spannungen übertragen werden, und durch welche Mittel kann man die übertragbaren Leistungen beeinflussen? Ferner ist hier zu untersuchen, welche maximalen Leistungen und auf welche Entfernungen man dieselben übertragen kann, ohne die Stabilität des Betriebes zu gefährden. Die Höchstspannungsleitungen stellen die einfachsten Leitungsgebilde dar. Als Kupplungsleitungen von je zwei Kraftwerken können sie als einfache, nur am Ende belastete Leitungen behandelt werden. Vermaschte Netze kommen hier nicht vor.

B. Grundlegendes Leitungsdiagramm.

1. Ableitung des Diagrammes.

In Bild 1 bedeutet AE einen Leitungsstrang mit der einfachen Länge l km, dem Widerstand R und der Reaktanz ωL. Im Punkt A werde die Leitung gespeist, im Punkt E belastet.

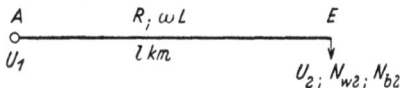

Bild 1.

Die Belastung sei in Wirk- und Blindkilowatt N_{w2} bzw. N_{b2} gegeben. Die Spannung in E sei vorgeschrieben zu U_2; es besteht die Aufgabe, die Spannung U_1 im Punkt A zu ermitteln.

Die Lösung der Aufgabe ist einfach und allgemein bekannt. Man berechnet zunächst den in E geforderten Wirk- und Blindstrom J_w bzw. J_b und findet daraus den Strom J mit der Phasenverschiebung φ_2 gegen U_2, wie in Bild 2 dargestellt ist. Nun trägt man U_2 phasengleich mit J_w auf und addiert hierzu geometrisch den Ohmschen Spannungsabfall $R \cdot J$ in Phase mit dem Strom J und den induktiven Abfall $\omega L \cdot J$ senkrecht zur Richtung

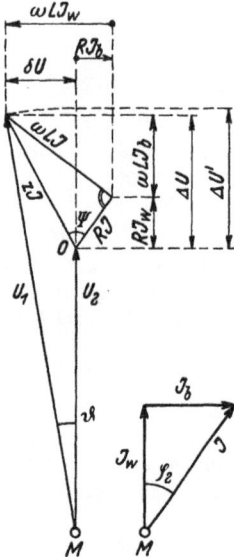

Bild 2.

des Stromes J und erhält schließlich als resultierende Spannung U_1 für den Punkt A. Dieses einfache Diagramm ist von grundlegender Bedeutung für die Leitungsberechnung. Man sieht, zwischen der Spannung am Anfang und der Spannung am Ende der Leitung ist ein Unterschied hinsichtlich ihrer Größe und ihrer Phasenstellung.

Wenn man mit U_1 als Radius einen Kreisbogen bis zum Schnitt mit dem verlängerten Vektor U_2 schlägt, dann erhält man die Größendifferenz $\Delta U'$ der beiden Spannungen. Man sieht aber, daß man mit großer Annäherung, d. h. besonders bei kleinen Winkeln ϑ auch die Strecke ΔU als Größendifferenz auffassen kann. $U_2 + \Delta U$ ist dabei die Projektion des Vektors U_1 auf die U_2-Richtung. Man nennt ΔU auch die Längskomponente des Spannungsabfalls. Wie man aus dem Bild ablesen kann, ergibt sich für ΔU

$$\Delta U = R J_w + \omega L J_b \quad \ldots \ldots (1)$$

Der Phasenwinkel zwischen den beiden Spannungen ist ϑ. Wie man aus dem Bild sieht, ist

$$\delta U = U_1 \sin \vartheta = \omega L J_w - R J_b \quad \ldots \ldots (2)$$

Man nennt δU auch die Querkomponente des Spannungsabfalles.

Wir können also den wichtigen Satz aussprechen:

Die Längskomponente ΔU des Spannungsabfalles wird gebildet durch den Ohmschen Spannungsabfall des Wirkstromes plus dem induktiven Spannungsabfall des Blindstromes.

Die Querkomponente δU des Spannungsabfalles wird gebildet durch den induktiven Spannungsabfall des Wirkstromes minus dem Ohmschen Spannungsabfall des Blindstromes.

Welche Bedeutung haben nun die Größen- und Phasen-
differenzen ΔU und δU für die L e i t u n g s b e r e c h n u n g ?

Zunächst stellen wir fest, daß bei G l e i c h s t r o m ωL und
J_b gleich Null sind; also wird für Gleichstrom

$$\Delta U = R J; \quad \delta U = 0 \quad \ldots \ldots \quad (3)$$

Daraus erkennt man, daß Energieübertragung auch möglich
ist für $\delta U = 0$. Dies muß auch für W e c h s e l s t r o m gelten;
durch Nullsetzen von δU in Gl. (2) findet man

$$\omega L J_w = R J_b;$$

daraus

$$J_b = \frac{\omega L}{R} J_w; \quad \ldots \ldots \ldots \quad (4)$$

diesen Wert setzen wir in Gl. (1) ein und erhalten

$$\Delta U = R J_w \left[1 + \left(\frac{\omega L}{R} \right)^2 \right] \quad \ldots \ldots \quad (5)$$

Für ΔU erhält man also in diesem Fall einen Wert, der in
der Hauptsache von dem V e r h ä l t n i s ωL zu R abhängig ist.
Bei F r e i l e i t u n g e n ist ωL wesentlich g r ö ß e r , bei K a -
b e l n wesentlich k l e i n e r als R. Das heißt also, daß bei F r e i -
l e i t u n g e n die Übertragung mit $\delta U = 0$ zu s e h r g r o ß e n
S p a n n u n g s a b f ä l l e n führt, was praktisch große Nach-
teile bringt. In dieser Hinsicht ist das K a b e l der Freileitung
ü b e r l e g e n . Bei der Übertragung mit Freileitungen muß man
demnach, um zu große Spannungsabfälle zu vermeiden, auch gewisse P h a s e n d i f f e r e n z e n der Spannungen zulassen.

Natürlich ist auch eine Energieübertragung möglich, wenn

$$\Delta U = 0.$$

Man erhält dann aus Gl. (1) durch Nullsetzen von ΔU

$$J_b = - \frac{R}{\omega L} J_w; \quad \ldots \ldots \ldots \quad (6)$$

d. h. die Leitung muß einen k a p a z i t i v e n B l i n d s t r o m
führen. Für δU erhält man in diesem Fall

$$\delta U = \omega L J_w \left[1 + \left(\frac{R}{\omega L} \right)^2 \right] \quad \ldots \ldots \quad (7)$$

Die Phasendifferenz δU hängt bei dieser Art der Energieübertragung in der Hauptsache von dem V e r h ä l t n i s R zu ωL
ab, sie wird also bei K a b e l n s e h r g r o ß , bei F r e i l e i t u n -
g e n k l e i n . G r o ß e P h a s e n d i f f e r e n z e n sind sehr

s c h ä d l i c h, sie können den Betrieb sogar unmöglich machen, wie wir später erkennen werden. Hier ist also die F r e i l e i t u n g im V o r t e i l gegenüber dem Kabel.

Es ist nun die Frage, welche Werte von $\Delta\,U$ und $\delta\,U$ der R e c h n u n g zugrunde gelegt werden sollen. Natürlich werden wir bei der Leitungsberechnung bestrebt sein, die zulässigen G r e n z e n zu erreichen, weil wir auf diese Weise die Leitungen am besten ausnützen.

2. Der Spannungsabfall $\Delta\,U$.

Die Wahl des zulässigen Spannungsabfalles $\Delta\,U$ ist eine rein w i r t s c h a f t l i c h e Frage. Läßt man $\Delta\,U$ g r o ß werden, beispielsweise durch Wahl eines kleinen Querschnittes der Leitung, so wird die Leitung b i l l i g, weil die Gewichte der Leitung, also auch die Kosten für das Kupfer oder Aluminium klein werden und damit die Kosten für die V e r z i n s u n g des Anlagekapitals der Leitung. Andrerseits aber w a c h s e n mit zunehmendem $\Delta\,U$ die Kosten für die V e r l u s t e auf der Leitung; denn je größer R wird, um so größer werden die Stromwärmeverluste und damit die Kosten für die in Wärme umgesetzten Kilowattstunden. Stellt man die S u m m e dieser beiden Verluste abhängig von $\Delta\,U$ dar, so erhält man eine Kurve, die ein M i n i m u m aufweist, d. h. bei einem gewissen Spannungsabfall werden die gesamten Betriebskosten ein Minimum. Man nennt diesen Spannungsabfall den w i r t s c h a f t l i c h g ü n s t i g s t e n. Das Minimum der Kurve ist sehr flach, so daß man den Spannungsabfall in gewissen Grenzen variieren darf, ohne daß die Kosten wesentlich von den minimalen Kosten abweichen. Im allgemeinen dürfte das Minimum der Kosten bei 15 bis 20% Spannungsabfall liegen. Die eingehende Untersuchung dieses Problems gehört in das Gebiet der sogenannten E l e k t r o w i r t s c h a f t. Für unsere Zwecke genügt das hier Vorgebrachte.

Leider ist es n i c h t m ö g l i c h, diesen wirtschaftlich günstigsten Spannungsabfall s t e t s einzuhalten. Wir betrachten zunächst die N i e d e r s p a n n u n g s v e r t e i l u n g s n e t z e für Gleich- und Wechselstrom.

Der Einfachheit halber führen wir unsere Betrachtung an Hand von Bild 1 durch. Wir nehmen an, in A sei das Kraftwerk oder die Transformatorenstation mit einer Spannung von 220 V, in E sei ein Verbraucher mit einer größeren Zahl von Lampen angeschlossen. Wenn die Lampen eingeschaltet sind, herrscht in E bei einem Abfall von 20% eine Spannung von etwa 180 V. Der Ver-

braucher müßte also Lampen für 180 V benützen. Soweit ist die
Sache in Ordnung. Nun muß aber mit dem Fall gerechnet werden,
daß gelegentlich nur eine oder wenige Lampen eingeschaltet sind.
Dann steigt die Spannung in E offenbar auf nahezu 220 V, wobei die
180 V-Lampen natürlich bald durchbrennen würden. Man erkennt
also, daß die Zulassung so großer Spannungsabfälle in Netzen mit
Lichtanschluß wegen der E m p f i n d l i c h k e i t der Lampen
gegen S p a n n u n g s s c h w a n k u n g e n nicht möglich ist.
Möglich wäre die Zulassung so großer Spannungsabfälle nur dann,
wenn man bei jedem Verbraucher einen automatisch wirkenden
W i d e r s t a n d s r e g l e r anordnen würde, der bei allen Be-
lastungsschwankungen auf eine konstante Lampenspannung (im
vorliegenden Fall auf 180 V) reguliert. Dies ist aber aus praktischen Gründen u n d u r c h f ü h r b a r; zudem wäre die Fa-
brikation von Glühlampen für alle möglichen Spannungen un-
wirtschaftlich. Man erkennt also, daß man bei L i c h t n e t z e n
gezwungen ist, den Spannungsabfall wesentlich k l e i n e r als
den wirtschaftlich günstigsten zu wählen. Die Erfahrung hat
gelehrt, daß man 3 bis 4% nicht wesentlich überschreiten soll.
Ähnliche Überlegungen gelten für Netze mit M o t o r a n s c h l ü s-
s e n. Wegen der größeren Unempfindlichkeit der Motoren gegen
Spannungsschwankungen kann man mit dem Spannungsabfall
etwas höher, nämlich auf 6 bis 8% gehen.

Wesentlich a n d e r s liegen die Verhältnisse bei den M i t t e l-
s p a n n u n g s n e t z e n. Zwar werden auch die Leitungen dieser
Netze von variablen Strömen durchflossen, so daß auch ihr
Spannungsabfall variabel ist. Hier aber kann man den oben an-
gedeuteten Weg gehen; man wählt hier als Spannungsabfall den
w i r t s c h a f t l i c h g ü n s t i g s t e n und r e g u l i e r t in
jeder Leitung bzw. in jeder Unterstation die Spannung so, daß
die Spannung auf der Niedervoltseite der gespeisten Transformatoren konstant oder nahezu konstant ist. Zu diesem Zweck schaltet
man entweder in die einzelnen Leitungen oder in ganze Gruppen
von ähnlich belasteten Leitungen einen regulierbaren Z u s a t z-
t r a n s f o r m a t o r oder man macht die einzelnen Ortsnetz-
transformatoren a n z a p f b a r, so daß man durch Zu- und Ab-
schalten von Windungen die Spannung auf der Niedervoltseite
k o n s t a n t halten kann. Bei G l e i c h s t r o m a n l a g e n
kann man in den Speiseleitungen R e g u l i e r w i d e r s t ä n d e
oder Z u s a t z m a s c h i n e n anordnen. Bei der Ermittlung
des wirtschaftlich günstigsten Spannungsabfalles muß man
natürlich die Kosten für die Reguliervorrichtung mit in Rechnung
setzen.

Die Berechnung der Leitungen ist bei Zulassung von g r o ß e n Spannungsabfällen etwas umständlicher als bei kleinen. Zur Berechnung der Leitungen braucht man nämlich die L e i t e r - s t r ö m e. Nun sind aber die Belastungen meist in Wirk- und Blindkilowatt gegeben. Um die S t r ö m e daraus berechnen zu können, muß man die S p a n n u n g e n an den einzelnen Belastungspunkten kennen. Diese sind aber nicht bekannt, sondern werden g e s u c h t. Man muß nun so vorgehen, daß man die Spannungen an den einzelnen Belastungspunkten zunächst s c h ä t z t und mit diesen geschätzten Werten berechnet man die Ströme und danach die Spannungen in den einzelnen Punkten des Netzes. Diese werden natürlich im allgemeinen nicht mit den geschätzten Werten übereinstimmen. Man muß dann die Rechnung wiederholen, indem man nunmehr die Ströme mit Hilfe der verbesserten Spannungswerte ausrechnet usw., bis man aus der Rechnung dieselben Spannungswerte herausbekommt, die man bei der Ermittlung der Ströme angenommen hat. Im allgemeinen kommt man mit einer ein- bis zweimaligen Wiederholung zum Ziel.

Bei Netzen mit Spannungsabfällen von 3 bis 4% ist dieses Verfahren n i c h t notwendig. Hier dividiert man die Leistungen durch die vollen Spannungen. Der Fehler, den man hierbei macht, ist höchstens 3 bis 4%, liegt also innerhalb der Genauigkeit der meist geschätzten Belastungen.

Bei den H ö c h s t s p a n n u n g s l e i t u n g e n, auch F e r n l e i t u n g e n o d e r K u p p e l l e i t u n g e n genannt, liegen die Verhältnisse meist so, daß auch in E ein Kraftwerk angeschlossen ist. Wie schon erwähnt, sind die Kraftwerke in A und E gezwungen, im Interesse des von ihnen versorgten Gebietes eine g a n z b e s t i m m t e Spannung zu halten. Vielfach müssen die Kraftwerke sogar die g l e i c h e Spannung halten. Dann ist eine Energieübertragung natürlich nur möglich durch Zulassung einer gewissen P h a s e n d i f f e r e n z δU. Jedenfalls liegen hier die Verhältnisse hinsichtlich der Spannungen beim Erzeuger und Verbraucher anders als bei den Nieder- und Mittelspannungsnetzen. Eine Berechnung der Leitungen n u r auf Spannungsabfall ΔU kommt hier seltener in Frage.

3. Die Phasendifferenz δU.

Wie eben dargelegt wurde, spielt auch die Phasendifferenz (Querkomponente des Spannungsabfalles) bei der Energieübertragung eine große Rolle.

Es ist wichtig zu untersuchen, ob für die Größe von δU eine Grenze eingehalten werden muß. Aus Gl. (2) sieht man, daß δU und der Winkel ϑ miteinander verkettet sind und man kann die Frage deshalb so fassen, ob der Größe des Winkels ϑ eine Grenze gesetzt ist. Dies ist der Fall, wenn am Anfang und Ende sehr langer Leitungen Maschinen bzw. Kraftwerke miteinander parallel arbeiten sollen.

Aus der Theorie des Parallelbetriebes von Synchronmsachinen ist bekannt, daß diese Maschinen nur innerhalb der statischen und dynamischen Stabilitätsgrenzen miteinander parallel arbeiten können. Diese Grenzen der Stabilität werden erreicht, wenn die den Parallelbetrieb aufrecht erhaltende synchronisierende Kraft verschwindet, so daß die Maschinen außer Tritt fallen. Die synchronisierende Kraft wird aber Null, wenn die Polräder der parallel arbeitenden Maschinen um den Winkel von etwa 90° gegeneinander verdreht sind.

Bei völlig ruhigem Betrieb ohne Lastschwankungen könnte man tatsächlich mit der Leistungsübertragung zwischen zwei parallel arbeitenden Maschinen bis an die Grenze dieser Polradstellung gehen. Mann nennt diese Stellung der Polräder s t a - t i s c h e Stabilitätsgrenze.

Wegen der im praktischen Betrieb stets zu erwartenden Belastungsstöße muß jedoch ein reichlicher Sicherheitsabstand von dieser Grenze gewahrt bleiben, wie folgende Überlegung zeigt. Wenn die Polräder augenblicklich den Winkel Θ_1 miteinander einschließen und wenn eine der Maschinen plötzlich gezwungen ist, sich auf eine neue Gleichgewichtslage mit einem größeren Winkel Θ_2 einzustellen, dann erfolgt dieser Übergang nicht asymptotisch, das Polrad wird vielmehr über die neue Lage Θ_2 hinausschwingen und Pendelungen ausführen. Beim Hinausschwingen über den Winkel Θ_2 darf das Polrad den Winkel der statischen Stabilität nicht überschreiten, da sonst die Gefahr des Außertrittfallens auftritt. Nach den Erfahrungen des praktischen Betriebes hinsichtlich der Größe der zu erwartenden Stöße muß der Winkel Θ_2 wesentlich unterhalb der statischen Stabilitätsgrenze bleiben. Die Polradabweichung Θ_2 nennt man d y n a m i s c h e Stabilitätsgrenze. Die dynamische Stabilitätsgrenze ist von der Betriebsweise, der Vorbelastung und von der Größe des Belastungsstoßes abhängig.

Wie Bild 2 zeigt, sind die Vektoren U_1 und U_2 am Anfang und Ende einer Übertragungsleitung um den Winkel ϑ gegeneinander verdreht. Sind an diesen Stellen Transformatoren vorhanden, was die Regel ist, dann sind auch die Vektoren der

Klemmenspannungen der beiden Transformatoren um diesen Winkel gegeneinander verdreht. Zeichnet man für diese Transformatoren ihre Diagramme auf, dann findet man, daß die Spannungsvektoren der Unterspannungsseite der Transformatoren noch weiter auseinander klaffen. Diese Vektoren sind zugleich die Vektoren der angeschlossenen Synchronmaschinen. Ihre Vektoren der induzierten elektromotorischen Kräfte sind natürlich noch stärker gegeneinander verdreht. Die Verdrehung dieser Vektoren ist aber identisch mit dem Verdrehungswinkel der P o l r ä d e r. Daraus folgt, daß durch den Einfluß der Übertragungsleitung die Polradverdrehung um den Winkel ϑ vergrößert wird.

Für die Grenze der Stabilität nimmt man in der Praxis meist einen Winkel der Polradverdrehung von $\Theta_2 = 40^0$ bis 45^0 als zulässig an. Da ein erheblicher Teil dieser Verdrehung auf die Wirkung der Reaktanzen der Generatoren und Transformatoren entfällt, bleibt für die Größe des Spannungswinkels ϑ der Übertragungsleitung ein Betrag von nur etwa

$$\vartheta = 12^0 \text{ bis } 15^0 \qquad\qquad (8)$$

übrig. Mit dieser Angabe soll nur die Größenordnung des Winkels ϑ charakterisiert werden. Wenn die Generatoren Schenkelpolläufer besitzen, darf man etwas größere Winkel ϑ zulassen, desgleichen wenn Dämpferwicklungen vorhanden sind. Dagegen muß man sogar unterhalb der angegebenen Werte bleiben, wenn die Generatoren zwecks Abgabe von Blindströmen untererregt werden müssen. Wir nennen die beim Winkel $\vartheta = 12^0$ bis 15^0 übertragbare Leistung „maximale, s t a b i l übertragbare Leistung".

Aus diesen Überlegungen folgt, daß die Phasenverdrehung von U nur dann eine Rolle spielt, wenn ein P a r a l l e l b e - t r i e b über eine lange Leitung vorliegt. Dies trifft in erster Linie bei den K u p p l u n g s l e i t u n g e n zu. Vielfach arbeiten auch bei Mittelspannungsnetzen mehrere Kraftwerke parallel miteinander. Hier sind aber die Reaktanzen der Leitungen an sich klein und außerdem handelt es sich bei diesen Leitungen um Übertragungen auf relativ geringe Entfernungen, wodurch der Winkel ϑ sehr klein bleibt. Eine Gefährdung des Parallelbetriebes liegt demnach bei diesen Leitungen nicht vor. Man braucht deshalb bei diesen Leitungen die Phasenverdrehung nicht zu ermitteln, die Querkomponente δU spielt hier also keine Rolle. Dies bedeutet eine wesentliche Vereinfachung der Rechnung. Das Gleiche gilt natürlich für die Niederspannungsleitungen.

Bei Höchstspannungsleitungen spielt jedoch der Winkel ϑ der Phasenverdrehung eine große Rolle. Wir werden bei der Berechnung der Kupplungsleitungen erfahren, daß die zu übertragende Leistung und der Winkel ϑ in gewisser Beziehung zueinander stehen, und zwar ist bei gegebenen Werten U_1 und U_2 die übertragbare Leistung um so größer, je größer ϑ ist. Bei einem gewissen Wert von ϑ erreicht die übertragbare Leistung einen H ö c h s t w e r t. Wird dieser Grenzwinkel überschritten, dann nimmt die übertragbare Leistung wieder ab. Es wird sich zeigen, daß dieser Grenzwinkel bei $\vartheta = \Psi$ erreicht wird. Nach Bild 2 ist der Winkel Ψ durch die Beziehung gegeben

$$\operatorname{tg} \Psi = \frac{\omega L J}{R J} = \frac{\omega L}{R}; \quad \ldots \ldots \quad (9)$$

also erhält man für den Grenzwinkel ϑ_g

$$\vartheta_g = \Psi = \operatorname{arc\,tg} \frac{\omega L}{R}. \quad \ldots \ldots \quad (10)$$

Man sieht, daß der Grenzwinkel durch die Konstanten der Leitung bestimmt ist. Bei den Kupplungsleitungen liegt der Winkel Ψ zwischen 60° und etwa 87°. Da jedoch der Winkel ϑ aus Stabilitätsgründen nur 12 bis 15° werden darf, folgt, daß die durch die Leitung selbst bedingte übertragbare Höchstleistung praktisch nicht ausgenützt werden kann.

Zusammenfassend kann man also sagen:

Die Niederspannungs- und die Mittelspannungsnetze werden in der Regel nur unter Berücksichtigung des Spannungsabfalles ΔU berechnet.

Bei Höchstspannungsleitungen (Kuppelleitungen, Fernleitungen) muß die Untersuchung unter Berücksichtigung der Phasendifferenz δU u n d des Spannungsunterschiedes ΔU erfolgen.

Darnach können wir die Leitungsanlagen hinsichtlich ihrer Berechnung einteilen in N i e d e r - u n d M i t t e l s p a n n u n g s l e i t u n g e n u n d i n F e r n l e i t u n g e n.

II. Niederspannungs- und Mittelspannungsleitungen.

Wie bereits dargelegt wurde, besteht bei diesen Leitungen die Aufgabe der Leitungsberechnung darin, für eine gegebene Belastung den Q u e r s c h n i t t der Leitungen zu ermitteln, wobei der Spannungsabfall ΔU die vorgeschriebenen Grenzen n i c h t ü b e r s c h r e i t e n, jedoch aber e r r e i c h e n soll. Meist ist der Gang der Rechnung der, daß man die Querschnitte der Leitungen a n n i m m t und dann k o n t r o l l i e r t, ob die angenommenen Querschnitte den Bedingungen hinsichtlich des Spannungsabfalles genügen.

Der Spannungsabfall ist bestimmt durch die Gl. (1). Hier sind R und L die Konstanten der Leitung, die durch den Querschnitt und durch das Mastbild bestimmt sind. Zur Bestimmung des Spannungsabfalles ist also noch die Kenntnis der in den L e i t u n g e n fließenden S t r ö m e notwendig. Diese sind bestimmt durch die von den V e r b r a u c h e r n a b g e n o m - m e n e n S t r ö m e.

Bei den Leitungsanlagen dieser Gruppe unterscheiden wir nun zwei Arten. Zur e r s t e n gehören jene Leitungen, bei welchen die Leiterströme o h n e w e i t e r e s aus den Abnehmerströmen bestimmt werden können. Diese Leitungen nennen wir o f f e n e Leitungen; sie sind dadurch charakterisiert, daß sie nur e i n e n Speisepunkt aufweisen.

Zur z w e i t e n Art gehören jene Leitungen, bei denen zur Ermittlung der Leiterströme u m s t ä n d l i c h e r e Rechnungen angestellt werden müssen. Wir nennen diese Leitungen g e - s c h l o s s e n e Leitungen; für sie ist charakteristisch, daß sie in m e h r e r e n Punkten gespeist werden. Hier ist meist die Ermittlung der Leiterströme die schwierigere Aufgabe.

Wir behandeln zunächst die offenen Leitungen.

A. Die offenen Leitungen.

1. Die unverzweigte Leitung.

Diese wird im e i n f a c h s t e n Fall dargestellt durch Bild 1. Wir betrachten zunächst den O h m s c h e n Spannungs-abfall des W i r k s t r o m e s. Der Wirkstrom des Verbrauchers sei ermittelt zu i_w. Da sonst keine Ströme der Leitung entnommen werden, ist der Leitungsstrom J_w gleich dem Verbraucherstrom i_w. Der Ohmsche Spannungsabfall des Wirkstromes ist

$$\Delta U_R = R J_w \qquad \ldots \ldots \ldots \quad (11)$$

Wir bezeichnen mit R_0 den Ohmschen Widerstand des Leiters pro 1 km und pro Strang (»W i d e r s t a n d s b e l a g« der Leitung). Für einen Leiter mit l km Länge ist dann der Widerstand

$$R = R_0 \, l \qquad \ldots \ldots \ldots \ldots \quad (12)$$

Bezeichnen wir den reziproken Wert dieses Widerstandes, also den Leitwert mit g_0, so ist

$$R_0 = \frac{1}{g_0};$$

dann geht Gl. (12) über in

$$R = \frac{l}{g_0} \qquad \ldots \ldots \ldots \ldots \quad (13)$$

und Gl. (11) in

$$\Delta U_R = \frac{l}{g_0} J_w \qquad \ldots \ldots \ldots \quad (14)$$

Dies wollen wir k o n s t r u i e r e n. Wir machen in Bild 3 die Strecken $O\,A = g_0$; $A\,E = l$; dann ist

$$\operatorname{tg} \alpha = \frac{l}{g_0} = R_0 \, l = R;$$

ferner machen wir $A A' = J_w$, errichten in A' die Senkrechte und machen $A a'$ parallel zu $O E$; dann ist nach Gl. (14)

$$A' a' = A \, a = \Delta U_R.$$

Damit haben wir für eine Leitung mit gegebenem Wider-stand R_0, gegebener Leiterlänge l und gegebenem Strom J_w den Spannungsabfall ΔU_R gefunden.

Ist der Leiterwiderstand bzw. der Querschnitt der Leitung nicht gegeben, sondern der zulässige Spannungsabfall ΔU_R und soll der Querschnitt gefunden werden, dann geht man so vor. Man macht $A A'$ gleich J_w wie vorher und errichtet in A'

2*

die Senkrechte; auf dieser trägt man das bekannte ΔU_R auf und verbindet a' mit A. Dann macht man AE gleich l, zieht durch E die Parallele zu Aa' und findet den Punkt O. Die Strecke OA stellt dann den kilometrischen Leitwert dar, den die Leitung erhalten muß. Aus den Angaben im Anhang kann man den zu g_0 gehörigen Querschnitt ablesen.

Bild 3 ist nichts anderes als die Darstellung des Ohmschen Gesetzes. Handelt es sich um eine Gleichstromleitung, so ist die Aufgabe gelöst.

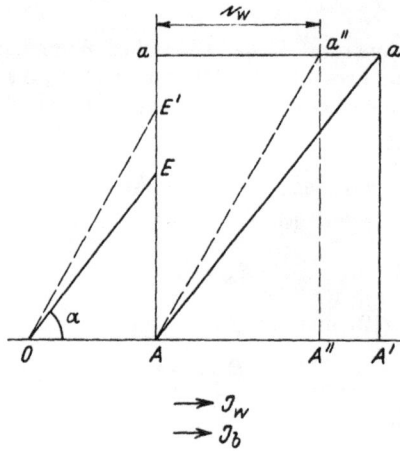

Bild 3.

Für eine Wechselstromleitung haben wir noch den induktiven Spannungsabfall ΔU_L des Blindstromes zu ermitteln. Es ist

$$\Delta U_L = \omega L J_b \quad \ldots \ldots \ldots \quad (15)$$

Wir bezeichnen mit ωL_0 die Reaktanz des Leitungsstranges pro 1 km Länge (»R e a k t a n z b e l a g« der Leitung) und mit b_0

$$b_0 = \frac{1}{\omega L_0}$$

den reziproken Wert, also die Suszeptanz der Leitung pro 1 km Länge und erhalten die Gleichung

$$\Delta U_L = \frac{l}{b_0} J_b \quad \ldots \ldots \ldots \quad (16)$$

Diese ist ebenso gebaut wie die Gl. (14), die Ermittlung des induktiven Spannungsabfalles erfolgt also in analoger Weise wie vorher. Wir können sogar dasselbe Bild 3 zur Ermittlung von ΔU_L benützen. Wir bestimmen den Maßstab von OA so, daß diese Strecke den Wert b_0 darstellt; AE ist gleich der Länge l des Stranges im gleichen Maßstab wie vorher. Den Maßstab von AA' bestimmen wir so, daß diese Strecke den Blindstrom J_b darstellt, errichten in A' die Senkrechte und machen Aa' parallel zu OE; dann ist

$$A'a' = A\,a = \Delta U_L \quad\ldots\ldots\ldots (17)$$

Wir addieren die beiden gefundenen Spannungsabfälle gemäß Gl. (1) a l g e b r a i s c h und erhalten den gesamten Spannungsabfall ΔU. Nun hat man noch zu kontrollieren, ob er innerhalb der zugelassenen Grenzen liegt.

Man erkennt, daß die Auffindung des Q u e r s c h n i t t e s einer Leitung aus dem gegebenen S p a n n u n g s a b f a l l eigentlich nur für Gleichstrom möglich ist und bei Wechselstromleitungen nur dann, wenn der i n d u k t i v e Spannungsabfall v e r n a c h l ä s s i g t werden darf. Darf dieser nicht vernachlässigt werden, dann müßte man sich erst klar darüber werden, wie groß man ΔU_R und ΔU_L für sich machen will, ohne die gegebenen Grenzen zu überschreiten. Dann erst könnte man mit Hilfe der zuerst durchgeführten Rechnung den Querschnitt finden. Der induktive Spannungsabfall ist eben n i c h t a l l e i n vom Q u e r s c h n i t t der Leitung abhängig, sondern auch vom A b s t a n d der Leiter und ihrer A n o r d n u n g auf dem Mast. Man geht deshalb bei der Berechnung der Wechselstromleitungen, falls der induktive Spannungsabfall berücksichtigt werden muß, stets so vor, daß man den Querschnitt und das Mastbild annimmt und durch die Rechnung kontrolliert, ob der zugelassene Spannungsabfall eingehalten ist.

Es soll nun noch gezeigt werden, wie man die M a ß s t ä b e des Diagrammes wählt bzw. bestimmt. In den Gleichungen für den Spannungsabfall kommen v i e r Größen vor; für d r e i dieser Größen können wir die Maßstäbe b e l i e b i g wählen. Der Maßstab der vierten Größe ist dann durch die Maßstabsgleichung entsprechend Gl. (14) bzw. Gl. (16) bestimmt.

Wir machen beispielsweise

$$1 \text{ Volt} = \mu_U \text{ mm};$$
$$1 \text{ Ampere} = \mu_J \text{ mm};$$
$$1 \text{ km} = \mu_l \text{ mm};$$

dann ist 1 Siemens pro 1 km (g_0 bzw. b_0) gegeben durch

$$\mu_g = \frac{\mu_l \mu_J}{\mu_U} \quad\ldots\ldots\ldots\ldots (18)$$

In Gl. (16) wird stets b_0 gegeben sein und man muß ΔU_L suchen; man hat dann

$$\mu_U = \frac{\mu_l\,\mu_J}{\mu_b} \quad \cdots \cdots \cdots \quad (19)$$

Hieran wollen wir noch eine Betrachtung knüpfen, die für spätere Rechnungen sehr wichtig ist.

Wir nehmen an, an die Leitung AE schließe sich in E noch ein u n b e l a s t e t e s Stück Leitung EE' an mit dem gleichen Querschnitt und der gleichen kilometrischen Induktanz und stellen nun die Frage:

Wie groß dürfte ein in E' abgenommener Strom i_w sein, wenn er von A bis E' den gleichen Spannungsabfall hervorrufen soll, den der Strom J_w an der Stelle E erzeugt, also ΔU_R Volt?

Um diesen Strom zu ermitteln, machen wir im Diagramm des Bildes 3 die Strecke AE' gleich der Länge der Leitung von A bis E'. Dann ziehen wir durch A die Parallele zu OE' und erhalten den Schnittpunkt a''. Offenbar ist dann aa'' der gesuchte Strom i_w. Wir nennen i_w den von E nach E' v e r w o r f e n e n S t r o m. Da ja beide Ströme den g l e i c h e n Spannungsabfall haben, ist es gleichgültig, ob man mit dem einen oder anderen Strom rechnet, so lange es nur auf den S p a n n u n g s a b f a l l ankommt. Von diesem »V e r w e r f e n« von Strömen werden wir später noch viel Gebrauch machen. Natürlich kann man auch den Blindstrom i_b »s p a n n u n g s a b f a l l s g e t r e u« verwerfen.

Freilich kann man so einfache Leitungen rechnerisch ebenso rasch behandeln wie auf graphischem Weg. Es sollte nur an diesem einfachen Beispiel das Prinzip der graphischen Methode erklärt werden.

Wir gehen nun zur m e h r f a c h b e l a s t e t e n Leitung über. Die in Bild 4 a dargestellte Leitung sei in den Punkten a, b und c belastet. Es wird angenommen, daß längs der ganzen Leitung der gleiche Querschnitt und das gleiche Mastbild vorhanden ist.

Man berechnet nun die W i r k - und B l i n d s t r ö m e an den einzelnen Abnahmestellen und stellt sie in gesonderten Bildern (4 b und 4 c) dar. Wie bereits erwähnt, sollen die A b n a h m e - ströme mit $i \ldots$ und die L e i t u n g s ströme mit $J \ldots$ bezeichnet werden.

Um den Spannungsabfall bei angenommenem Querschnitt (oder umgekehrt) berechnen zu können, brauchen wir die L e i t e rs t r ö m e. Diese können wir sofort angeben. Im Leitungsstrang 1 fließt offenbar der Strom

$$J_{w1} = i_{wa} + i_{wb} + i_{wc};$$

im Leiter 2

$$J_{w2} = i_{wb} + i_{wc};$$

im Leiter 3

$$J_{w3} = i_{wc}.$$

Es fließt also in jedem Leiterstrang die Summe aller rechts liegenden Abnahmeströme; alle Leiterströme kommen natürlich von links, d. h. von der Speisestelle A.

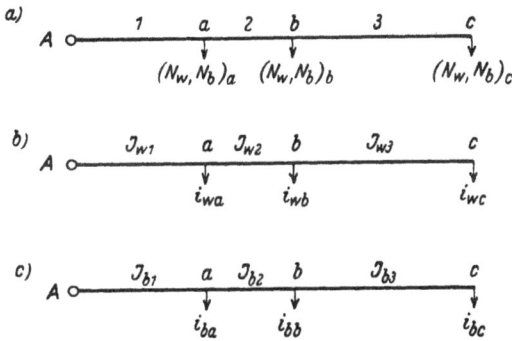

Bild 4.

In gleicher Weise erhalten wir für die Blindströme

$$J_{b1} = i_{ba} + i_{bb} + i_{bc};$$
$$J_{b2} = i_{bb} + i_{bc};$$
$$J_{b3} = i_{bc}.$$

Nunmehr können wir für diese Leitung das Diagramm entwerfen, und zwar g e t r e n n t für die W i r k s t r ö m e und B l i n d s t r ö m e. Wir machen in Bild 5 wieder $O \cdot A$ gleich g_0 und tragen von A aus auf der Ordinatenachse die Längen l_1, l_2 und l_3 auf, deren Endpunkte mit O verbunden werden und erhalten so die den Leitungen enstprechenden Geraden 1, 2 und 3. Nun machen wir die Strecke AA' gleich J_{w1}, errichten in A' die Senkrechte und machen $A\,a'$ parallel zur Geraden 1. Dann ist $A'\,a'$ der Spannungsabfall vom Speisepunkt A bis zur Abnahmestelle a. In gleicher Weise finden wir den Spannungsabfall für die Leitung 2, d. h. von a bis b. Dieser Spannungsabfall muß zu dem der Leitung 1

addiert werden, um den gesamten Spannungsabfall im Punkt *b*
zu erhalten. Wir zeichnen nun für die Leitung *2* kein eigenes
Diagramm, sondern ordnen es über dem Leiterrechteck der
Leitung *1* an. Dann stellt die Strecke von *A* bis *b* den Spannungs-
abfall im Punkt *b* dar. In gleicher Weise verfahren wir mit der
Leitung *3*; dann ist der Spannungsabfall im Punkt *c* durch die
Strecke von *A* bis *c* dargestellt.

Die n u m e r i s c h e n Werte finden wir so: Wir wählen für
J_w und für *l* die Maßstäbe; dagegen lassen wir die Maßstäbe für

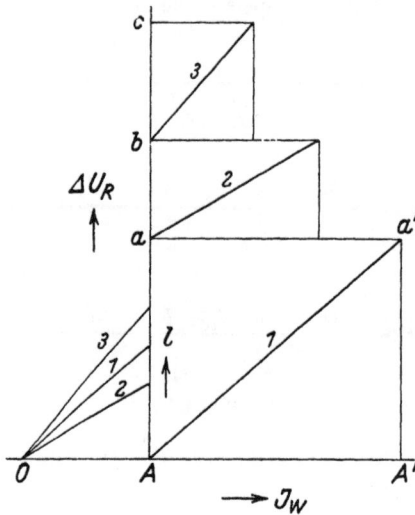

Bild 5.

die Spannung und für g_0 offen, trachten aber darnach, eine gute
Figur zu erhalten. Ist nun der Q u e r s c h n i t t g e s u c h t,
dann muß der gesamte, d. h. der größte Spannungsabfall ΔU_R
gegeben sein und dieser kann nur im Punkt *c* herrschen. Wir sagen
dann, die Strecke *A c* muß gleich ΔU_R sein und stellen nach-
träglich den Maßstab von ΔU_R, also μ_U fest. Dann haben wir
drei Maßstäbe und können daraus den Maßstab für g_0 und damit
den Querschnitt finden. Ist dagegen der Q u e r s c h n i t t g e-
g e b e n oder angenommen und ist der Spannungsabfall zu ermitteln, und das dürfte besonders bei Wechselstromleitungen die
Regel sein, dann wählen wir von Anfang an den Maßstab für g_0
und bestimmen schließlich den Maßstab von ΔU_R.

Für den induktiven Spannungsabfall des Blindstromes erhalten wir ein ganz ähnliches Diagramm, eine Wiederholung des Aufbaues des Diagrammes erscheint nicht notwendig. Daß wir diesmal nicht das gleiche Diagramm benützen können, ist klar; denn die Blindströme können beliebig groß sein. Nur wenn die Blindströme bei allen Abnehmern im gleichen Verhältnis zu den Wirkströmen stünden, könnten wir das gleiche Diagramm benützen.

Durch algebraische Addition der so gefundenen Spannungsabfälle für Wirk- und Blindströme erhalten wir den gesamten Spannungsabfall ΔU.

Es soll nun noch eine andere Lösungsmethode für diese Leitung angegeben werden, die uns später gute Dienste tun wird und außerdem gestattet, für Wirk- und Blindströme nur ein einziges Diagramm zu entwerfen.

Bei einer in mehreren Punkten belasteten offenen Leitung ist der Ort des größten Spannungsabfalles stets das Ende der Leitung. Wenn wir dafür sorgen, daß dieser Spannungsabfall das zulässige Maß nicht überschreitet, dann liegen natürlich auch die Spannungsabfälle in den anderen Punkten der Leitung innerhalb der zulässigen Grenzen. Es ist deshalb naheliegend, daß man sich nur um den größten Spannungsabfall sorgt. Wäre die Leitung nur im Punkt c belastet und sonst an keiner Stelle, so würde für sie das Diagramm der Bilder 6 a und b gelten. Alle drei Leitungen *1, 2* und *3* sind vom gleichen Strom durchflossen, deshalb sind sie auf der gleichen Basis AA' aufgebaut und übereinander sind sie angeordnet, weil sich ihre Spannungsabfälle addieren. Es handelt sich nun darum, die Leitung des Bildes 4 zu einer wirklich nur am Ende belasteten zu machen und dies gelingt durch Verwerfen der Ströme auf das Leitungsende c. Hierzu können wir das Diagramm des Bildes 6 a selbst benützen.

In diesem Diagramm sollen vorerst nur die Maßstäbe für g_0 und l festgelegt sein, während die Maßstäbe für den Strom und die Spannung noch offen sind. Im Diagramm ist eine gestrichelte Gerade E_{13} eingezeichnet, die durch die Punkte A und c' geht. Wir können sagen, die Gerade E_{13} stellt einen Leiter dar, an dessen Ende derselbe Spannungsabfall herrscht wie im Punkt c der wahren Leitung, wenn der Leiter E_{13} und die wahre Leitung am Ende mit demselben Strom belastet sind. Wir nennen deshalb E_{13} den Ersatzleiter für die wahren Leitungen *1, 2* und *3*.

Nun möge die Strecke aa' den Abnahmestrom i_{wa} darstellen; dann ist nach früherem die Strecke aa'' der nach c verworfene

Strom i'_{wc}. Diesen lesen wir in dem für aa' geltenden Maßstab ab und schreiben ihn oben an.

Nun möge die Strecke bb' den Strom i_{wb} darstellen; dann ist im gleichen Maßstab gemessen die Strecke bb'' der von b nach c verworfene Strom i''_{wc}.

In c greift also jetzt der »f i k t i v e« S t r o m

$$j_{wc} = i_{wc} + i_{wc}' + i_{wc}'' = i_{wc} + i_{wc}$$

an und dieser ruft in c denselben Spannungsabfall hervor, der herrschen würde, wenn alle Ströme an ihren natürlichen Stellen angreifen würden.

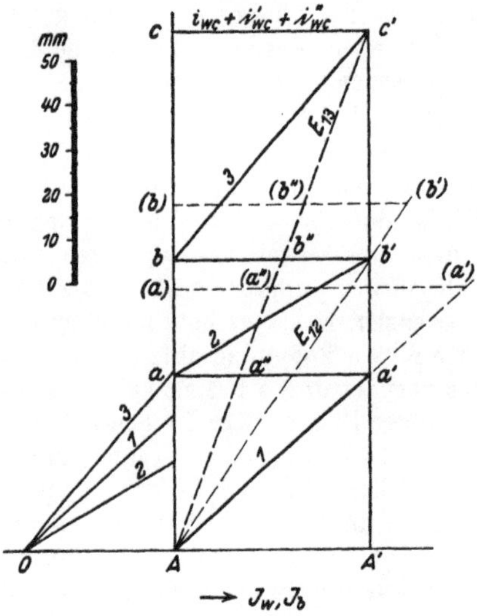

Bild 6 a.

Wir haben das Diagramm bis jetzt sozusagen als Rechenschieber benützt, um die verworfenen Ströme zu finden. Nunmehr suchen wir den Spannungsabfall in c. Die Strecke AA' gleich cc' stelle nun den Strom j_{wc} dar; darnach ergibt sich der Maßstab μ_J. Nun sind drei Maßstäbe des Diagrammes bekannt und es kann der Maßstab für ΔU_R angegeben werden und damit ist der Spannungsabfall in c gleich der Strecke $A c$ bekannt.

Wir kehren nochmals zurück zur Methode des Verwerfens von Strömen. Es wird nämlich manchmal der M a ß s t a b der Figur zur Ermittlung der verworfenen Ströme u n g ü n s t i g sein. Hier ist aber leicht abzuhelfen. Wir verlängern beispielsweise die Strecke, welche die Leitung *1* darstellt, über *a'* hinaus und ziehen die Parallele (*a*) (*a'*) zur Abszissenachse. Es ist klar, daß die Ersatzleitung *E* diese Parallele im gleichen Verhältnis teilt, wie die Gerade *aa'*. Man braucht also die Parallele nur so zu wählen, daß sie einen günstigen Maßstab für den zu verwerfenden Strom bietet. Praktisch macht man die Sache am besten so, daß man einen an der Kante mit mm-Teilung versehenen Rechenschieber mit Hilfe der Reißschiene parallel verschiebt, wobei der Nullpunkt auf der Ordinatenachse gleiten soll. Hat man dann

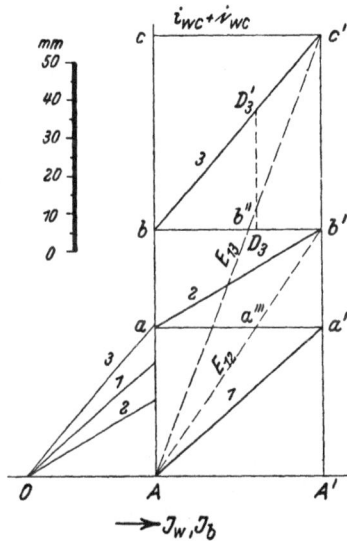

Bild 6 b.

in irgendeiner Lage des Rechenschiebers bei (*a'*) eine für den betreffenden Strom passende Zahl gefunden, so kann man den verworfenen Strom sofort am Rechenschieber ablesen. Im Bild 6 a ist dieser Vorgang auch für die Verwerfung des Stromes i_{wb} dargestellt. Man muß hierbei die Ersatzleitung E_{12} benützen.

Das g l e i c h e Diagramm können wir nun ohne weiteres auch zur Auffindung des i n d u k t i v e n S p a n n u n g s a b - f a l l e s des B l i n d s t r o m e s benützen. Der Vorgang ist der gleiche, wie er eben für den Ohmschen Spannungsabfall des Wirkstromes geschildert wurde. Die beiden Spannungsabfälle werden dann addiert und damit ist die Aufgabe gelöst, wenn der resultierende Spannungsabfall innerhalb der zugelassenen Grenzen liegt.

Manchmal werden wir beim Verwerfen der Ströme anders vorgehen (Bild 6 b). Man kann nämlich zunächst auch den Strom i_{wa} nach b verwerfen. Da die gestrichelte Gerade, die durch A und b' geht, die Ersatzleistung E_{12} für die Reihenschaltung der beiden Leiter 1 und 2 darstellt, ist offenbar die Strecke aa''' gleich dem verworfenen Strom i_{wb} bzw. i_{bb}, wenn die Strecke aa' den Strom i_{wa} bzw. i_{ba} darstellt.

In b ist dann der Strom vorhanden

$$j_{wb} = i_{wb} + i_{wb} \text{ bzw. } j_{bb} = i_{bb} + i_{bb}.$$

Diesen Strom verwerfen wir dann nach c. Die Strecke bb' möge nämlich den Strom j_{wb} bzw. j_{bb} darstellen, dann ist der gesamte nach c verworfene Strom i_{wc} durch die Strecke bb'' gegeben. Es muß sich natürlich bei dieser stufenweisen Verwerfung das g l e i c h e Resultat ergeben wie vorher. Bei verwickelteren Leitungsgebilden ist man meist gezwungen, das zuletzt vorgeführte Verfahren anzuwenden.

Es ist wichtig zu erkennen, daß wir nunmehr den größten Spannungsabfall ermittelt haben, o h n e die L e i t e r s t r ö m e zu Hilfe zu nehmen, also n u r mit Hilfe der A b n a h m e s t r ö m e.

Will man auch die S p a n n u n g s a b f ä l l e in a und b kennen, dann geht man so vor, wie dies jetzt für die Wirkströme gezeigt wird.

Wir brauchen hierzu die L e i t e r s t r ö m e; obwohl wir diese im vorliegenden Fall leicht angeben könnten, wollen wir sie doch auf einem etwas komplizierterem Wege an Hand des Diagrammes aufsuchen, da uns später dieser Weg große Dienste leisten wird.

Wir bestimmen zunächst den Strom im Leiter 3. Zu diesem Zwecke subtrahieren wir vom Strom j_{wc} a l l e verworfenen Ströme i_{wc} und erhalten

$$J_{w3} = j_{wc} - i_{wc} = i_{wc}.$$

Den S p a n n u n g s a b f a l l, den dieser Strom im Leiter 3 hervorruft, finden wir leicht auf folgende Weise: Die Abszissenachse ist vorher bei der Ermittlung von ΔU_R bereits in Ampere geeicht worden, ebenso die Ordinatenachse in Volt. Wir machen nun die Strecke bD_3 im Strommaßstab gleich J_{w3} und lesen den zugehörigen Spannungsabfall $D_3 D_3'$ ab. Diesen subtrahieren wir von ΔU_R und erhalten damit den Spannungsabfall von A bis b.

Nun bestimmen wir den Strom im Leiter 2. Bei der zweiten Methode der Stromverwerfung haben wir den Strom in b zu j_{wb} gefunden. Von diesem subtrahieren wir den von a her verworfenen Strom; außerdem fließt aber durch den Leiter 2 noch der in b abgehende Strom J_{w3}, also erhalten wir

$$J_{w2} = j_{wb} - i_{wb} + J_{w3} = i_{wb} + i_{wc}.$$

Den Spannungsabfall im Leiter 2 finden wir in gleicher Weise wie vorher. Wir machen eine Strecke $a D_2$ im Strommaßstab gleich J_{w2}, errichten in D_2 die Senkrechte bis zum Schnitt mit der Leitungsgeraden 2 und erhalten im Spannungsmaßstab den Spannungsabfall im Leiter 2. Diesen subtrahieren wir vom Spannungsabfall im Punkt b und finden so den Spannungsabfall im Punkt a. (Diese Konstruktion ist im Bild nicht mehr gezeichnet.)

In gleicher Weise verfahren wir mit den Blindströmen. Am besten ist es, die so erhaltenen Spannungsabfälle in die Bilder 4 b und 4 c einzutragen.

Wer sich in diese Methode der Leitungsberechnung einarbeiten will, dem kann nicht dringend genug empfohlen werden, das hier über die in mehreren Punkten belastete Leitung vorgebrachte eingehend durchzuarbeiten. Dann wird die Berechnung von Netzen nach dieser Methode keinerlei Schwierigkeiten mehr bieten. Durch das folgende Zahlenbeispiel soll das Eindringen in die Methode erleichtert werden.

B e i s p i e l 1. Wir wählen für das Zahlenbeispiel eine Gleichstromniederspannungsleitung, um mit kleineren Zahlen rechnen zu können.

Ströme: $i_a = 45$ A; $i_b = 36$ A; $i_c = 55$ A.

Einfache Längen: $l_1 = 0{,}075$ km; $l_2 = 0{,}05$ km; $l_3 = 0{,}1$ km; der Querschnitt sei 70 mm².

Die Bilder 6 a und 6 b wurden so gewählt, daß sie für dieses Beispiel passen.

Nach Bild 6 a ist:

$aa' = 45$ A; $aa'' = i_c' = 15$ A; $bb' = 36$ A; $bb'' = i_c'' = 20$ A;

also $\qquad j_c = 55 + 15 + 20 = 90$ A,

wobei

$$i_c = i_c' + i_c'' = 35 \text{ A}.$$

Nach Bild 6 b erhalten wir:

$aa' = 45$ A; $aa''' = i_b = 27$ A; also $j_b = 36 + 27 = 63$ A;

$bb' = 63$ A; $bb'' = 35$ A $= i_c$; also $j_c = 35 + 55 = 90$ A

wie vorher.

Nun sind die Le i t e r s t r ö m e zu bestimmen. Es ist

$$J_3 = j_c - i_c = 90 - 35 = 55 \text{ A};$$
$$J_2 = j_b - i_b + J_3 = 63 - 27 + 55 = 91 \text{ A};$$
$$J_1 = 45 + 91 = 136 \text{ A}.$$

Nun ist der Spannungsabfall zu ermitteln. Wir stellen zunächst die Maßstäbe fest.

Die Strecke AA' hat den Strom $j_c = 90$ A dargestellt und wurde in der Originalfigur zu 45 mm gewählt. Durch die Reproduktion wurde das Bild verkleinert; um den Maßstab nicht zu verlieren, wurde auch dieser mit verkleinert. Es ist also

$$1 \text{ A} = 0{,}5 \text{ mm};$$

ferner zeigt das Bild folgende Maßstäbe

$$1 \text{ km} = 400 \text{ mm};$$

$$1 \text{ S . km} = \frac{35}{4} \text{ mm}.$$

Also ist der Maßstab für 1 V

$$1 \text{ V} = \frac{400 \cdot 0{,}5 \cdot 4}{35} = \frac{800}{35} \text{ mm}.$$

Nun ist ΔU nach dem Bild

$$\Delta U = A\,c = 116 \text{ mm};$$

das sind also

$$\frac{116 \cdot 35}{800} = 5{,}07 \text{ V}.$$

Dies ist der Spannungsabfall für den einfachen Strang; für Hin- und Rückleitung ergeben sich also 10,14 V Spannungsabfall.

Die Strecke $D_3 D_3'$ stellt im Spannungsmaßstab 1,375 V dar; also ist der Spannungsabfall bis zum Punkt b gleich $10{,}14 - 2{,}75 = 7{,}39$ V. Für den Punkt a erhält man in ähnlicher Weise 5,5 V.

2. Die verzweigte Leitung.

In Bild 7 a ist eine verzweigte Leitung dargestellt. Der Hauptstrang von A bis c sei mit einem einheitlichen Querschnitt durchgeführt; an den Stellen a und b zweigen einige Leitungen ab, die in einem oder mehreren Punkten belastet sein können. Die Zweigstränge sind gewöhnlich mit einem kleineren Querschnitt versehen.

Während bisher der größte Spannungsabfall ΔU nur am Ende auftreten konnte, sind hier eine Reihe von Enden vorhanden, wo überall der maximale Spannungsabfall herrschen darf und ·soll, nämlich in c und in allen Endpunkten der Zweigleitungen.

Die Berechnung dieser verzweigten Leitung kann auf die unverzweigte in mehreren Punkten belastete Leitung zurückgeführt werden. Wir zeichnen zu diesem Zweck den Hauptstrang nochmals auf (Bild 7 b), lassen jetzt aber die Abzweige weg und tragen in den Punkten a und b nur mehr die dort in die Zweige abgehenden Ströme ein. Diese Leitung können wir nun nach den Regeln der unverzweigten Leitung berechnen und finden damit auch die Spannungen in den Punkten a und b.

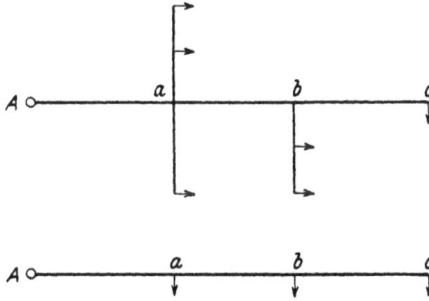

Bild 7 a und b.

Nun können wir auch die Zweigleitungen berechnen; denn die Spannungen in den Punkten a und b sind bekannt, ebenso die Spannungen an den Endpunkten der Zweigleitungen, also können wir ihren Querschnitt berechnen, und zwar wieder nach den Regeln der unverzweigten, in einem oder in mehreren Punkten belasteten Leitung.

Die verzweigten Leitungen stellen also nur eine Kombination von unverzweigten Leitungen dar.

Man kann für die verzweigten Leitungen auch ein Diagramm entwerfen, in dem alle Leitungen eingetragen sind. Doch soll hierauf nicht näher eingegangen werden. Manchmal will man den Hauptstrang nicht mit einem durchgehenden Querschnitt ausführen, sondern den Querschnitt an den Abzweigungen verjüngen. Dies kann nach verschiedenen Gesichtspunkten geschehen. Praktisch spielen aber diese Fälle keine große Rolle, besonders nicht für Hochspannungsleitungen, darum soll auch deren Diagramm nicht gebracht werden.

3. Die gleichmäßig belastete Leitung.

Bei der Speisung langer Straßenzüge kann man annehmen, daß die Leitung auf ihrer ganzen Länge L gleichmäßig belastet ist, beispielsweise mit 0,5 A je laufenden Meter. Im Speisepunkt A (Bild 8) fließt dann der Strom J_0 zu, welcher gleich ist der Summe aller abgenommenen Ströme. Nimmt man an, daß die Stromabnahmen u n e n d l i c h fein verteilt sind, dann ist der Strom,

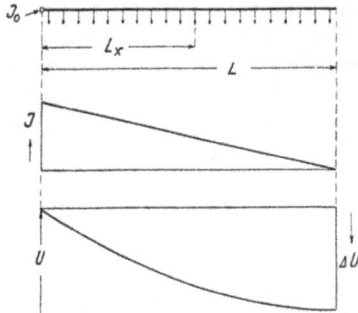

Bild 8.

der an den einzelnen Stellen durch die Leitung fließt, durch die gestrichelte Gerade gegeben. Im Punkt X der Leitung fließt der Strom

$$J_x = J_0 - c\, L_x;$$

dabei ist

$$c = \frac{J_0}{L};$$

also findet man

$$J_x = J_0 - J_0 \frac{L_x}{L}.$$

Der Spannungsabfall ΔU_x vom Anfang der Leitung bis zum Punkt X ist

$$\Delta U_x = \frac{\rho}{q} \int_0^{L_x} J_x \cdot d\,L.$$

Nach Einsetzen des Wertes für J_X und Durchführung der Integration findet man

$$\Delta U_x = \frac{\rho}{q} \left(J_0\, L_x - J_0 \frac{L_x^2}{2\,L} \right);$$

d. h. der Spannungsabfall wächst mit zunehmendem Abstand vom Punkt A nach einer Parabel an. Der größte Spannungsabfall ΔU herrscht am Ende der Leitung; für $L_X = L$ ist

$$\Delta U = \frac{\rho}{q}\,\frac{J_0 L}{2} = \frac{\rho}{q}\,J_0\,\frac{L}{2} = \frac{\rho}{q}\,L\,\frac{J_0}{2}.$$

Daraus ergibt sich das wichtige Gesetz: Der Spannungsabfall am Ende einer gleichmäßig belasteten Leitung mit der Stromdichte $\frac{J_0}{L}$ ist ebenso groß, als wenn die Leitung im Punkt ihrer h a l b e n Länge mit dem G e s a m t strom J_0 belastet wäre;

oder wenn die Leitung im Punkt A und am Ende mit dem Strom $\frac{J_0}{2}$ belastet wäre.

Die Ströme $\frac{J_0}{2}$ sind also nichts anderes als die an den Anfang und an das Ende der Leitung verworfenen Teile des wahren Stromes. Wird die Leitung am Anfang gespeist, dann braucht der dorthin verworfene Teil des wahren Stromes bei der Berechnung der Leitung nicht weiter berücksichtigt zu werden.

Bei der Berechnung größerer Netze nimmt man gewöhnlich an, daß die Stromabnahmen längs der einzelnen Leitungsstränge gleichmäßig verteilt sind, selbst wenn diese Bedingung nicht genau erfüllt ist. Man kann dann sofort die wahre Stromverteilung durch Ströme in den Knotenpunkten ersetzen. Das nur in den Knotenpunkten belastete Netz ist verhältnismäßig leicht zu berechnen. Dieses Verfahren ist natürlich nicht anwendbar, wenn längs der Leitung nur wenig Stromabnehmer vorhanden sind, oder wenn bei der Belastung mit sehr vielen Abnehmern die Unterschiede in den abgenommenen Strömen sehr groß sind.

B. Die geschlossenen Leitungen.

1. Die unverzweigte, in mehreren Punkten belastete Leitung.

Den Fall der nur in einem Punkt belasteten Leitung können wir hier übergehen. Wie aus Bild 9 a zu ersehen ist, unterscheidet sich die geschlossene Leitung von der offenen dadurch, daß sie in z w e i Punkten, in A und B gespeist wird. Herrschen in A und B die g l e i c h e n Spannungen nach G r ö ß e und P h a s e, dann kann man die beiden Punkte zusammenlegen und es entsteht ein Leitungsring, daher die Bezeichnung »g e s c h l o s s e n e« Leitung.

Wir nehmen an, daß die Verbraucherströme aus den gegebenen Belastungen gefunden sind und führen die Berechnungen wieder getrennt für die Wirk- und Blindströme durch.

Wie bisher müssen wir jetzt wieder die S t r ö m e in den L e i t e r n ermitteln und können dann den Spannungsabfall oder Querschnitt suchen. Während nun aber bei den o f f e n e n Leitungen die Leiterströme durch eine e i n f a c h e A d d i t i o n der Verbraucherströme gefunden wurden, ist dies bei den g e s c h l o s - s e n e n Leitungen n i c h t mehr m ö g l i c h. Wir können zunächst nur sagen, daß sowohl von A als auch von B her Ströme in die Leitung fließen müssen, und zwar so viel, daß ihre Summe gleich den Verbraucherströmen wird. Aber welcher Teil dieser Summe von A oder B herkommt, ist nicht bekannt.

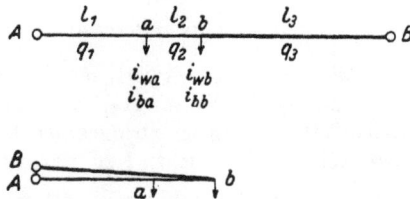

$$A \ \overset{l_1}{\underset{q_1}{\rule{0pt}{0pt}}} \ a \ \overset{l_2}{\underset{q_2}{\rule{0pt}{0pt}}} \ b \ \overset{l_3}{\underset{q_3}{\rule{0pt}{0pt}}} \ B$$

i_{wa} i_{wb}
i_{ba} i_{bb}

$$\begin{array}{l} B \\ A \end{array} \quad a \qquad b$$

Bild 9 a und b.

Nun haben wir aber gerade im Diagramm des Bildes 6 eine Methode kennengelernt, die uns gestattet, die Stromverteilung durch V e r w e r f e n der Ströme zu finden. Dies soll nun auch hier versucht werden, und zwar beschränken wir uns auf die Wirkströme. Es wird sich zeigen, daß bei den geschlossenen Leitungen die graphische Methode sehr große Vorteile bietet.

Wir setzen voraus, daß in A und B die gleiche Spannung nach Größe und Phase herrscht. Wir können dann die Punkte A und B aufeinanderlegen, wobei wir uns die Leitung in b geknickt denken (Bild 9 b). Für diese Leitung ergibt sich das in Bild 9 c dargestellte Diagramm. Da die Leiter 1 und 2 in Reihe geschaltet sind, sind sie im Diagramm übereinander angeordnet, wie wir es von der in mehreren Punkten belasteten offenen Leitung her kennen; ihre Ersatzleitung ist E_{12}. Wie Bild 9 b zeigt, ist die Leitung 3 zum Ersatzleiter p a r a l l e l geschaltet, d. h. der Leiter 3 muß d e n s e l b e n S p a n n u n g s a b f a l l aufweisen wie der E r s a t z l e i t e r E_{12}. Also muß das zum Leiter 3 gehörige Rechteck[1]) die **gleiche Höhe** haben wie die beiden übereinander angeordneten Rechtecke der Leiter *1* und *2*. Wir zeichnen das Leiterrechteck *3* neben die beiden anderen mit gleicher Höhe. Wenn die Strecke AB' den gesamten Strom darstellen würde, könnte man sofort ablesen, welcher Strom auf den Leiter *3* entfällt; dieser wird nämlich dann durch die Strecke BB' dargestellt. Man sieht also, daß man **parallelgeschaltete** Leiter nebeneinander zeichnen muß, und zwar so, daß sie **gleiche Höhen** aufweisen. Früher haben wir erkannt, daß in **Reihe** geschaltete Leiter **übereinander** angeordnet werden müssen, und zwar so, daß sie die **gleiche Basis** haben.

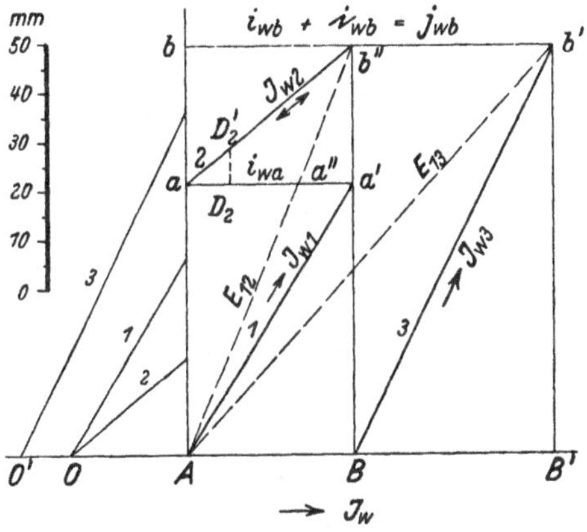

Bild 9c.

Wir verwerfen nun den Strom i_{wa} nach b und erhalten in bekannter Weise den verworfenen Strom $\mathfrak{i}_{wb}$ (gleich der Strecke aa'', wenn aa' gleich i_{wa} gesetzt wird). Im Punkt b haben wir demnach die Ströme

$$j_{wb} = i_{wb} + \mathfrak{i}_{wb}.$$

Dieser fiktive Strom muß von A und B her zur Stelle b zugeführt werden.

Wir sagen nun, die Strecke AB' sei gleich diesem fiktiven Strom j_{wb} und können nunmehr den Maßstab für den Spannungsabfall bestimmen, da die Maßstäbe für g_0 und l bereits gewählt sind. Damit ist der Spannungsabfall im Punkt b bekannt.

[1]) Zur Abwechslung wurde angenommen, daß der Leiter *3* einen anderen Querschnitt habe wie die Leiter *1* und *2*.

Wir wollen nunmehr auch den Spannungsabfall im Punkt a wissen. Um diesen zu finden, gehen wir in gleicher Weise vor wie bei der offenen Leitung, d. h. wir bestimmen zunächst den Strom im Leiter 2.

Zu diesem Zweck setzen wir die Strecke AB' gleich dem gesamten zu liefernden Strom j_{wb}. Dieser Strom zerfällt offenbar in z w e i Teile.

Der e i n e Teil, dargestellt durch die Strecke BB' (Breite des Rechteckes 3), fließt im Leiter 3 von B nach b; es ist also

$$BB' = J_{w3} = J_{wB}.$$

Da dieser Strom von dem Speisepunkt B her kommt, nennen wir ihn auch »S p e i s e p u n k t s - S t r o m« J_{wB}. Wir sagen auch von ihm, er sei ein »w a h r e r« Strom, weil er in einem »w a h r e n« Leiter und nicht in einem fiktiven Leiter fließt. Dieser wahre Strom wird an den Leiter 3 angeschrieben und mit einem P f e i l v o n u n t e n n a c h o b e n versehen, weil er p o s i t i v ist. Dies muß noch näher erklärt werden. Mann sieht aus dem Bild 9 a, daß die Leiter 1 und 3 von Speisepunkten herkommen; die beiden Rechtecke dieser Leiter sitzen deshalb auf der Abszissenachse auf. Wenn ein Strom von einem Speisepunkt herkommt, muß er deshalb mit einem Pfeil von unten nach oben versehen werden. Solche Ströme müssen immer positiv sein.

Der a n d e r e Teil des Stromes, dargestellt durch die Strecke AB (Breite der Rechtecke 1 und 2) fließt durch den Ersatzleiter E_{12} von A nach b; es ist also

$$AB = J_{w12};$$

dieser Strom ist k e i n wahrer Strom. Um nun den Strom im Leiter 2 zu finden, subtrahieren wir, wie wir es bei der offenen Leitung getan haben, vom Strom J_{w12} den nach b verworfenen Strom i_{wb}; es ist also

$$J_{w2} = J_{w12} - i_{wb}.$$

Der Leiterstrom J_{w2} kann nun p o s i t i v oder n e g a t i v sein, je nachdem J_{w12} größer oder kleiner als i_{wb} ist. Ist J_{w2} positiv, so müssen wir den zu diesem Strom gehörigen Pfeil wieder von unten nach oben eintragen. Das heißt, daß auch durch den Leiter 2 ein Strom vom Speisepunkt A herkommend nach b fließt. In diesem Falle wird also der in b abgenommene Verbraucherstrom zum Teil vom Speisepunkt B, zum Teil vom Speisepunkt A geliefert. Dies ist p h y s i k a l i s c h nur möglich, wenn b der

Punkt mit dem g r ö ß t e n Spannungsabfall ist. Ist J_{w2} negativ, so zeigt der Pfeil von oben nach unten. Das heißt dann, daß der von B herkommende Strom J_{w3} nicht nur den in b abgenommenen Strom i_{wb} speist, sondern es fließt noch ein Teil des Speisepunkt- stromes nach a über den Leiter 2. Offenbar ist dann die Spannung im Punkt a am niedrigsten. Den Spannungsabfall im Punkt b finden wir in bekannter Weise.

Die Spannung im Punkt a finden wir nun, indem wir auf der Geraden aa' die Strecke aD_2 gleich J_{w2} machen, in D_2 die Senkrechte bis zum Schnitt D_2' mit der Geraden 2 errichten. Die Strecke $D_2 D_2'$ stellt dann im Spannungsmaßstab den Span- nungsabfall im Leiter 2 dar. Ist J_{w2} p o s i t i v, dann s u b t r a - h i e r e n wir $D_2 D_2'$ vom Spannungsabfall in b, im a n d e r e n Fall haben wir zu a d d i e r e n, um den Spannungsabfall in a zu erhalten.

Das gleiche Verfahren wenden wir für die B l i n d s t r ö m e an und superponieren schließlich die gefundenen Spannungs- abfälle und damit ist die Aufgabe gelöst. Dieses Verfahren ist zulässig, wenn die Leitung mit einheitlichem Querschnitt und mit einheitlichem. Mastbild ausgeführt ist, so daß der Wider- stands- und Induktivitätsbelag auf der ganzen Leitung konstant ist, was in der Praxis gewöhnlich zutrifft.

Im Diagramm ist noch die Ersatzleitung E_{13} gezeichnet. Diese ersetzt das g a n z e L e i t u n g s g e b i l d e. Ihren Wider- stand können wir leicht bestimmen, es ist nur durch O die Parallele hierzu zu zeichnen, und es ergibt sich sofort die Länge dieser Leitung. Natürlich kann man auch durch O' die Parallele zeichnen, es muß sich der gleiche Widerstand ergeben. Wir können uns nun vorstellen, daß der fiktive Strom j_{wb} an diesem Ersatzleiter angreift, die ganze Aufgabe ist also auf die e i n f a c h e o f f e n e nur am Ende belastete Leitung zurückgeführt.

Es soll im folgenden noch gezeigt werden, daß man tatsächlich auch die geschlossene Leitung des Bildes 9 a wie eine o f f e n e behandeln kann. Man läßt den Speisepunkt B weg, die Leitung 3 wird aber beibehalten. Nun verwirft man alle Ströme nach dem Ende des Leiters 3, also dorthin, wo vorher der Speisepunkt B war. Man erhält dann ein Diagramm, das vollständig dem des Bildes 6 gleicht. Der im Punkt b erhaltene f i k t i v e S t r o m ist e b e n s o g r o ß wie der Strom, der von B in die Leitung fließt, wenn B ein S p e i s e p u n k t ist; nur in seiner R i c h- t u n g ist er v e r k e h r t. Die Richtigkeit dieses Satzes erkennt man ohne Beweis durch die Überlegung, daß der Speisepunkt in B den Spannungsabfall in B zu N u l l macht, da ja in B die gleiche

Spannung herrscht wie in *A*. Wenn aber der Speisepunkt den Spannungsabfall zu Null machen soll, muß ein gleich großer, aber entgegengesetzter Strom wie der fiktive Strom ist, von *B* aus in die Leitung geschickt werden. Hat man den Speisepunktsstrom in *B*, dann kann man sofort alle Ströme in den übrigen Leitungen angeben. Doch soll hierauf nicht näher eingegangen werden.

Es sei dem Leser empfohlen, das folgende Beispiel zuerst nach einer anderen Methode zu lösen, dann erst auf graphischem Wege.

B e i s p i e l 2. Die Bilder 9 a, b und c sind so gewählt, daß sie zum folgenden Beispiel passen.

Wir wählen den Strom: $i_{wa} = 66$ A; $i_{wb} = 33$ A; die Spannung in *A* und *B* sei 220 V. Die Längen und Querschnitte der Leitungen seien

Leiter 1: $l_1 = 0,2$ km; $q_1 = 50$ mm²;
Leiter 2: $l_2 = 0,1$ km; $q_2 = 50$ mm²;
Leiter 3: $l_3 = 0,35$ km; $q_3 = 70$ mm².

Darnach sind die Geraden *1, 2* und *3* auf der linken Seite des Diagrammes eingezeichnet. Dabei wurde folgender Maßstab gewählt:

$$1 \text{ km} = \mu_l = 200 \text{ mm}; 1 \text{ S . km} = \mu_g = \frac{35}{4} \text{ mm}.$$

Zunächst wird der Strom i_{wa} nach *b* verworfen. Die Strecke *aa′* soll den Strom $i_{wa} = 66$ A darstellen; dann ist die Strecke *aa″* im gleichen Maßstab gemessen gleich $i_{wb} = 44$ A. Es ist also

$$j_{wb} = 44 + 33 = 77 \text{ A}.$$

Der Ersatzleiter E_{13} stellt den Ersatz für das ganze Leitungsgebilde, also für die drei Leiter *1, 2* und *3* dar, an seinem Ende haben wir uns den Strom von 77 A abgenommen zu denken. Dieser Strom muß letzten Endes von den beiden Speisepunkten *A* und *B* zufließen, und zwar von *B* her über den wahren Leiter *3* und von *A* her über den Ersatzleiter E_{12} der beiden Leitungen *1* und *2*.

Man setzt nun im Diagramm die Strecke *bb′* gleich dem fiktiven Strom 77 A; dann stellt die Strecke *b″b′* den wahren Strom J_{w3} im Leiter *3* dar und die Strecke *bb″* den Strom (J_{w12}) im Ersatzleiter E_{12}; wir lesen ab

$$J_{w3} = +42 \text{ A}; \ J_{w12} = 35 \text{ A}.$$

Den Strom J_{w3} schreibt man am besten an den Leiter *3* an, und zwar mit einem Pfeil von unten nach oben, weil es ein positiver Strom ist.

Den wahren Strom J_{w2} im Leiter *2* findet man, indem man vom Strom J_{w12} des Ersatzleiters E_{12} den verworfenen Strom i_{wb} subtrahiert; es ist also

$$J_{w2} = 35 - 44 = -9 \text{ A}.$$

Diesen Strom schreiben wir an den Leiter *2* an, und zwar mit einem Pfeil von oben nach unten, weil der Strom J_{w2} negativ ist. Das heißt, daß dieser Strom auch von *B* her über den Leiter *3* zufließt.

Den Strom J_{w1} im Leiter *1* finden wir zu

$$J_{w1} = i_{wa} + J_{w2} = 66 - 9 = 57 \text{ A}.$$

Auch diesen Strom schreiben wir ein, und zwar mit einem Pfeil von unten nach oben; d. h. dieser Strom kommt von *A* her.

Damit ist die Stromverteilung gefunden. Wir berechnen nun noch die Spannungen in den Punkten *a* und *b*.

Den fiktiven Strom in *b* haben wir zu $j_{wb} = 77$ A gefunden. Die Strecke bb' stellt diesen Strom dar. An der Länge dieser Strecke gemessen finden wir

$$1 \text{ A} = 1 \text{ mm},$$

und demnach ist der Maßstab für die Spannung

$$1 \text{ V} = \frac{1 \cdot 200 \cdot 4}{35} = \frac{800}{35} \text{ mm}.$$

Der Spannungsabfall im Punkt *b* wird durch die Strecke *Ab* im Diagramm dargestellt. Diese hat eine Länge von 83,5 mm; daraus ergibt sich

$$\Delta U_b = \frac{83,5 \cdot 35}{800} = 3,65 \text{ V},$$

also herrscht im Punkt *b* die Spannung unter Berücksichtigung der Hin- und Rückleitung

$$U_b = 220 - 2 \cdot 3,65 = 212,7 \text{ V}.$$

Die Spannung im Punkt *a* findet man wie folgt. Wir machen die Strecke aD_2 im Strommaßstab gleich 9,0 A, errichten in D_2 die Senkrechte bis zum Schnittpunkt D_2' mit der Diagonalen und finden für die Strecke $D_2 D_2'$ eine Länge von 7,5 mm; das sind im Spannungsmaßstab gemessen

$$-\frac{7,5 \cdot 35}{800} = -0,328 \text{ V}$$

(das negative Zeichen müssen wir schreiben, weil der Strom dieses Vorzeichen hat). Also ist die Spannung im Punkt a

$$U_a = 212{,}7 - 2 \cdot 0{,}328 = 212 \text{ V.}$$

Man sieht, daß im Punkt a eine niedrigere Spannung herrscht als im Punkt b; das muß natürlich so sein, weil von b nach a ein Strom fließt.

Damit sind auch die Spannungen in den Punkten a und b gefunden.

Es soll nun noch ein S o n d e r f a l l behandelt werden. Wir nehmen an, daß der Strom im Punkt b kein abgenommener Strom, sondern ein zugeführter Strom ist. Man muß in diesem Fall schreiben

$$i_{wb} = -33 \text{ A;}$$

d. h. man muß das negative Vorzeichen wählen, weil wir dem abgenommenem Strom ein positives Vorzeichen gegeben haben. Für die Stromverteilung haben wir dieselben Überlegungen anzustellen wie vorher; es ist also:

$$i_{wa} = 66 \text{ A;} \quad i_{wb} = -33 \text{ A;}$$

der von a nach b verworfene Strom ist wie vorher

$$i_{wb} = 44 \text{ A;}$$

der fiktive Strom in b ist also

$$j_{wb} = 44 - 33 = 11 \text{ A.}$$

Dieser Strom fließt im Ersatzleiter E_{13} und verteilt sich wie folgt

$$j_{wb} = J_{w12} + J_{w3},$$

und dafür ergibt sich aus dem Diagramm

$$J_{w3} = 6 \text{ A;} \quad J_{w12} = 5 \text{ A;}$$

ferner ist

$$J_{w2} = 5 - 44 = -39 \text{ A,}$$

und endlich

$$J_{w1} = i_{wa} + J_{w2} = 66 - 39 = 27 \text{ A.}$$

Damit ist die Stromverteilung gefunden. Die Spannungen in den Punkten a und b können wie vorher ermittelt werden.

Bei der Berechnung von Wechselstromleitungen kann es öfter vorkommen, daß solche zugeführte Ströme vorhanden sind (kapazitive Ströme).

2. Die verzweigte, nur in einem Punkt belastete Leitung.

Wir nennen Leitungsgebilde mit m e h r als zwei Speisepunkten, die sich in reine R e i h e n - P a r a l l e l s c h a l t u n -
g e n auflösen lassen, g e s c h l o s s e n e Leitungs v e r z w e i -
g u n g e n. Wir gehen bei der Untersuchung dieser Leitungen von
dem Fall aus, daß nur eine e i n z i g e Belastung vorhanden sei,
und zwar in einem K n o t e n p u n k t. Dabei verstehen wir
unter einem Knotenpunkt einen
solchen Punkt, in dem mehr als zwei
Leitungen zusammenstoßen.

In Bild 10 a ist ein solches
Leitungsgebilde dargestellt; die Belastung befindet sich im Knotenpunkt *c*. Man sieht aus dem Aufbau,
daß dieses Leitungsgebilde sozusagen
m e h r f a c h g e s c h l o s s e n ist.
Man kann es zeichnerisch auch in
einer anderen Form darstellen, bei
welcher die Verzweigung deutlicher
zum Ausdruck kommt (Bild 10 b).
Hierbei sind die S p e i s e p u n k t e,
wie man sich ausdrückt, a u f g e -
s c h n i t t e n, d. h. jeder von einem
Speisepunkt ausgehende Leiter ist
mit seinem Speisepunkt für sich gezeichnet. Man kann aber auch den
entgegengesetzten Weg gehen und
alle Speisepunkte a u f e i n a n d e r
legen; dann entsteht Bild 10 c. Hierbei
ist die Leitung im Punkt *c* g e k n i c k t;

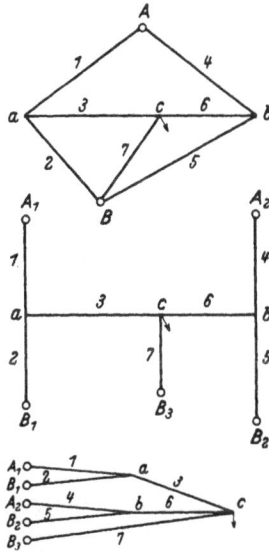

Bild 10 a, b und c.

man kann sie ebenso gut auch in *a* oder *b* knicken. Bei der nur
in e i n e m Punkt belasteten Anlage knickt man in dem Punkt,
wo die B e l a s t u n g sitzt, im vorliegenden Fall also in *c*.

An Hand der Schaltung von Bild 10 c kann man nun leicht
das Leitungsdiagramm, oder, wie wir es wegen seiner Form nennen,
das »L e i t u n g s g i t t e r« aufzeichnen (Bild 11). Man sieht,
der K n o t e n p u n k t *c* wird im Leitungsgitter durch die
o b e r s t e Linie dargestellt.

Es soll nun kurz der A u f b a u des Gitters erläutert werden.
Von den Leitern ist angenommen, daß sie verschiedene Quer-
schnitte besitzen. Ihre Querschnitte und Längen sind im linken
Quadranten von Bild 11 eingezeichnet. Der Aufbau ergibt sich

wie folgt: Die Leitungen *1* und *2* sind parallel geschaltet, also sind
ihre Leiterrechtecke gleich hoch und nebeneinander anzuordnen.
Wie groß dabei die Basis gewählt wird, ist an sich gleichgültig.
Haben wir aber die Basis und Höhe des Leiterrechteckes *1* gewählt, so ist die Größe des Leiterrechteckes *2* vollständig bestimmt. In Reihe zu dieser Parallelschaltung liegt Leitung *3*. Sie
muß also nach oben aufgebaut werden, und zwar mit der gleichen
Basis, wie die beiden Leiterrechtecke *1* und *2* zusammen haben;
denn der Leiter *3* muß die Summe der Ströme von Leiter *1* und
Leiter *2* führen.

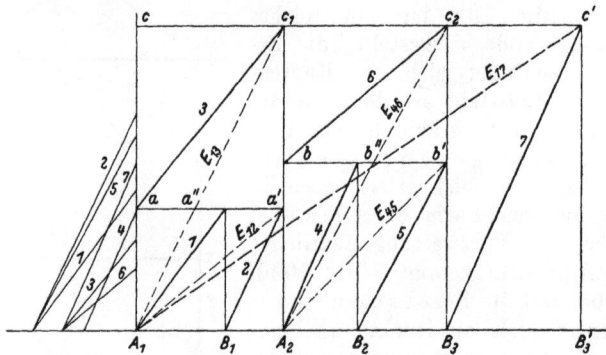

Bild 11.

Parallel zu dieser Leitergruppe liegt die Leiterkombination
der Leiter *4*, *5* und *6*, die den gleichen Aufbau zeigt wie die eben
gezeichnete. Um das Gitter dieser Kombination einzutragen, geht
man am besten so vor: Man zeichnet in einer Nebenfigur das
Gitter dieser Kombination und zieht die Ersatzleitungen E_{45} und
E_{46}. Diese Ersatzleitungen trägt man in das Diagramm von
Bild 11 ein, und zwar so, daß die Höhe des Leiterrechteckes der
Ersatzleitung E_{46} gleich $A_2 c_1$ wird. Man erhält damit das Rechteck $A_2 c_1 c_2 B_3$. Nunmehr kann man auch den Ersatzleiter E_{45}
und damit die Leiter *4*, *5* und *6* einzeichnen.

Parallel zur ganzen Gruppe liegt der Leiter *7*, der ohne
weiteres eingetragen werden kann. Damit ist das Leitungsgitter
der ganzen Anordnung gefunden.

Nebenbei sei auf folgendes hingewiesen: Nehmen wir an, an
diese Gruppe der Leiter *1* bis *7* wären noch andere Leiter angeschlossen; dann muß natürlich das Leitungsgitter noch weiter
gebaut werden. Offensichtlich würde dabei die Figur sehr groß und

deshalb unbequem werden. Will man dies verhindern, dann fängt man ein neues Gitter an mit einem kleinen Rechteck des Ersatzleiters E_{17}, so wie wir eben mit dem Leiterrechteck des Leiters *1* begonnen haben und bauen an diesem weiter.

Wir kehren zurück zum Diagramm. In *c* greift der Abnahmestrom an; es ist also die ganze Verzweigung nunmehr zurückgeführt auf einen offenen, einfachen, nur am Ende belasteten Leiter E_{17}. Die Breite cc' des gesamten Rechteckes setzen wir gleich dem Abnahmestrom i_{wc} und erhalten damit auch den Maßstab für den Spannungsabfall im Knotenpunkt *c*. Außerdem können wir sofort im Strommaßstab die S t r ö m e in allen einzelnen Leitern ablesen, die durch die B r e i t e der einzelnen Leiterrechtecke gegeben sind. Die H ö h e n der Leiterrechtecke stellen die S p a n n u n g s a b f ä l l e in den Knotenpunkten *a* und *b* dar.

Die Lösung der Aufgabe ist hier besonders einfach, da nur ein einziger Strom im System angreift, es sind also keine Ströme zu verwerfen. Man sollte meinen, daß Leitungsgebilde dieser Art mit nur einer Belastung in der Praxis eine S e l t e n h e i t bilden. Wir werden aber später sehen, daß dieses Diagramm für die Berechnung der K u r z s c h l u ß s t r ö m e von grundlegender Bedeutung ist und praktisch eine g r o ß e Rolle spielt.

Wäre nur die Belastung in *a* oder in *b* vorhanden gewesen, dann hätten wir das Diagramm so entwerfen müssen, daß die Linien der Knotenpunkte *a* bzw. *b* die oberste Linie des Leitungsgitters bilden. Nach dem Dargelegten ist es leicht, diese Diagramme zu zeichnen.

3. Die verzweigte, in beliebigen Knotenpunkten belastete Leitung.

Wir betrachten das gleiche Leitungssystem, nehmen jetzt aber an, daß auch in den Knotenpunkten *a* und *b* Belastungen angreifen. In Bild 10a sind die Belastungsströme i_{wa} und i_{wb} g e s t r i c h e l t eingezeichnet. Für die Rechnung wiederholt sich nun der Vorgang wie bei der unverzweigten, in mehreren Punkten belasteten geschlossenen Leitung. Wir verwerfen den Strom i_{wa} nach dem Knotenpunkt *c* und erhalten dort den verworfenen Strom i_{wc}' gleich der Strecke aa'', da wir den Strom i_{wa} gleich der Strecke aa' setzen (Bild 11).

In gleicher Weise verwerfen wir den Strom i_{wb} nach *c*, indem wir die Strecke bb' gleich i_{wb} setzen; dann stellt die Strecke bb'' den nach *c* verworfenen Strom i_{wc}'' dar. Damit sind alle Ströme nach c verworfen und in c greift nunmehr der fiktive Strom j_{wc}, an, wobei

$$j_{wc} = i_{wc} + i_{wc}' + i_{wc}''.$$

Im Diagramm wird dieser Strom durch die Strecke cc' dargestellt. Man sieht, daß dieser Strom in d r e i Teile zerfällt entsprechend den drei großen Rechtecken des Leiters 7, der Ersatzleitung E_{46} und der Ersatzleitung E_{13}. Diese drei Ströme sind J_{w7}, J_{w13} und J_{w46}.

Der Strom J_{w7} ist ein wahrer Strom; man kann ihn deshalb in das Diagramm an den Leiter 7 anschreiben und mit einem Pfeil von unten nach oben versehen.

Den wahren Strom im Leiter 6 findet man zu

$$J_{w6} = J_{w46} - i_{wc}''.$$

Dieser Strom kann positiv oder negativ sein; der Pfeil ist entsprechend einzutragen.

Der Strom im Ersatzleiter E_{45} ist J_{w45}, wobei

$$J_{w45} = i_{wb} \pm J_{w6};$$

dieser Strom muß positiv sein, weil er von einem Speisepunkt kommt. Wir setzen die Strecke bb' gleich diesem Strom und finden die wahren Ströme J_{w4} und J_{w5} gleich den Strecken $A_2 B_2$ und $B_2 B_3$. In genau gleicher Weise gehen wir vor bei der Ermittlung der Ströme J_{w3}, J_{w2} und J_{w1}, und damit ist die Aufgabe, die Stromverteilung zu finden, gelöst.

Die S p a n n u n g e n findet man in ganz analoger Weise wie bei Bild 9; es braucht deshalb hierauf nicht mehr eingegangen zu werden. Außerdem sei auf das später gebrachte Beispiel verwiesen.

4. Die vermaschten Leitungen.

Der einfachste Fall dieser Art ist in Bild 12 a dargestellt. Schneidet man an den Speisepunkten auf, so erhält man das Bild von Bild 12 b. Da hier im Gegensatz zum vorher betrachteten Leitungsgebilde von e i n e m Knotenpunkt z w e i Leitungen ausgehen, von denen k e i n e zu einem S p e i s e p u n k t führt, ist eine A u f l ö s u n g des Netzes durch Reihenparallelschaltung n i c h t mehr möglich. Man nennt solche Leitungen auch L e i t u n g s n e t z e. Unter Leitungsnetzen versteht man also Leitungen, die M a s c h e n bilden. Man unterscheidet dreieckige Maschen (Bild 12), viereckige Maschen usw. Für die Praxis haben aber nur die d r e i e c k i g e n Maschen Bedeutung. Es gibt in

der Praxis zwar Netze, die auch viereckige Maschen enthalten;
meist sind diese aber ungewollt entstanden, weil die Leitungen
nicht berechnet wurden. Viereckige Maschen zu berechnen ist
nämlich keine einfache Aufgabe; aber was noch schlimmer ist,
solche Maschen sind auch s e h r s c h w e r mit einem v e r l ä s s i g
a r b e i t e n d e n Überstromschutz zu versehen; der Betrieb
von Netzen mit so komplizierten Leitungsgebilden ist infolge-

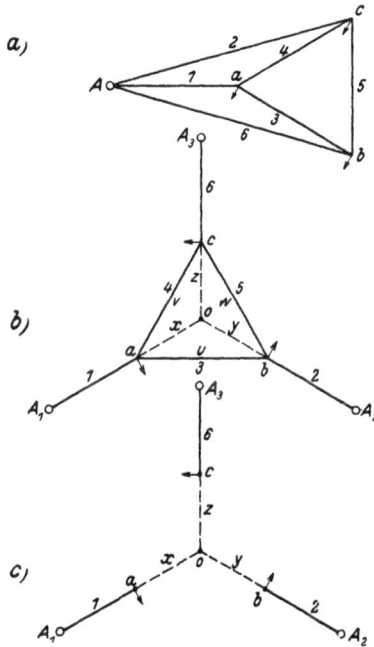

Bild 12 a, b und c.

dessen schwierig. Es besteht also Veranlassung, solche Maschen
zu v e r m e i d e n, was sich stets leicht erreichen läßt.

Mit Hilfe der Methode der T r a n s f i g u r a t i o n gelingt
es nun, d r e i e c k i g e Maschen a u f z u l ö s e n, so daß das
Netz in eine R e i h e n - P a r a l l e l s c h a l t u n g übergeht. Dies
soll am Beispiel von Bild 12 gezeigt werden.

Man ersetzt die dreieckige Masche *abc* durch einen L e i t e r-
s t e r n, und zwar so, daß an der S t r o m v e r t e i l u n g im
ü b r i g e n Netz n i c h t s g e ä n d e r t wird. In Bild 12 b ist
dieser Stern *xyz* gestrichelt eingezeichnet. Wenn wir die Wider-

stände der Dreiecksseiten mit u, v und w bezeichnen, dann ersetzt der Stern das Dreieck »w i d e r s t a n d s g e t r e u«, wenn folgende Beziehungen bestehen

$$
\left.
\begin{aligned}
x &= \frac{u\,v}{u+v+w} \\[4pt]
y &= \frac{u\,w}{u+v+w} \\[4pt]
z &= \frac{v\,w}{u+v+w}
\end{aligned}
\right\} \quad \dots \dots \dots \quad (20)
$$

Auf den Beweis soll hier nicht eingegangen werden, da er in jedem Lehrbuch zu finden ist.

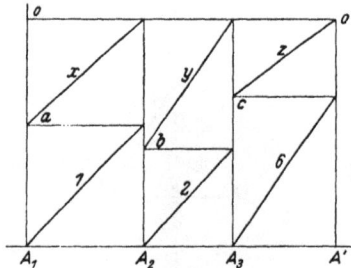

Bild 12 d.

Hat man die Transfiguration vollzogen, dann erhält man Bild 12 c; das Leitungsgitter ist in Bild 12 d dargestellt. Man sieht, die Aufgabe ist auf die v e r z w e i g t e g e s c h l o s s e n e Leitung z u r ü c k g e f ü h r t.

Wenn man sich damit begnügen kann, die S p a n n u n g e n in den E c k p u n k t e n a, b und c zu kennen, dann ist die Aufgabe gelöst. Wenn man aber den S t r o m in den D r e i e c k - s e i t e n wissen muß, dann muß man folgende Rechnung anstellen: Man setzt die Gleichungen an, welche besagen, daß d e r S p a n n u n g s a b f a l l i n j e z w e i h i n t e r e i n a n d e r g e s c h a l t e t e n S t e r n s t r a h l e n g l e i c h s e i n m u ß d e m S p a n n u n g s a b f a l l i n d e r z w i s c h e n d e n g l e i c h e n E c k p u n k t e n l i e g e n d e n D r e i e c k - s e i t e; es muß also sein

$$
\left.
\begin{aligned}
\Delta u &= \Delta x \pm \Delta y; \\
\Delta v &= \Delta x \pm \Delta z; \\
\Delta w &= \Delta y \pm \Delta z
\end{aligned}
\right\} \quad \dots \dots \dots \quad (21)
$$

Dabei ist darauf zu achten, daß man die V o r z e i c h e n
der Spannungsabfälle richtig einsetzt; haben je zwei Sternstrahlen
g l e i c h e n Richtungspfeil hinsichtlich ihrer S t r ö m e, so sind
ihre Spannungsabfälle zu a d d i e r e n, im a n d e r e n Fall dagegen zu s u b t r a h i e r e n.

Manchmal macht ein Netz den Eindruck, als ob eine v i e r-
e c k i g e Masche vorhanden wäre, wie Bild 13 a zeigt. Legt man
aber je zwei Speisepunkte zusammen (Bild 13 b), so erhält man

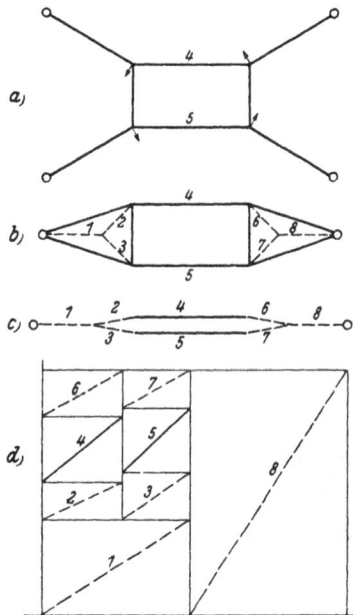

Bild 13.

rechts und links ein Dreieck. Diese beiden Dreiecke werden, wie
gestrichelt eingezeichnet ist, in Sterne transfiguriert und es ergibt
sich das Leitungsgebilde von Bild 13 c, das aus einer sogenannten
z w e i e c k i g e n Masche besteht, d. h. aus einer einfachen
Parallelschaltung zweier Leiter, die mit zwei anderen Leitern
hintereinander geschaltet sind (Bild 13 c). Das zugehörige Leitungsgitter ist in Bild 13 d dargestellt.

Es sei erwähnt, daß man die Transfiguration auch u m-
g e h e n kann; man kann für das N e t z m i t d e r M a s c h e
ein L e i t u n g s g i t t e r zeichnen und damit die Rechnungen
durchführen. Diese Lösung soll aber erst später gebracht werden.

5. Superposition von Strömen.

Bei den bisher betrachteten verzweigten und vermaschten Leitungen haben wir vorausgesetzt, daß sie nur in den K n o t e n - p u n k t e n belastet seien. Dies trifft in der Praxis n i c h t immer, ja sogar nur in seltenen Fällen zu, meist sind nämlich die Leitungen an einer oder mehreren Stellen zwischen den Knotenpunkten belastet. Man kann auch solche Leitungen ohne weiteres auf g r a - p h i s c h e m Wege berechnen, indem man j e d e A b n a h m e - s t e l l e als einen K n o t e n p u n k t (d i s k r e t e Knotenpunkte) auffaßt und sie im Diagramm ebenso behandelt. Wenn aber s e h r v i e l e diskrete Knotenpunkte vorhanden sind, wird das Leitungsgitter etwas dicht und vielleicht nicht mehr so übersichtlich. Man kann in diesem Fall auch einen a n d e r e n W e g gehen, indem man von der Zulässigkeit der S u p e r p o s i t i o n d e r S t r ö m e Gebrauch macht.

Hierbei geht man so vor: Man macht a l l e K n o t e n - p u n k t e zu S p e i s e p u n k t e n ; wir nennen solche Speisepunkte, weil sie in Wirklichkeit nicht vorhanden sind, f i k t i v e S p e i s e p u n k t e. Auf diese Weise zerfällt das Netz in lauter von z w e i S e i t e n h e r g e s p e i s t e e i n f a c h e L e i - t u n g s s t r ä n g e. Für diese kann man die Stromverteilung leicht berechnen, ebenso die Ströme, die man in den f i k t i v e n Speisepunkten z u f ü h r e n müßte. Man zeichnet alle diese Ströme nach Größe und Richtung in den Leitungsplan ein. Offenbar haben wir hierbei eine V e r ä n d e r u n g an dem Netz vorgenommen, wir haben in den Knotenpunkten Ströme angebracht, die in das Netz fließen. In Wirklichkeit sind diese Ströme aber n i c h t vorhanden.

Um das Netz nun wieder in seine alte Form zu bringen, müssen die willkürlich h i n z u g e f ü g t e n Ströme wieder v e r - s c h w i n d e n. Wir zeichnen den Leitungsplan wieder auf in seiner ursprünglichen Form, diesmal aber n u r in den K n o t e n - p u n k t e n belastet, und zwar mit d e n S t r ö m e n, die wir vorher als S p e i s e s t r ö m e der f i k t i v e n Speisepunkte gefunden haben, jedoch mit dem e n t g e g e n g e s e t z t e n Vorzeichen, weil sie B e l a s t u n g s s t r ö m e sein sollen. Wir haben nun ein n u r in den K n o t e n p u n k t e n belastetes Netz, für das nach den bisher entwickelten Regeln leicht die Stromverteilung gefunden werden kann. Wir tragen nun die gefundenen Leiterströme in den Leitungsplan ein, denken uns das Ganze auf ein Pauspapier gezeichnet und legen den zweiten Leitungsplan über den ersten und s u p e r p o n i e r e n die S t r ö m e, d. h.

wir addieren Ströme mit gleichgerichteten
Pfeilen und subtrahieren die Ströme mit
entgegengesetzt gerichteten Pfeilen. Man
erkennt, daß sich bei diesem Vorgang die in den fiktiven
Speisepunkten hinzugefügten Ströme wieder weg-
heben, sie werden wieder zu Knotenpunkten, was sie
ursprünglich waren. Damit haben wir die wahre Stromverteilung im Leitungsnetz gefunden und es ist nun ein
leichtes, die Spannungsabfälle zu kontrollieren. Auf den Beweis
über die Richtigkeit dieses Verfahrens soll hier nicht eingegangen
werden, man kann ihn leicht an Hand einer ganz einfachen Leitung
durch ein Rechenexempel führen.

Mit Hilfe des gleichen Verfahrens kann man auch eine andere gelegentlich vorkommende Aufgabe lösen. Manchmal
haben nämlich die Speisepunkte in einem Netz nicht
die gleichen Spannungen. Dann stellt sich natürlich
eine andere Stromverteilung ein, als wenn alle Speisepunkte die
gleiche Spannung hätten; die Punkte mit höherer Spannung
führen größere, die mit niedrigeren Spannungen kleinere Speise-
ströme zu, als wenn alle die gleiche Spannung hätten. Man kann
nun in einem solchen Falle die richtige Stromverteilung auf folgende Weise finden:

Zunächst nimmt man an, alle Speisepunkte hätten
gleiche Spannungen und rechnet die Stromverteilung hierfür
in der üblichen Weise aus. Dann zeichnet man den Leitungsplan
nochmals auf, aber gänzlich unbelastet und nimmt an,
alle Speisepunkte hätten die gleiche Spannung U_0 bis auf den
Speisepunkt X, der eine niedrigere Spannung U_x habe. Den
Speisepunkt X faßt man nun als Belastungspunkt auf und entwirft das Leitungsgitter für diesen Leitungsplan, und zwar so,
daß die Knotenpunktslinie X die oberste Linie des Diagrammes
wird. Dann zeichnet man den Ersatzleiter, dessen Widerstand R_x man bestimmt. In diesem Ersatzleiter fließt dann ein
Strom, der durch die Gleichung gegeben ist

$$J_x = \frac{U_0 - U_x}{R_x} \quad \ldots \ldots \ldots (22)$$

Diesen Strom fassen wir als Belastungsstrom im
Punkt X auf und damit ist die Aufgabe zurückgeführt auf ein
nur in einem Punkt belastetes Netz; es kann also die Stromverteilung auf die einzelnen Leiter in bekannter Weise gefunden
werden. Die Leiterströme werden der Größe und Richtung nach
in den Leitungsplan eingetragen.

Dieses Verfahren wird für alle Speisepunkte mit verschiedenen Spannungen wiederholt und schließlich werden
alle Leitungspläne übereinander gelegt und

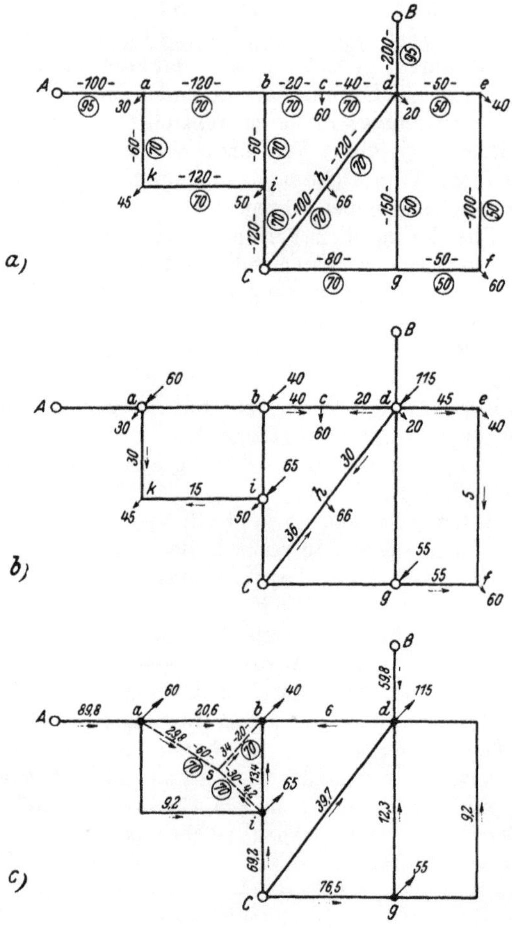

Bild 14a, b und c.

die Ströme superponiert; dann hat man die wahre
Stromverteilung im Netz und die Aufgabe ist gelöst.

Beispiel 3 für ein ganzes Netz. Es sei das
Netz von Bild 14 a gegeben. Die in Kreisen gesetzten Zahlen geben

den Querschnitt, die zwischen zwei Strichen gesetzten Zahlen die einfache Länge der einzelnen Leitungen an; die an die Pfeile angeschriebenen Zahlen sind die Abnahmeströme an diesen Punkten. In den Speisepunkten A, B und C soll das Netz mit gleich großen Spannungen gespeist werden.

Da das Netz nicht nur in den Knotenpunkten, sondern an einigen Stellen längs der Leitungen belastet ist, müssen wir zunächst das Netz in ein solches verwandeln, das n u r in den K n o t e n p u n k t e n belastet ist. Dies geschieht, indem wir alle Knotenpunkte zu Speisepunkten machen und berechnen, welche Ströme in diesen Speisepunkten zugeführt werden müßten. Dabei wollen wir nur die Punkte zu Speisepunkten machen, in denen mehr als zwei Leitungen zusammentreffen. Wir nennen diese Speisepunkte »f i k t i v e« Speisepunkte. Die Berechnung der fiktiven Speisepunktsströme ist einfach; denn alle Leitungen zwischen je zwei Speisepunkten stellen von zwei Punkten her gespeiste Stränge dar. Die so erhaltenen Ströme der fiktiven Speisepunkte sind in Bild 14 b eingetragen und mit Pfeilen versehen, die auf die fiktiven Speisepunkte zugekehrt sind. Ferner sind an die Leitungen die Ströme angeschrieben, die in ihnen hierbei fließen würden.

Nunmehr nimmt man an, das Netz wäre nur in den Knotenpunkten belastet, und zwar mit den Strömen, die wir eben als fiktive Speisepunktsströme gefunden haben. In Bild 14 c sind diese Ströme eingetragen. Um das Netz in eine Reihenparallelschaltung auflösen zu können, ist die Masche a b i in einen Stern verwandelt, wie gestrichelt angedeutet ist.

Für dieses Netz ist das L e i t u n g s g i t t e r entworfen, das in Bild 14 d dargestellt ist. An Hand dieses Gitters wird die Stromverteilung auf die einzelnen Leiter in bekannter Weise ermittelt. Im Gitter sind die Ströme eingetragen. Die so gefundenen Ströme in den Leitern werden in das Bild 14 c eingeschrieben und mit den zugehörigen Pfeilen versehen.

Nunmehr wird Bild 14 c auf Bild 14 b gelegt, Ströme mit gleichgerichteten Pfeilen werden addiert, die mit entgegengesetzten Pfeilen subtrahiert (Bild 14 e). Man sieht, daß hierbei die fiktiven Speisepunktsströme wegfallen; die noch übrigen Ströme geben die wahren Ströme in den Leitungen an, deren Summe gleich den Abnahmeströmen sein muß. Damit ist die Aufgabe der Stromverteilung gelöst.

Nunmehr kann man die S p a n n u n g s a b f ä l l e in den einzelnen Punkten des Netzes aufsuchen. Dies ist der Übersicht-

4*

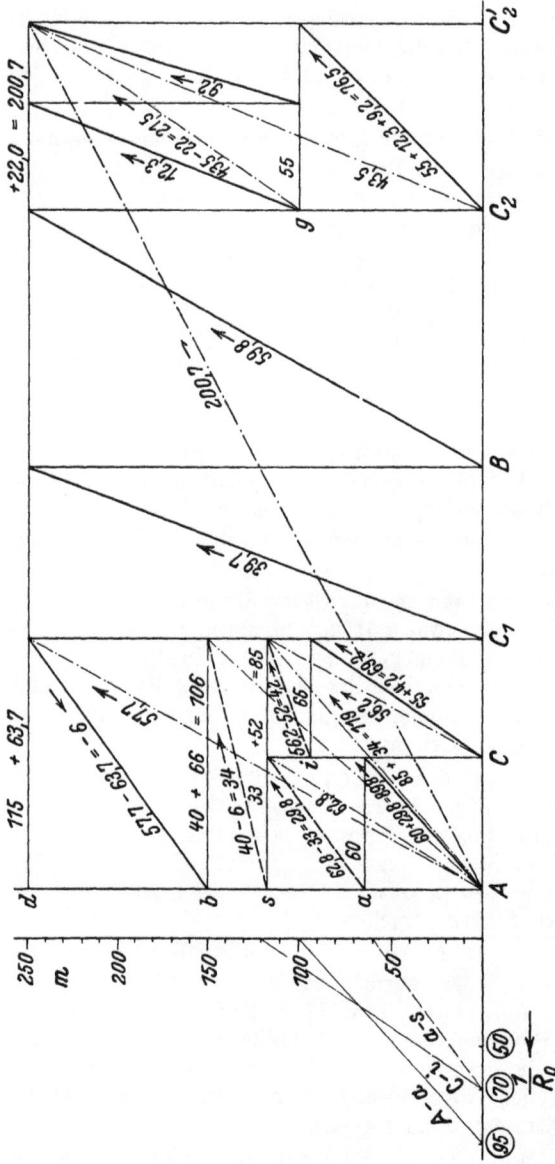

Bild 14 d.

lichkeit halber nicht im Leitungsgitter durchgeführt, sondern in eigenen Diagrammen (Bild 14 f), die nach Art von Bild 5 aufgebaut sind.

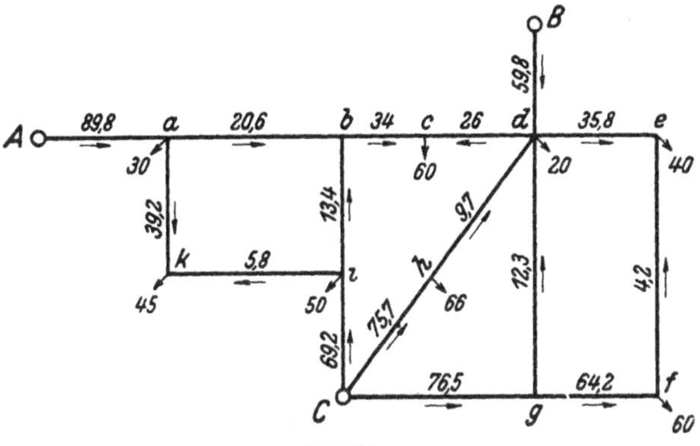

Bild 14 e.

In den Bildern sind folgende Maßstäbe verwendet:

$$1\,\text{A} = 0{,}5\,\text{mm};\ 1\,\text{km} = 500\,\text{mm};\ 1\,\text{S}\,.\,\text{km} = 10\,\text{mm};$$
$$1\,\text{V} = 25\,\text{mm}.$$

Mit den auf den Ordinatenachsen angegebenen Maßstäben kann man die Bilder maßstäblich auswerten.

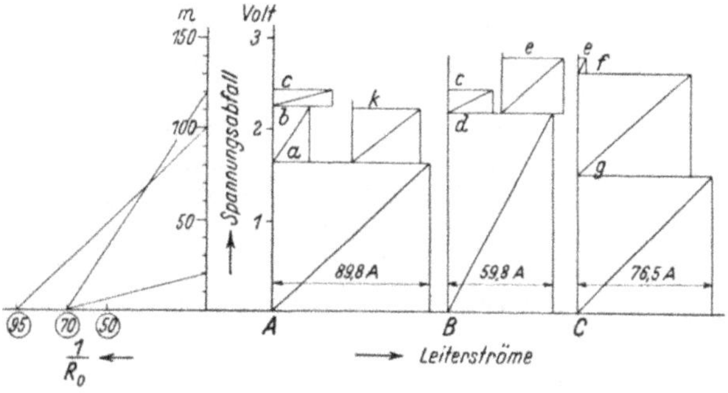

Bild 14 f.

Auf eine Beschreibung der ganzen Konstruktion wurde hier verzichtet. Es muß dem Leser überlassen bleiben, sich an Hand dieses Beispiels und der Bilder mit den eingeschriebenen Zahlen selbst einzuarbeiten. Am besten ist es, wenn der Leser das ganze

Beispiel selbst durchkonstruiert und seine Resultate mit den hier angegebenen vergleicht. Bei auftretenden Zweifeln über den Weitergang der Konstruktion usw. kann nur empfohlen werden, immer wieder auf die Beispiele der einfachen Leitungen zurückzugreifen. Die auf die Durchrechnung der Aufgabe angewendete Mühe lohnt sich reichlich für den, der viel mit Leitungen zu tun hat.

6. Stromänderung längs der Leitungen.

Jede Leitung besitzt K a p a z i t ä t gegen die N a c h b a r - l e i t u n g e n und gegen E r d e, es fließt also von jedem Element einer Leitung ein V e r s c h i e b u n g s s t r o m zu den anderen Leitungen und zur Erde. Dieser Verschiebungsstrom wird durch den Leitungsstrang jedem Element zugeführt; offenbar ist also der g e s a m t e in der L e i t u n g fließende Verschiebungsstrom am A n f a n g der Leitung am g r ö ß t e n und wird immer k l e i n e r, je weiter man sich vom Anfang der Leitung entfernt.

Außer diesem Verschiebungsstrom entweicht aber noch ein w e i t e r e r Strom der Leitung. Es gibt keine Leitung, die u n - e n d l i c h gut isoliert ist, über jeden Isolator fließt ein, wenn auch kleiner Isolationsstrom zur Erde. Bei Kabeln entweicht der Isolationsstrom durch das Dielektrikum zum Kabelmantel und von da zur Erde. Endlich tritt bei Hochspannungsleitungen noch eine andere Erscheinung auf, die zu Verlusten Veranlassung gibt, die K o r o n a.

Wir können nun annehmen, daß alle diese Ströme von V e r - b r a u c h e r n abgenommen würden. Es wäre aber für die Rechnung umständlich, diese Verbraucher längs der Leitung so f e i n verteilt anzunehmen, als die Ströme wirklich entweichen. Wenn die Leitungslängen zwischen zwei Knotenpunkten nun nicht länger als etwa 200 km (Freileitung) bzw. etwa 100 km (Kabel) sind, kann man so vorgehen: Man berechnet, wie groß die Kapazität, der Isolationswert und die Koronaverluste auf der g a n z e n Leitungslänge zwischen zwei Knotenpunkten (bzw. diskreten Knotenpunkten) sind; davon wird je die H ä l f t e auf j e d e n K n o t e n p u n k t verlegt und so behandelt, als wenn es sich um einen Verbraucher handeln würde.

Befindet sich nun tatsächlich an diesen Stellen ein w i r k - l i c h e r Verbraucher, dann kann man die Verluste durch »A b - l e i t u n g« (Isolations- und Koronaverluste) direkt zu den W i r k - k i l o w a t t des Abnehmers h i n z u z ä h l e n. Den k a p a z i - t i v e n Blindstrom s u b t r a h i e r t man vom induktiven Blindstrom des Verbrauchers. Dabei ergibt sich ein Ü b e r s c h u ß von i n d u k t i v e m oder k a p a z i t i v e m Blindstrom. Einen k a p a z i t i v e n Überschuß an Blindstrom behandelt man so, als wenn der Verbraucher i n d u k t i v e n Blindstrom in die Leitung s p e i s e n würde. Dies wirkt für den S p a n n u n g s- a b f a l l der Leitung g ü n s t i g; bekanntlich erzeugt man sogar öfters einen solchen Überschuß, um den Spannungsabfall zu heben. Im folgenden Beispiel ist eine Wechselstromleitung mit Kapazität und Ableitung durchgerechnet.

B e i s p i e l 4. Es soll im folgenden eine D r e h s t r o m- l e i t u n g in Ringform für eine verkettete Spannung von 110 kV vollständig durchgerechnet werden. Die Leitungskonstanten pro 1 km und eine Phase (Beläge der Leitung) sind: $R_0 = 0,154$ Ohm; $\omega L_0 = 0,394$ Ohm; $\omega C_0 = 2,9 \cdot 10^{-6}$ Siemens; Glimmverluste $= 1$ kW pro km. Der Leitungsring ist in Bild 15 a dargestellt. Die Belastungen sind

im Punkt a: $N_{wa} = 4\,000$ kW; $N_{ba} = 3\,500$ BkW;
im Punkt b: $N_{wb} = 30\,000$ kW; $N_{bb} = 20\,000$ BkW;
im Punkt c: $N_{wc} = 10\,000$ kW; $N_{bc} = 5\,000$ BkW.

In den Wirkleistungen seien die Glimmverluste mit einge- schlossen. Die Aufgabe besteht darin, die Strom- und Spannungs- verteilung im Ring zu finden.

Die Berechnung wird für eine Phase durchgeführt. Hierzu sind die gegebenen Leistungen durch 3 und die Spannungen durch $\sqrt{3}$ zu dividieren. Wir schneiden den Ring im Speisepunkt A auf und erhalten das typische Bild einer von zwei Seiten her gespeisten Leitung.

Die Kapazität wird auf die Knotenpunkte so verworfen, daß auf jeden Belastungspunkt die Hälfte der Kapazitäten der von ihm ausgehenden Leitungsstücke trifft. Der auf den Speisepunkt selbst entfallende Anteil hat auf die Berechnung der Leitung keinen Einfluß. Demnach betragen die kapazitiven Leitwerte im Punkt a: $\omega C_a = 283 \cdot 10^{-6}$ S; im Punkt b: $\omega C_b = 304,5 \cdot 10^{-6}$ S; im Punkt c: $\omega C_c = 275,5 \cdot 10^{-6}$ S. Diese sind im Leitungsbild 15 b eingetragen.

Nunmehr soll die Berechnung der S t r o m v e r t e i l u n g in den Leitungen in Angriff genommen werden. Hierzu ist not- wendig, die A b n a h m e ströme in den Punkten a, b und c zu kennen. Die Ströme können aus den gegebenen L e i s t u n g e n berechnet werden, wenn die Spannungen in den Punkten a, b und c bekannt sind. Diese müssen aber erst gesucht werden. Wir gehen nun so vor, daß wir die Spanungen in diesen Punkten s c h ä t z e n; die Spannungen in den Speisepunkten sind bekannt.

1. A n n a h m e. Spannung im Punkt *a* gleich 61 kV; Spannung im Punkt *b* gleich 57,8 kV; Spannung im Punkt *c* gleich 59,5 kV; Spannung in den Speisepunkten gegeben zu 63,5 kV.

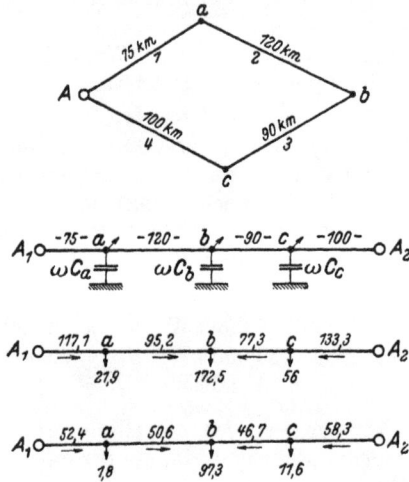

Bild 15 a, b, c und d.

Damit ergibt sich:
der Wirkstrom im Punkt *a*

$$i_{wa} = \frac{4000}{3 \cdot 61} = 21,9 \text{ A};$$

der Blindstrom in *a* herrührend von der i n d u k t i v e n Blindlast

$$+ i_{ba} = \frac{3500}{3 \cdot 61} = 19,1 \text{ A};$$

der Blindstrom in *a* herrührend von der k a p a z i t i v e n Belastung

$$- i_{ba} = - 61 \cdot 283 \cdot 10^{-3} = - 17,3 \text{ A};$$

und damit der resultierende Blindstrom in *a*

$$i_{ba} = 19,1 - 17,3 = 1,8 \text{ A}.$$

In gleicher Weise berechnet man die Werte für die anderen Punkte. Das Ergebnis ist für die Wirkströme in Bild 15 c und für die Blindströme in Bild 15 d eingetragen.

Nunmehr können wir die Leiterströme finden. Wir benützen dazu das in Bild 15 e dargestellte Leitungsgitter und zwar ein und dasselbe Gitter sowohl zur Ermittlung der Wirkströme als auch der Blindströme. Das ist möglich, da die Widerstände pro 1 km längs der ganzen Leitung konstant sind. Das Leitungsgitter ist so gezeichnet, daß der Punkt b die oberste Linie des Gitters ergibt. Wir finden mit Hilfe des Gitters

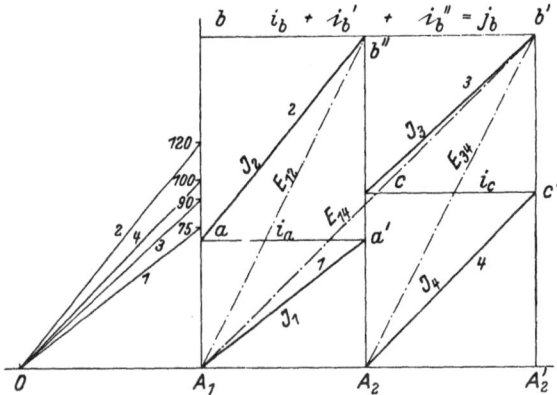

Bild 15 e.

a) Wirkstromverteilung. Abnahmestrom $i_{wa} = 21,9$ A; gleich der Strecke aa'; verworfener Strom also $i_{wb}' = 8,8$ A.

Abnahmestrom $i_{wc} = 56$ A; gleich der Strecke cc'; verworfener Strom also $i_{wb}'' = 29,4$ A.

Fiktiver Strom in b also

$$j_{wb} = i_{wb} + i_{wb}' + i_{wb}''$$
$$= 172,5 + 8,8 + 29,4 = 210,7 \text{ A} \quad \ldots \ldots \quad (23)$$

Dieser muß auf die beiden Ersatzleiter E_{12} und E_{34} aufgeteilt werden entsprechend den Strecken $A_1 A_2$ und $A_2 A_2'$; man erhält

$$J_{w12} = 104 \text{ A}; \quad J_{w34} = 106,7 \text{ A}.$$

Daraus findet man die Leiterströme

$$J_{w2} = 104 - 8,8 = 95,2 \text{ A};$$
$$J_{w1} = 95,2 + 21,9 = 171,1 \text{ A};$$
$$J_{w3} = 106,7 - 29,4 = 77,3 \text{ A};$$
$$J_{w4} = 77,3 + 56 = 133,3 \text{ A}.$$

Diese Ströme sind in Bild 15 c eingetragen.

b) B l i n d s t r o m v e r t e i l u n g. Abnahmeströme $i_{ba} =$ 1,8 A; gleich der Strecke aa'; der nach b verworfene Strom ist also $i_{bb}' = 0,7$ A.

Abnahmestrom $i_{bc} = 11,6$ A; gleich der Strecke cc'; der nach b verworfene Strom ist also $i_{bb}'' = 6,1$ A.

Fiktiver Strom in b demnach

$$j_{bb} = i_{bb} + i_{bb}' + i_{bb}'' = 104,1 \text{ A} \quad . \quad . \quad . \quad (24)$$

Dieser muß auf die beiden Ersatzleiter E_{12} und E_{34} aufgeteilt werden und entsprechend den Strecken $A_1\,A_2$ und $A_2\,A_2'$; man erhält

$$J_{b12} = 51,3 \text{ A}; \quad J_{b34} = 52,8 \text{ A}.$$

Daraus findet man die Leiterströme

$$J_{b2} = 50,6 \text{ A}; \quad J_{b1} = 52,4 \text{ A}$$
$$J_{b3} = 46,7 \text{ A}; \quad J_{b4} = 58,3 \text{ A}.$$

Diese Ströme sind in Bild 15 d eingetragen.

Nunmehr hat man mit der gefundenen Stromverteilung den Ohmschen Spannungsabfall des Wirkstromes und den induktiven Spannungsabfall des Blindstromes zu ermitteln, deren a l g e b r a i s c h e Summe den gesamten Spannungsabfall ergibt.

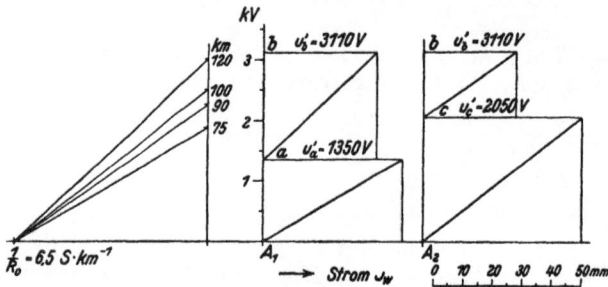

Bild 15 f.

Dies könnte an Hand des Leitungsgitters geschehen. Der besseren Übersicht wegen wurde jedoch für jeden Fall ein eigenes Gitter gezeichnet (Bild 15 f und 15 g). Dabei sind folgende Maßstäbe gewählt worden: 1 V = 0,002 cm; 1 A = 0,04 cm; 1 km = 0,05 cm; 1 S . km = 1 cm.

Die Spannungsabfälle sind in die Bilder eingeschrieben. Darnach ergeben sich folgende Gesamtspannungsabfälle in den einzelnen Punkten

$\Delta U_a = 2890$ V; $\Delta U_b = 7040$ V; $\Delta U_c = 4340$ V.

Für die Spannungen erhalten wir also

$U_a = 60{,}610$ kV; $U_b = 56{,}460$ kV; $U_c = 59{,}160$ kV;

diese Spannungen müssen wir mit den angenommenen vergleichen. Man sieht, daß unsere Schätzung um 1 bis 2% von diesen Werten abweicht.

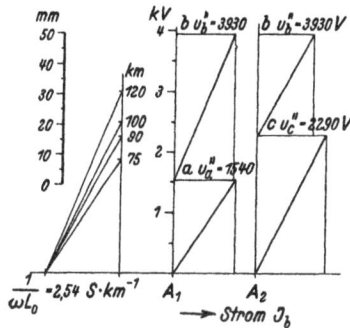

Bild 15 g.

2. Annahme. Wir müssen nun die Rechnung von vorn beginnen, indem wir mit den durch die Rechnung gefundenen Werten der Spannungen die Ströme aus den Leitungen berechnen und wieder die Stromverteilungen und Spannungsabfälle ermitteln. Wir erhalten dann wieder Werte für die Spannungen in den Punkten a, b und c, die von den eben gefundenen weniger abweichen. Wenn die Abweichungen der durch die wiederholte Rechnung gefundenen Werte 1% nicht überschreitet, gegenüber den durch die erste Rechnung gefundenen Werten, kann man sich mit dem Resultat begnügen und die Aufgabe als gelöst betrachten. Auf die Wiederholung der Rechnung soll hier verzichtet werden. Bei dieser Wiederholung kann das Leitungsgitter von Bild 15 e ohne jede Änderung benützt werden.

C. Die mit Kurzschlußströmen belastete Leitungsanlage.

Je umfangreicher ein Leitungsnetz ist und je mehr Leitungsnetze zusammengeschlossen sind, um so größer ist die Wahrscheinlichkeit des Auftretens von Störungen durch Kurz-

s c h l ü s s e. Mit diesen Erscheinungen können aber große B e -
t r i e b s u n t e r b r e c h u n g e n verbunden sein und außerdem
Z e r s t ö r u n g e n von wichtigen und teuren Betriebseinrich-
tungen. Zur Eindämmung der schädlichen Wirkungen gibt es
eine Reihe von Mitteln; deren Anwendung setzt aber eine möglichst genaue Kenntnis der G r ö ß e und V e r t e i l u n g dieser
S t r ö m e und S p a n n u n g e n im Netz und auf das Kraftwerk
voraus. Es ist deshalb eine wichtige Aufgabe bei der Vorausbe-
rechnung von Leitungsanlagen und von Schutzeinrichtungen, die
bei solchen Störungen auftretenden Ströme zu ermitteln. Beim
Auftreten von Kurzschlüssen sind die Ströme nicht gegeben,
sondern müssen gefunden werden; dafür ist aber bekannt, daß
der S p a n n u n g s a b f a l l bis zur Kurzschlußstelle $100^0/_0$
beträgt. Auf Grund dieser Tatsache müssen die S t r ö m e berechnet werden. Hier liegt also die Aufgabe umgekehrt wie bei
unseren bisherigen Betrachtungen; wir werden aber sehen, daß
auch hier die entwickelten Diagramme sehr gute Dienste tun.

Bei den folgenden Betrachtungen soll nur der d r e i p h a s i g e
Kurzschluß betrachtet werden. Auf Besonderheiten, wie Stoß-
kurzschlußstrom, Einschaltvorgänge, zwei- und einphasigen Kurzschluß wird nicht näher eingegangen; die für den dreiphasigen
Kurzschluß angegebenen Methoden können sinngemäß auch auf
diese Vorgänge erweitert und angewendet werden. Ferner wird
der O h m s c h e W i d e r s t a n d der Leitungen wie üblich
v e r n a c h l ä s s i g t, obwohl er in manchen Fällen leicht berücksichtigt werden könnte. Wir nehmen also an, die Leitungen
besäßen nur I n d u k t i v i t ä t; es soll aber noch dargelegt
werden, wie man auch die K a p a z i t ä t berücksichtigen kann.

Während wir bei den bisherigen Leitungsberechnungen annehmen durften, daß die Spannung in den Speisepunkten konstant
sei, müssen wir bei der Kurzschlußberechnung diese Annahme
fallen lassen. In der Regel ist der Kurzschlußstrom fast rein induktiv und hat infolgedessen eine entmagnetisierende Anker-
rückwirkung zur Folge, so daß die Generatorspannung stark ab-
fällt und damit ändert sich auch der Kurzschlußstrom. Diese
Erscheinung erschwert die Berechnung des Kurzschlußstromes.
Es ist notwendig, mit Rücksicht darauf die Leitungen anders ein-
zuteilen. Wir unterscheiden hier zweckmäßig zwei Gruppen von
Leitungen; die erste Gruppe umfaßt alle Leitungen, die nur von
e i n e m Kraftwerk gespeist werden, die zweite Gruppe die
Leitungsanlagen, welche von m e h r e r e n Kraftwerken gespeist
werden. In einem besonderen Abschnitt soll gezeigt werden, wie
man die Kapazität der Leitungen im Diagramm darstellen kann.

1. Die von einem Kraftwerk gespeisten Leitungen.

Zu dieser Gruppe gehören in erster Linie alle offenen Leitungen, aber auch die geschlossenen und vermaschten, soweit sie von nur e i n e m Kraftwerk gespeist werden.

Wir nehmen der Einfachheit halber an, es arbeite nur ein einziger Generator auf das Netz; die Leerlaufcharakteristik dieser Maschine sei in Bild 16 durch die Kurve E (induzierte Spannung abhängig vom Erregerstrom i_{err}) dargestellt. Um einen Kurzschlußstrom J_K durch die ganze Leitungskombination zu treiben, ist eine Spannung erforderlich, welche die Streuspannung $J_K \omega S$

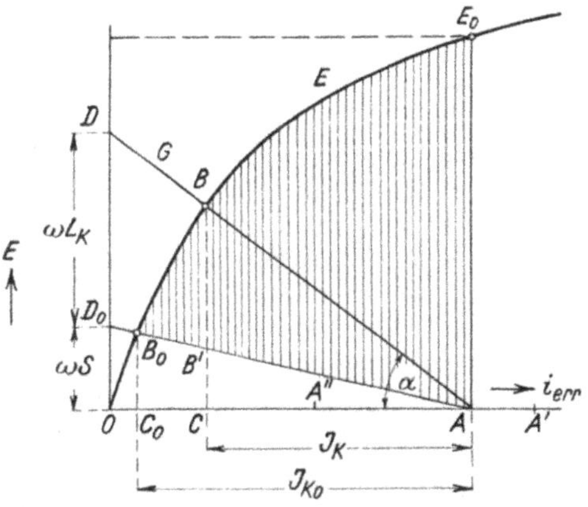

Bild 16.

der Generatorwicklung und den induktiven Spannungsabfall $J_K \omega L_K$ der angeschlossenen Leitung überwindet. Die Kurzschlußspannung E_K ist also

$$E_K = J_K (\omega S + \omega L_K) \quad \ldots \ldots \quad (25)$$

Wie erwähnt ist der Ohmsche Widerstand hierbei vernachlässigt. Da S und L_K konstant sind, wird die Abhängigkeit zwischen Kurzschlußstrom und treibender Spannung durch eine Gerade dargestellt mit der Neigung α, wobei

$$\operatorname{tg} \alpha = \frac{E_K}{J_K} = \omega S + \omega L_K \quad \ldots \ldots \quad (26)$$

Der Kurzschlußstrom J_K fließt durch die Ständerwicklung und e n t m a g n e t i s i e r t als induktiver Blindstrom das Magnetfeld. Er wirkt also dem Erregerstrom e n t g e g e n. Wie stark diese Gegenwirkung ist, hängt vom Windungsverhältnis zwischen Ständer- und Läuferwicklung ab.

Wir nehmen an, die Maschine sei mit dem Erregerstrom OA erregt. Dann ist die induzierte Spannung, die Leerlaufspannung gleich E_0. Wir tragen nun die erwähnte Gerade G von A aus in das Diagramm ein (Bild 16). Der wirkliche Spannungszustand des Generators wird durch den Schnittpunkt B der Geraden mit der Charakteristik dargestellt, die induzierte Spannung ist CB. Die Strecke CA stellt den sich bildenden Kurzschlußstrom dar, natürlich unter Berücksichtigung des Diagramm-Maßstabes.

Von der induzierten Spannung CB wird der Teil CB' zur Überwindung der Streuspannung des Generators verbraucht, während der Teil $B'B$ an den Klemmen des Generators herrscht und den Spannungsabfall des Außenkreises darstellt. Ist der äußere Widerstand Null, also beim Klemmenkurzschluß des Generators, dann stellt sich der Kurzschlußstrom J_{Ko} gleich AC_0 ein und die Spannung C_0B_0. Findet der Kurzschluß an einer unendlich fernen Stelle statt, dann ist ωL_K gleich unendlich und tg α gleich 90°. Es stellt sich dann die Leerlaufspannung E_0 ein und der Kurzschlußstrom ist gleich Null. Je nach der Größe des äußeren Widerstandes überstreicht also der von A ausgehende Strahl den schraffierten Bereich des Diagrammes.

Nun ist für jeden Generator der größte Kurzschlußstrom J_{Ko} und die zugehörige Spannung $J_{Ko}\omega S$ aus der Maschinenberechnung bekannt und damit ist der Maßstab des Bildes gegeben. Man trägt den Punkt B_0 der Streuspannung für den Klemmenkurzschluß in die Leerlaufcharakteristik ein, legt hierdurch die Senkrechte zur Abszissenachse und erhält den Punkt C_0. Die Strecke OA ist die Leerlauferregung des Generators; dann ist AC_0 der bekannte Kurzschlußstrom J_{Ko}. Man verbindet nun A mit B_0 und verlängert diese Gerade bis zum Schnitt mit der Ordinatenachse; die Strecke OD_0 kann dann als Streureaktanz ωS des Generators geeicht werden. In diesem Maßstab trägt man die Reaktanz ωL_K des äußeren Stromkreises bis zur Kurzschlußstelle auf (gleich D_0D) und erhält dann den bei diesen Verhältnissen auftretenden Kurzschlußstrom AC.

Die Reaktanz des äußeren Stromkreises erhält man in sehr einfacher Weise. Man zeichnet das Leitungsgitter der Anlage, und zwar so, daß der Kurzschlußpunkt zur obersten Linie des Gitters wird; dann zieht man die Ersatzleitung und hat damit die Reaktanz des ganzen Stromkreises gewonnen. Die Strecke D_0D macht man dann gleich dieser Ersatzreaktanz und kann den Kurzschlußstrom daraus finden. Die gesamte Breite

des Leitungsgitterrechteckes wird dann gleich diesem Kurzschlußstrom gesetzt; in diesem Maßstab gemessen geben die Breiten der
einzelnen Leiterrechtecke sofort die durch diese Leiter fließenden
Kurzschlußströme an. Damit ist auch die Verteilung der Kurzschlußströme im Leitungsnetz gefunden, was für die Einstellung
des Selektivschutzes sehr wichtig ist. Da man auch die auf den
äußeren Stromkreis entfallende Spannung $B B'$ kennt, kann man
aus dem Leitungsgitter ohne weiteres die in den einzelnen Punkten
herrschenden Spannungen ablesen; man braucht hierzu nur die
Höhe des gesamten Rechteckes des Leitungsgitters gleich $B B'$
zu setzen.

Ist das Netz bei Eintritt des Kurzschlusses b e l a s t e t,
dann ist die Erregung nicht $O A$, sondern vielleicht gleich $O A'$
oder bei kapazitiver Belastung gleich $O A''$; außerdem kommt zum
Kurzschlußstrom noch der Belastungsstrom hinzu, der in den
vom Kurzschluß nicht betroffenen Leitungen fließt. Will man
diesen Strom berücksichtigen, dann muß bekannt sein, wie sich
der Belastungsstrom mit sinkender Spannung ändert. Der Belastungsstrom würde l i n e a r mit der Spannung sinken, wenn die
angeschlossenen Belastungen durch eine k o n s t a n t e Impedanz
dargestellt werden könnten; das trifft bei Belastung durch M o -
t o r e n sicher n i c h t zu. Gewöhnlich v e r z i c h t e t man nun
auf die Berücksichtigung des Belastungsstromes, weil der hierbei
gemachte Fehler verhältnismäßig gering ist. Ist aber die Charakteristik der Belastung bekannt, so kann man den Belastungsstrom
im Diagramm auch berücksichtigen; man braucht den Verbraucher
nur als eine zum Kurzschlußstromkreis parallelgeschaltete Reaktanz aufzufassen.

Bei Hochspannungsnetzen ist gewöhnlich der Querschnitt und
das Mastbild für alle Leitungen gleich, d. h. alle Leitungen haben
die gleiche kilometrische Impedanz. In diesem Fall kann man das
Leitungsgitter für die I m p e d a n z e n aufbauen und die r e -
s u l t i e r e n d e I m p e d a n z ermitteln. Es kann dann der
Kurzschlußstrom unter Berücksichtigung des Ohmschen Widerstandes gefunden werden; doch soll hierauf nicht näher eingegangen werden.

Wenn man die S t r e u r e a k t a n z e n der Generatoren
beim e i n - und z w e i p o l i g e n Kurzschluß kennt, kann man
auch die Kurzschlußströme für diese Fälle berechnen. Im allgemeinen kann man annehmen, daß der e i n p o l i g e Kurzschluß
den 2,5fachen und der z w e i p o l i g e Kurzschluß den 1,5fachen
Betrag des dreipoligen Kurzschlußstromes ergibt.

Ist es notwendig, daß der Kurzschlußstrom in einem gewissen Leitungsstrang k l e i n e r wird, so schaltet man dem betreffenden Leitungsstrang eine D r o s s e l s p u l e vor. Man kann im Leitungsgitter leicht finden, wie groß die Reaktanz der Schutzdrossel sein muß, um die gewünschte Reduktion des Kurzschlußstromes zu erhalten.

Um den Gang der Rechnung noch zu illustrieren, nehmen wir an, die Leitung von Bild 15 a befinde sich im Leerlauf und erleide im Punkt b plötzlich einen dreiphasigen Kurzschluß. Die Charakteristik des ganzen Kraftwerkes werde durch die Kurve des Bildes 16 dargestellt. Für die Leitungsanlage gilt das Gitter von Bild 15 e mit der Ersatzleitung E_{14}. Wir zeichnen durch O die Parallele zu dieser Ersatzleitung und finden für sie eine Länge von rund 97 km. Die Reaktanz der Ersatzleitung ist also $0{,}394 \cdot 97 = 38{,}2$ Ohm. Wir hätten demnach die Strecke DD_0 in Bild 16 gleich dieser Reaktanz zu machen, und zwar im Maßstab der Strecke OD_0. Dann stellt also die Strecke AC die Größe des Kurzschlußstromes J_K dar, dessen numerischer Wert damit bekannt ist. Im Diagramm des Bildes 15 e hätten wir dann die Strecke bb' gleich diesem Kurzschlußstrom zu setzen; in diesem Maßstab gemessen geben dann die Breiten der Rechtecke den Strom in den zugehörigen Leitern an, womit die Stromverteilung im Netz gefunden wäre. Bild 16 zeigt, daß die Spannung von den Klemmen der Generatoren bis zur Kurzschlußstelle gleich BB' ist. In Bild 15 e setzen wir die Strecke $A_1 b$ gleich dieser Spannung, wobei der Nullpunkt der Spannung in b liegt, d. h. an der Kurzschlußstelle. Damit ist auch die Spannung in den Punkten a und c des Netzes gefunden. Man erkennt, daß die Strom- und Spannungsverteilung mit Hilfe des Leitungsgitters auch bei komplizierteren Netzen ohne Schwierigkeit gefunden werden kann.

2. Die von mehreren Kraftwerken gespeiste Leitungsanlage.

Bei den früheren Berechnungen solcher Leitungen konnten wir annehmen, daß die Spannungen in allen Kraftwerken g l e i c h groß und k o n s t a n t seien. Deshalb konnten wir die Speisepunkte aufeinander legen und die Reihenparallelschaltung durchführen. Dieses Verfahren können wir hier nicht mehr anwenden, da die Spannungen in den Speisepunkten bei Kurzschluß sinken, und zwar in jedem Kraftwerk verschieden stark, je nachdem darauf treffenden Teil des Kurzschlußstromes. Dadurch tritt eine gewisse Schwierigkeit in der Berechnung der Kurzschlußströme auf.

In der Praxis umgeht man diese Schwierigkeit häufig in der Weise, daß man das Netz aufschneidet und jedem Kraftwerk einen gewissen Teil des Netzes zuweist. Man kann dann das eben beschriebene Verfahren wieder anwenden. Auf diese Methode soll hier nicht näher eingegangen werden, sondern ein vom Verfasser angegebenes Verfahren angewendet werden.

Wenn man im Diagramm des Bildes 16 die Netzreaktanzen variiert, dann erhält man für jede Reaktanz einen anderen Strom und eine andere Spannung. Trägt man diese Spannungen abhängig vom Strom auf, so erhält man die Belastungscharakteristik des Generators (Kraftwerkes) bei rein induktiver Belastung, wie sie in Bild 17 durch die Kurve B dargestellt ist.

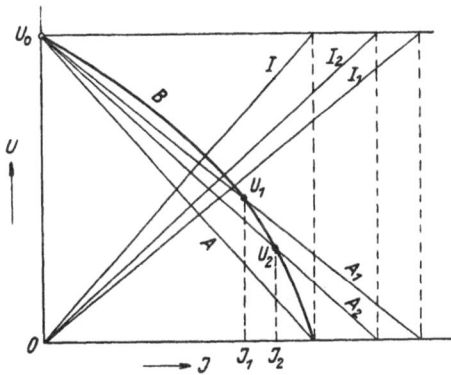

Bild 17.

Dürfte man die Eisensättigung vernachlässigen (Annahme konstanter synchroner Reaktanz), dann erhielte man für die Belastungscharakteristik die Gerade A. Mit dieser wollen wir uns zunächst beschäftigen. Wir können uns diese Charakteristik in folgender Weise entstanden denken. Der Generator möge eine vom Strom unabhängige, also eine s t a r r e Spannung U_0 erzeugen. Unmittelbar an die Klemmen des Generators sei eine Reaktanz I geschaltet, deren Größe so gewählt sei, daß ihr Spannungsabfall abhängig vom Strom durch die Gerade I dargestellt wird. Die Spannung hinter den Klemmen dieser Reaktanz abhängig vom Strom wird dann durch die Gerade A dargestellt. Dies ist aber die Belastungscharakteristik des Generators. Damit haben wir das Zustandekommen der Belastungscharakteristik A durch Annahme einer starren Generatorspannung U_0 und durch Einführung einer Reaktanz I ersetzt. Man sieht, daß die Geraden A und I die beiden Diagonalen eines Rechteckes bilden.

Soll der Einfluß der Eisensättigung auf die Belastungscharakteristik berücksichtigt werden (synchrone Reaktanz nicht konstant), dann geht man am besten so vor: Man schätzt zunächst den beim Kurzschluß an irgendeiner Stelle des Netzes zu erwartenden Kurzschlußstrom der Maschine, beispielsweise zu J_1. Durch den hierzu gehörenden Punkt U_1 der Belastungscharakteristik legt man die Gerade A_1, die man ebenso, wie vorher A, als die Belastungscharakteristik des Generators ansieht. Diese Charakteristik ersetzt man wie vorher durch die starre Maschinenspannung U_0 und eine der Maschine vorgeschaltete Reaktanz, deren Spannungsabfall durch die Gerade $I\,1$ dargestellt wird. Erhält man bei der noch zu beschreibenden Konstruktion des Kurzschlußdiagrammes einen Generatorstrom J_2, d. h. also, hat man das erstemal den Strom nicht richtig erraten, dann wiederholt man mit der Geraden $I\,2$ von neuem die Konstruktion des Kurzschlußdiagrammes. Man kann sich auf diese Weise immer mehr dem wahren Kurzschlußstrom nähern. Das Verfahren erscheint auf den ersten Blick langwierig; da aber, wie noch gezeigt werden wird, das Entwerfen der Diagramme für den Kurzschlußstrom eine einfache Sache ist, kommt man rasch zum Ziel. Am besten ist es, gleichzeitig mehrere Diagramme unter Annahme von Strömen J_1, J_2, J_3 zu entwerfen. Gewöhnlich muß die Berechnung der Kurzschlußströme unter verschiedenen Bedingungen erfolgen, beispielsweise unter Annahme des leerlaufenden oder vollbelasteten Generators; man hat dann eben die entsprechenden Charakteristiken der Rechnung zugrunde zu legen.

Arbeiten mehrere Generatoren parallel auf die Sammelschienen, so denkt man sich diese ersetzt durch einen einzigen großen Generator, dem man eine solche Belastungscharakteristik zuerteilt, wie sie die parallel arbeitenden Generatoren besitzen. Man geht dabei so vor, daß man allen Generatoren eine starre Spannung U_0 zuschreibt und annimmt, vor jeden Generator sei eine Reaktanz geschaltet, deren Spannungsabfälle durch Gerade I', I'', … dargestellt sind. Alle diese Reaktanzen der Generatoren des Kraftwerkes sind dann parallel geschaltet und können durch eine einzige Reaktanz ersetzt werden. Dies ist in Bild 18 für beispielsweise zwei Generatoren dargestellt. I' und I'' stellen die Spannungsabfälle in den Reaktanzen dar, die man sich den beiden Generatoren vorgeschaltet denkt. Da sie als parallel geschaltet anzunehmen sind, addieren sich ihre Ströme; deshalb sind sie nebeneinander gezeichnet. Sie können ersetzt werden durch die

Wirkung einer einzigen Reaktanz, deren Spannungsabfall abhängig vom Strom durch die Gerade *I* dargestellt ist. So kann man
also für alle Generatoren eines Kraftwerkes eine einzige Charakteristik ermitteln, und wir werden in Zukunft nur mehr von den
Charakteristiken ganzer Kraftwerke sprechen.

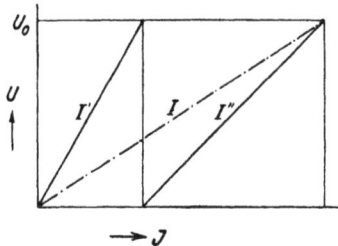

Bild 18.

In neuzeitlichen Kraftwerken arbeiten die Generatoren nicht
direkt auf die Sammelschienen sondern über Transformatoren,
und zwar gehört meist zu jeder Maschine ein Transformator. Man
ersetzt bekanntlich die Wirkung des Transformators im Kurzschluß durch eine Reaktanz, deren Größe in bekannter Weise

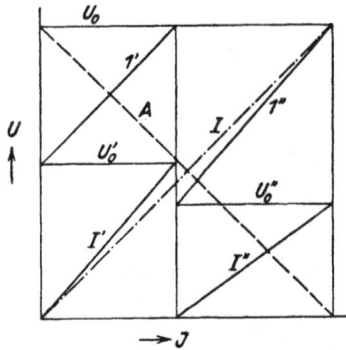

Bild 19.

berechnet wird. In dem hier angenommenen Fall ist also in Reihe
mit der Generatorreaktanz eine weitere Reaktanz geschaltet.
Wie man in diesem Fall die Charakteristik des ganzen Kraftwerkes erhält, ist in Bild 19 für ein Kraftwerk mit zwei Generatoren und zwei Transformatoren dargestellt; dabei ist der (allerdings seltenere) Fall angenommen, daß die Generatoren verschiedene Klemmenspannungen liefern, die Transformatoren also

bei gleicher Sammelschienenspannung verschiedene Übersetzungs-verhältnisse besitzen. I' und I'' stellen die Ersatzreaktanzen der beiden Generatoren mit den Spannungen U_0' und U_0'' dar. Hinter den Generator I' ist ein Transformator mit der Ersatzreaktanz 1 geschaltet; da diese Reaktanz vom gleichen Strome durchflossen' wird wie die Generator-Ersatzreaktanz, ist im Diagramm das Rechteck zur Geraden I' nicht neben sondern über I' mit der-selben Basisbreite gezeichnet. Das gleiche gilt für den zweiten Generator und Transformator. Da beide Sätze parallel geschaltet sind, sind ihre Diagramme nebeneinander angeordnet. Die Ge-rade 1 stellt dann den Spannungsabfall der Ersatzreaktanz für das ganze Kraftwerk dar und die Gerade A die Kraftwerkcharak-teristik. Natürlich kann hierbei die synchrone Reaktanz als kon-stant oder als nicht konstant angenommen sein.

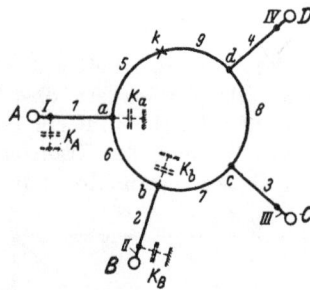

Bild 20.

In Bild 20 ist ein Leitungsring dargestellt; dieser kann in den Punkten a, b, c und d von den Kraftwerken A, B, C und D über die Leitungen 1, 2, 3 bzw. 4 gespeist werden. An der Stelle k liege der Kurzschluß. Die Reaktanzen der Maschinen und Leitungen sind gegeben. Es sollen nun verschiedene Fälle behandelt werden.

Das Kraftwerk A speist allein den Ring, die übrigen seien abgeschaltet. Im Punkt a teilt sich dann der von A gelieferte Kurzschlußstrom in zwei Teile; der eine Teil fließt über die Leitung 5, der andere über die Leitungen 6 bis 9 zu k. Beim Entwurf des Diagrammes geht man so vor: Man wählt für den noch unbekannten Strom des Kraftwerkes A eine beliebige Strecke AA' (Bild 21) auf der Abszissenachse. Dieser Strom durchfließt die in Reihe geschalteten Reaktanzen 1 des Kraft-werkes und 1 der Speiseleitung. Für diese Reaktanzen kann man die Ersatzreaktanz 11 leicht berechnen. Man sucht nun den Spannungsabfall in dieser Ersatzreaktanz, wenn sie vom angenommenen Kurzschlußstrom durchflossen wird. Zu diesem Zweck trägt man von A aus die Gerade 11 unter einem der Reaktanz entsprechenden Winkel gegen die Abszissenachse auf und erhält den Spannungsabfall Aa. Dieser numerisch allerdings noch nicht bekannte Spannungsabfall herrscht vom Kraftwerk bis zum Knotenpunkt a.

Die beiden Ringteile führen verschiedene Ströme, ihre Summe muß aber gleich AA' sein. Diese Ströme müssen deshalb nebeneinander gezeichnet werden, sie sind im Bild 21 mit $a\,a''$ und $a''\,a'$ bezeichnet. Da in beiden Ringteilen derselbe Spannungsabfall herrscht, müssen die zu diesen Ringteilen gehörigen Rechtecke

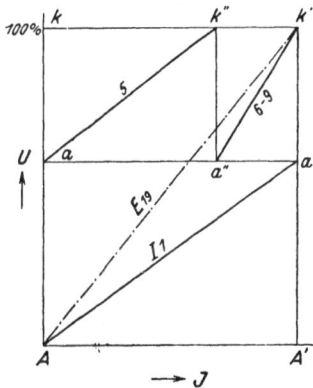

Bild 21.

gleiche Höhen besitzen. Damit ist das Kurzschlußdiagramm gewonnen. Die Diagonale E_{19} des Rechteckes stellt die Ersatzreaktanz der ganzen Anlage dar.

Es sind nunmehr die numerischen Werte der Ströme zu bestimmen. Die Höhe Ak des großen resultierenden Rechteckes stellt den gesamten Spannungsabfall vom Generator bis zur Kurzschlußstrecke dar, und dieser beträgt 100%, ist also gleich der Spannung U_0. Die resultierende Reaktanz der ganzen Anlage ist ebenfalls bekannt, also kann man den gesamten Kurzschlußstrom sofort angeben und hat damit den Maßstab für die Strecke AA' gewonnen. Mit diesem Maßstab mißt man auch die Strecken aa'' und $a''a'$; damit sind die Ströme in allen Leitern gewonnen. Da der Maßstab der Ordinatenachse auch bekannt ist, kann man die Spannung in jedem Punkt des Netzes angeben.

Will man berücksichtigen, daß die synchrone Reaktanz des Kraftwerkes nicht konstant ist, dann muß man jetzt vergleichen, ob der Strom AA' mit dem übereinstimmt, den man zur Bestimmung der Reaktanz I geschätzt hat. Ergibt die Konstruktion einen anderen Strom, dann wiederholt man das Diagramm mit einer anderen Neigung der Geraden I. Dies ist im vorliegenden Fall sehr einfach; die oberen beiden Rechtecke läßt man unverändert und verschiebt nur die Abszissenachse parallel zu sich selbst nach oben oder unten, je nachdem, ob die Neigung der Geraden $I\,I$ kleiner oder größer werden soll. Dann hat man von neuem den Maßstab des Diagrammes zu berechnen und damit ist die Aufgabe gelöst.

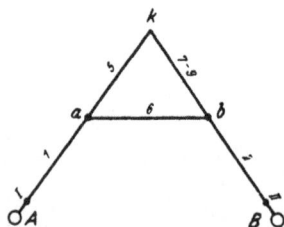

Bild 22.

Die Kraftwerke A und B speisen den Ring. Ersetzt man die Ringteile durch gerade Linien, so erhält man Bild 22. Es ist klar, daß man dieses Netz wie früher durch Transfigurieren lösen kann. Es soll aber gezeigt werden, daß man hier besser einen anderen Weg geht.

Bekannt ist in diesem Netz, daß die Ströme in den Leitungen $I\,1$, 5, $II\,2$ und 7 bis 9 zur Kurzschlußstelle k hin gerichtet sind. Unbekannt ist lediglich die Stromrichtung im Leiter 6. Sie kann nach links, also zum Punkt a gerichtet sein; in diesem Fall teilt sich offenbar der Strom des Leiters $II\,2$ in zwei Teile: der eine Teil fließt über die Leitung 7 bis 9 zu k, der andere Teil durch den Leiter 6, nach a über 5 und zu k. Der Strom im Leiter 5 setzt sich also aus dem Strom der Leiter $I\,1$ und 6 zusammen. Der Leiter 6 erscheint in Reihe geschaltet zu $II\,2$ und die Breite des Rechteckes $II\,2$ muß gleich sein der Summe der Breiten der Leiterrechtecke 6 und 7 bis 9. Andrerseits erscheint 6 parallel geschaltet zu $I\,1$, und da die Summe der Ströme in den beiden Leitern $I\,1$ und 6 gleich dem Strom im Leiter 5 ist, muß die Breite des Leiterrechteckes 5 gleich sein der Summe der Breiten der Leiterrechtecke und 6. Man sieht, daß das Leitergitter von Bild 23 a diese Bedingungen erfüllt. Es kann aber auch der Strom im Leiter 6 von links nach rechts, also auf den Knotenpunkt b hin gerichtet sein. Durch ähnliche Betrachtungen findet man das Leitungsgitter von Bild 23 b. Offenbar ist noch der dritte Fall möglich,

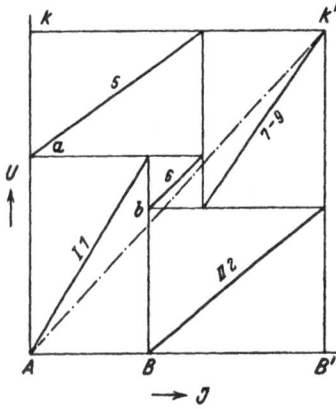

Bild 23 a.

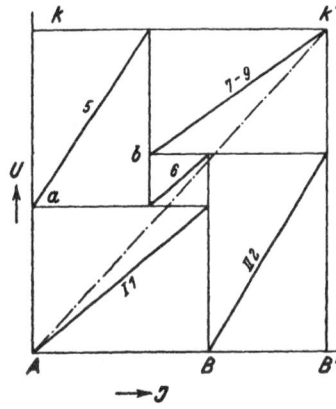

Bild 23 b.

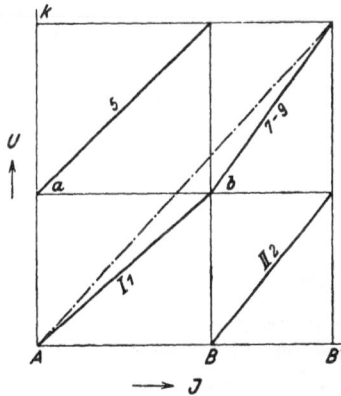

Bild 23 c.

daß der Strom im Leiter 6 gleich Null ist; dann müssen die Spannungen in den Knotenpunkten a und b gleich groß sein und man erhält das Leitungsgitter des Bildes 23 c.

Welcher von diesen drei Fällen nun eintritt, ist zwangsläufig durch die Reaktanzen der Leitungen bestimmt. Dies soll durch einen Konstruktionsversuch nachgewiesen werden.

Es soll das Diagramm entworfen werden, natürlich unter der Bedingung, daß die Knotenpunktslinie *k* als oberste Linie des Diagrammes erscheint. Wir beginnen, wie üblich, mit der Leitung *I 1* und wählen hierfür eine beliebige Diagrammbreite (Bild 24). In Reihe geschaltet ist Leitung *5*; aber die Größe dieses Rechteckes kennen wir nicht. Wir nehmen die Höhe *ak* beliebig an. Damit ist auch das Leiterrechteck *5* gegeben. Nun können wir sofort das Rechteck *6* einzeichnen und damit ist auch die Höhe des Leiterrechteckes *II 2* eindeutig bestimmt. Endlich können wir nun noch das Leiterrechteck *7 bis 9* einzeichnen und damit sind alle Leiter eingetragen. Nun zeigt sich aber, daß sich das Bild nicht zu einem Rechteck schließt, es bleibt ein »Fehlerrechteck« *F* übrig, das aus dem Diagramm verschwinden muß.

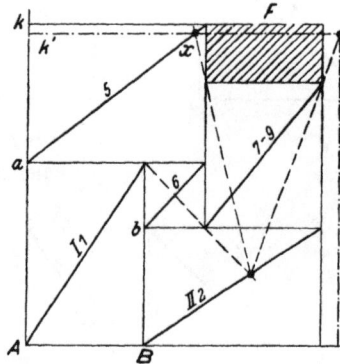

Bild 24.

Wir wiederholen die Konstruktion nochmals, indem wir für das Leiterrechteck *5* eine andere Höhe annehmen. Leiterrechteck *I 1* muß unverändert bleiben. Wir erhalten dann wahrscheinlich wieder ein Fehlerrechteck, das größer oder kleiner als das vorherige sein kann. Setzt man dieses Verfahren fort, dann erhält man eine Reihe von Diagrammen; nehmen wir an, sie wären alle auf Pauspapier gezeichnet, dann kann man sie aufeinander legen, und zwar so, daß sich die Leiterrechtecke *I 1*, die alle gleich groß sind, decken. Nun verbinden wir die vier Ecken aller Leiterrechtecke *7 bis 9* miteinander und finden, daß sie auf Strahlen liegen, die sich in einem Punkte schneiden, und zwar liegt dieser Punkt auf der Diagonale des Leiterrechteckes *II 2*. Diese Verbindungslinien sind in Bild 24 gestrichelt eingezeichnet. Daß der Schnittpunkt der Strahlen auf der Diagonale des Leiterrechteckes *II 2*

liegen muß, erkennt man leicht durch folgende Überlegung: Je
größer man das Leiterrechteck 5 wählt, um so kleiner wird das
Leiterrechteck 7 bis 9; schließlich schrumpft es auf einen Punkt S
zusammen, welcher durch den Schnittpunkt der drei gestrichelten
Geraden mit der Diagonalen II 2 gebildet wird.

Nachdem wir nun die g e o m e t r i s c h e n Ö r t e r kennen,
auf denen sich die Eckpunkte des Leiterrechteckes 7 bis 9 bewegen, ist es möglich, die richtige Höhe des Leiterrechteckes 5
anzugeben, so daß das Leitungsgitter ein geschlossenes Rechteck
ergibt und das Fehlerrechteck gleich Null wird. Man muß be-
denken, daß die linke untere Ecke des Rechteckes 7 bis 9 mit
der rechten unteren Ecke des Leiterrechteckes 6 zusammenfallen
muß. Der geometrische Ort für diese beiden Ecken ist zugleich
eine Diagonale (Gegendiagonale) des Leiterrechteckes 6. Die
Richtung dieser Diagonale ist aber durch die Reaktanz der
Leitung 6 gegeben.

Da durch die beiden Diagonalen der Rechtecke 6 und II 2
der Schnittpunkt S festliegt, brauchen wir das Diagramm nur
einmal probeweise zu entwerfen, wie beispielsweise Bild 24 zeigt,
und können sofort die geometrischen Örter einzeichnen. Das
Leiterrechteck 5 hat die richtige Höhe, wenn seine rechte obere
Ecke mit der linken oberen Ecke des Rechteckes 7 bis 9 zusammenfällt. Da sich nun die letztgenannte Ecke auf der Geraden S x
bewegt, gibt der Schnittpunkt x die richtige Höhe des Rechteckes 5 an und wir entwerfen mit dieser Höhe das Leitungsgitter
und müssen nun ein geschlossenes Rechteck erhalten. Nebenbei
sei bemerkt, daß man noch andere geometrische Örter zur Lösung
der Aufgabe auffinden kann. Natürlich hätte man diese Konstruktion auch bei der früher behandelten Aufgabe (Bild 12) statt
der Methode der Transfiguration anwenden können. Man muß
dabei die Belastungen in a und b auf c verwerfen und dadurch
wird die Lösung etwas umständlich; daher wird dort die Anwendung der Transfiguration empfohlen.

Man wird zugeben, daß keine der bekannten Kurzschluß-
berechnungen das Resultat, nämlich die Strom- und Spannungsverteilung im Netz und auf die Kraftwerke in so übersichtlicher
Weise erkennen läßt, wie dieses Diagramm.

Nach der Schaltung des Bildes 25 arbeiten zwei Generatoren
A und B auf die Sammelschienen a und b, welche durch die
Drosselspule 6 gekuppelt sind. Von den Sammelschienen gehen
zwei Speiseleitungen zu einer Unterstation US; auf einer dieser
Speiseleitungen liegt der Kurzschluß k. Diese Anordnung führt

zu den gleichen Diagrammen, wie sie in Bild 23 a bis c dargestellt
sind. Um den Vergleich zu erleichtern, sind in Bild 25 die Be-
zeichnungen entsprechend gewählt.

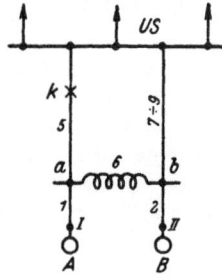

Bild 25.

Die Kraftwerke *A*, *B* und *C* speisen den Ring.
Die Zahl der möglichen Diagramme ist hier noch größer; zwei
hiervon sind in Bild 26 a und b dargestellt. Man sieht, daß durch
die Lage der Rechtecke *6* und *7* die verschiedenen Fälle bedingt

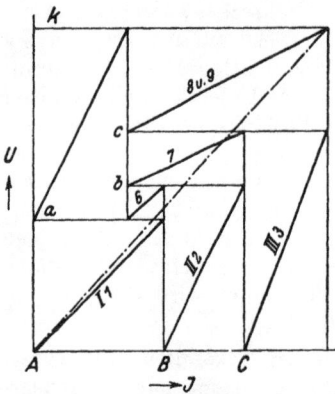

Bild 26 a.

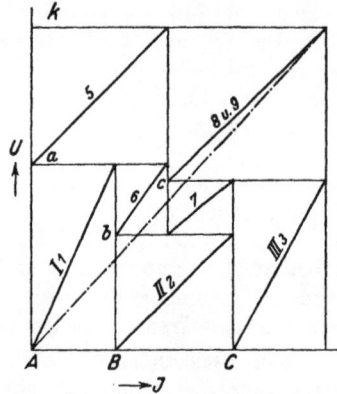

Bild 26 b.

sind. Deren Lage entscheidet, ob ein Kraftwerk den Kurzschluß
nur über einen Ringteil oder über beide Ringteile, d. h. von zwei
Seiten speist. Es kann auch eines dieser Rechtecke verschwinden;
dies besagt dann, daß die betreffende Leitung beim Kurzschluß
stromlos ist.

Alle Kraftwerke speisen auf das Netz. Aus der großen Mannigfaltigkeit der möglichen Fälle ist in Bild 27 nur ein Fall gezeichnet.

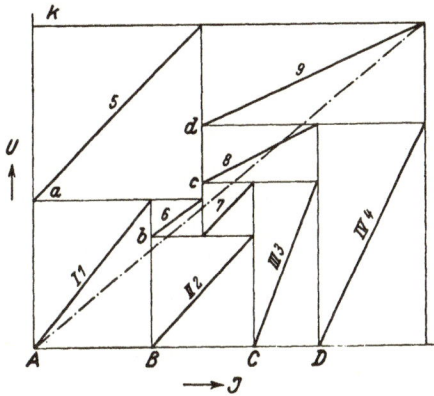

Bild 27.

Es ist nun noch zu zeigen, wie man solche, etwas kompliziert aussehende Diagramme entwirft. Hierzu wählen wir eine Ringleitung, auf die wie vorher vier Kraftwerke arbeiten, die aber noch die beiden Diagonalleitungen 8 und 10 aufweisen (Bild 28). In k sei die Kurzschlußstelle. Dieser Fall ist noch etwas verwickelter als der ohne Diagonalleitungen.

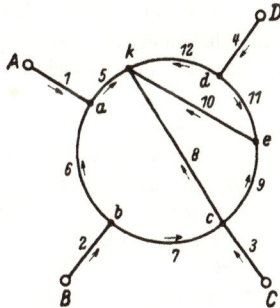

Bild 28.

Wir gehen so vor, daß wir in die Leitungen Strompfeile eintragen und zwar so, daß sich eine physikalisch mögliche Stromverteilung ergibt (Bild 28). In den Reaktanzen der Leitungen 1 bis 4 sollen auch die Generatorreaktanzen mit eingeschlossen sein.

Über das zu entwerfende Diagramm weiß man folgendes:

1. k muß die oberste Linie des Gitters werden.

2. Die Leitungen *5, 8, 10, 12* müssen an dieser Linie endigen, die zugehörigen Recktecke liegen mit ihren oberen Breitseiten auf der k-Linie.

3. Die Leitungen *1, 2, 3, 4* müssen von der Abszissenachse ausgehen, da sie von Speisepunkten kommen; ihre unteren Rechtecks-Breitseiten liegen auf der Abszissenachse.

4. Die Rechtecke der Leitungen *6, 7, 9, 11* sind zwischen diesen Rechtecken eingeschachtelt; sie beginnen weder auf der Abszissenachse, noch endigen sie auf der k-Linie. Sie erscheinen zu einem der Nachbarleiter in Reihe, zum andern parallel geschaltet.

5. Es müssen also sein:

   die Breiten der Rechtecke *1* und *6* gleich der Breite des Rechteckes *5*;

   die Breiten der Rechtecke *6* und *7* gleich der Breite des Rechteckes *2*;

   die Breiten der Rechtecke *3* und *7* gleich der Breite der Rechtecke *8* und *9*;

   die Breiten der Rechtecke *9* und *11* gleich der Breite des Rechteckes *10*;

   die Breiten der Rechtecke *11* und *12* gleich der Breite des Rechteckes *4*.

Danach ergibt sich Leitungsgitter von Bild 29, das nach dem eben entwickelten Plan hinsichtlich der Lagen der Rechtecke nicht schwer zu entwerfen ist. Man beginnt mit der Leitung *1* und wählt hierfür eine Rechtecksgröße. Dann wählt man die Größe des Leiterrechteckes *5*, wobei darauf zu achten ist, daß bei der gewählten Stromverteilung das Rechteck *6* vorgeschaltet erscheinen muß. Damit ist das Leitungsgitter zwangsläufig festgelegt und kann leicht entworfen werden. Schließlich wird sich zeigen, daß sich das ganze Leitungsgitter nicht zu einem Rechteck schließt, es wird ein Fehlerrechteck übrigbleiben. Um die richtige Größe des Rechteckes *5* zu erhalten, zeichnen wir die geometrischen Örter ein für die vier Ecken eines jeden Leiterrechteckes. Zur einfacheren Erklärung bezeichnen wir die linken oberen und unteren Ecken eines jeden Rechteckes mit *o* bzw. *u* und die rechten oberen und unteren Ecken mit *p* und *q*; die daneben stehende Zahl gibt die Nummer der Leitung bzw. des zugehörigen Rechteckes an. Die Schnittpunkte der geo-

metrischen Örter bezeichnen wir mit römischen Zahlen, wobei die
Zahlen angeben, zu welchem Rechteck der Schnittpunkt gehört.

Die geometrischen Örter des Rechteckes 7 können wir ohne
weiteres zeichnen, da wir wissen, daß ihr Schnittpunkt VII auf
der Diagonalen des Rechteckes 2 liegen muß und die Diagonale 6
zu diesem Schnittpunkt führt.

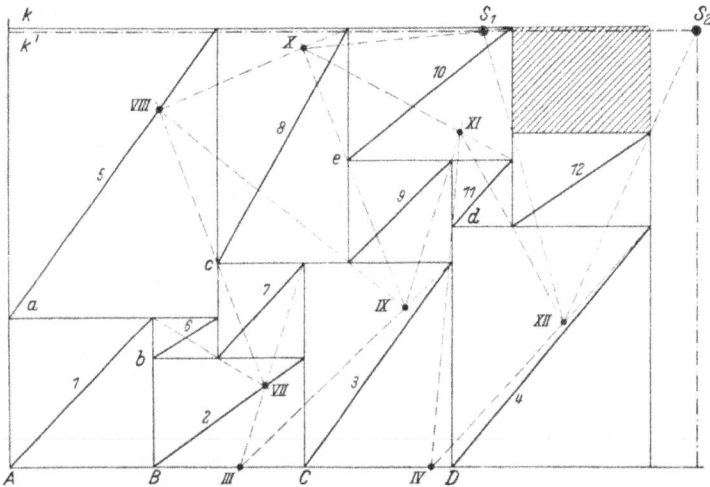

Bild 29.

Nun ist 7 o und 8 u derselbe Punkt. Der Strahl von VII
nach 7 o muß also zugleich ein geometrischer Ort für 8 u sein.
Für das Rechteck 8 ist uns schon ein geometrischer Ort bekannt;
es liegen nämlich 8 o und 5 p aufeinander und auf der Diagonalen 5.
Also muß der Schnittpunkt des Strahles, der von VII nach 7 o
geht, mit der Diagonalen 5 den Schnittpunkt der geometrischen
Örter des Rechteckes VIII ergeben. Von VIII aus zeichnet man
noch die beiden Strahlen nach 8 p und 8 q.

Der Strahl von VII nach 7 p ist zugleich der geometrische
Ort für die Ecke 3 u; die Ecken 3 u und 3 q liegen auf der Abszissenachse. Der genannte Strahl schneidet die Abszissenachse im
Punkt III. Dies muß der Schnittpunkt der geometrischen Örter
des Rechteckes 3 sein; also verbinden wir noch die Ecke 3 p
mit III.

Die Ecken 8 q und 9 u liegen aufeinander, haben also den
gleichen geometrischen Ort; ebenso liegen die Ecken 3 p und 9 q
aufeinander und auf dem gleichen geometrischen Ort. Beide

geometrischen Örter sind bekannt, also muß ihr Schnittpunkt IX der Schnittpunkt der geometrischen Örter des Rechteckes *9* sein. Man zeichnet von IX aus die Strahlen nach *9 o* und *9 p*.

In dieser Weise fährt man fort, bis man alle geometrischen Örter gefunden hat. Zum Schluß ergibt sich der Schnittpunkt S_1, auf welchem die Ecken *10 p* und *12 o* liegen müssen. Legt man durch S_1 die Parallele zur Abszissenachse, so hat man zugleich die Knotenpunktslinie k', durch welche die Höhe des gesamten Rechteckes gegeben ist und damit ist auch die Höhe des Rechteckes *5* gefunden. Mit dieser Höhe beginnt man die Konstruktion von vorn und es muß sich dann ein geschlossenes Hauptrechteck ergeben. Bei der Konstruktion ergibt sich dann ohne weiteres, ob die eingeschachtelten Rechtecke ihre Lage beibehalten und damit die angenommene Stromverteilung richtig war.

Man kann nun in bekannter Weise die Größe des ganzen Kurzschlußstromes und damit die Verteilung der Ströme und Spannungen auf die einzelnen Leiter sowie auf die Kraftwerke und einzelnen Maschinen finden und die Aufgabe ist gelöst.

Wer sich öfter mit solchen Aufgaben beschäftigt und die geometrischen Örter aufsucht, wird bald erkennen, daß hier ein gewisses System vorhanden ist. Kurz gesagt handelt es sich um folgendes: Für jedes Leiterrechteck muß man zunächst zwei Strahlen haben, um den Schnittpunkt der geometrischen Örter zu finden. Hat man diesen, so kann man auch noch die Strahlen zu den beiden anderen Eckpunkten ziehen. Damit gewinnt man wieder geometrische Örter für die benachbarten Leiterfelder.

Die ersten zwei Strahlen eines Rechteckes, die den Schnittpunkt der vier Strahlen liefern, gehen

1. bei allen auf der Abszissenachse liegenden Rechtecken zu den Punkten *o* und *u* (und *q*);
2. bei allen ganz oben liegenden Rechtecken zu den Ecken *u* und *o*;
3. bei den eingeschachtelten Rechtecken zu den Ecken *u* und *q*.

Es gibt in der Praxis natürlich noch verwickeltere Netze als die betrachteten. Die graphische Methode ist so weit ausgebaut, daß man wohl alle praktisch vorkommenden Netze behandeln kann. Wer aber ein Netz zu projektieren hat, wird die Konfiguration der Leiter so wählen, daß sich ein möglichst einfaches Netz ergibt, weil bei solchen Netzen der Betrieb und die Anlage des Selektivschutzes einfacher ist; solche Netze aber können mit der Methode, soweit sie hier entwickelt wurde, behandelt werden. Es kann darauf verzichtet werden, noch schwierigere Netze zu behandeln.

3. Kapazitive Netze.

Wie bereits erwähnt wurde, können die kapazitiven Ströme in Netzen mit langen Leitungen, besonders wenn sie verkabelt sind, beim Kurzschluß nicht mehr vernachlässigt werden. Durch sie wird die ganze Stromverteilung verzerrt. Für den Schutz der Netze ergeben sich wesentlich andere Forderungen; denn durch die kapazitiven Ströme tritt eine Verkleinerung der Ströme ein in Richtung von der Kurzschlußstelle nach den Kraftwerken. Bisher hat man den Einfluß der kapazitiven Ströme beim Kurzschluß vernachlässigt; die graphische Methode gestattet, sie genau zu berücksichtigen, ohne daß dadurch die Konstruktion der Diagramme wesentlich erschwert wird.

Der Verfasser hat bei einer anderen Gelegenheit[1]) gezeigt, daß man auch in rein kapazitiven Netzen die Strom- und Spannungsverteilung durch »Leitungsgitter«, wie wir sie im 3. Teil kennengelernt haben, darstellen kann. Das ist auch einleuchtend; denn auch für einen Kondensator wird der Zusammenhang zwischen Ladestrom und Spannung durch eine lineare Beziehung dargestellt. Da nun in einem Stromkreis mit Induktivitäten und hierzu parallel geschalteten Kapazitäten die zugehörigen Ströme in Opposition stehen, können sie algebraisch subtrahiert werden, und deshalb ist ihre Darstellung durch ein Leitungsgitter möglich.

Dies soll an einem einfachen Beispiel gezeigt werden. An die Klemmen A und A'' seien eine induktive und eine kapazitive Reaktanz in Parallelschaltung angeschlossen. Nach Bild 30 ist der Spannungsabfall in der Induktivität durch die Gerade $1'$ in bekannter Weise dargestellt. Wäre hierzu eine Induktivität parallel geschaltet, so müßte sie im Diagramm eingetragen werden, wie die gestrichelte Gerade 2 zeigt; die Ströme in den beiden Reaktanzen würden sich addieren, zu den Klemmen A und A'' müßte also ein Strom gleich der Summe dieser beiden Ströme zugeführt werden. Ist aber der Kondensator K parallel geschaltet, dann muß die Gerade K_a von A'' aus nach links aufgetragen werden; der kapazitive Strom $A'' A'$ wird also von AA'' subtrahiert. Zu den Klemmen der Parallelschaltung braucht nur mehr der Strom AA' zugeführt werden. Offenbar wirkt die ganze Anordnung wie eine resultierende Reaktanz 1. Läßt man die Kapazität immer größer werden, dann wird schließlich der resultierende Strom gleich Null (Fall der Resonanz) oder gar negativ; dann geht die Neigung der Geraden 1 nach der anderen

---

[1]) S c h w a i g e r : Elektrische Festigkeitslehre, 2. Auflage, Springer, Berlin 1925, S. 129 u. ff.

Seite, die ganze Anordnung wirkt kapazitiv. Man sieht, daß man durch dieses Diagramm zugleich Aufschluß über eine etwaige Resonanzgefahr bei Kurzschluß erhält.

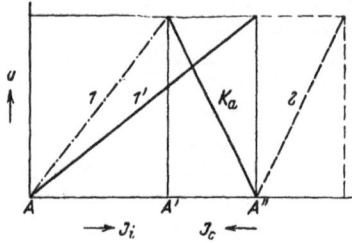

Bild 30.

Es soll nun zum praktischen Fall der Ringleitung übergegangen werden. Man berechnet die Kapazitäten der einzelnen Leitungen und nimmt diese entweder als in der Mitte eines Leitungsstranges konzentriert an oder man verteilt sie auf die beiden benachbarten Knotenpunkte. Im folgenden soll die letztgenannte Ersatzschaltung gewählt werden. Die Kapazitäten sind in Bild 20 eingezeichnet.

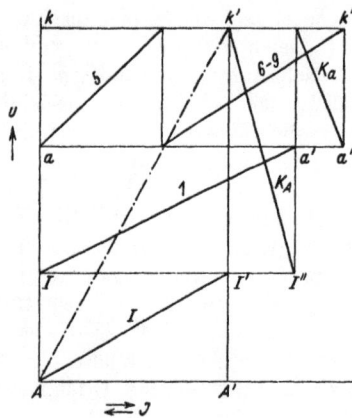

Bild 31.

Das Kraftwerk A arbeitet auf den Ring. Man kann die Konstruktion des Diagrammes wieder beim Kraftwerk beginnen. Es soll hier zur Abwechslung der andere Weg eingeschlagen werden, nämlich wir beginnen die Konstruktion mit der

Kurzschlußstelle (Bild 31). Die Leitungen *5* und *6* bis *9* sind parallel. geschaltet, besitzen also den gleichen Spannungsabfall. Wir nehmen für beide Leitungen eine beliebige Strecke *kk″* als gemeinsamen Strom an und zeichnen die zu beiden Ringteilen gehörigen Rechtecke mit den Diagonalen *5* und *6* bis *9*. Es ergibt sich dann das Rechteck *akk″ a″*. Die Kapazität K_a ist hierzu parallel geschaltet, da die Kurzschlußstelle entweder aus Symmetriegründen oder, weil der Kurzschluß zugleich Erdschluß ist, das Potential Null gegen Erde hat. Deshalb ist die Gerade K_a von *a″* aus nach links oben eingetragen.

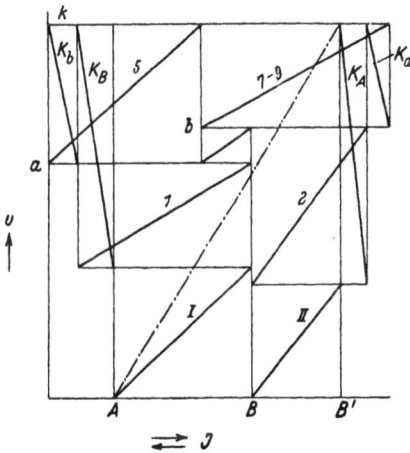

Bild 32.

Durch die Leitung *1* fließt jetzt also nicht mehr der ganze Kurzschlußstrom, sondern nur mehr der Strom *aa′*. Man trägt nun von *a′* aus die Gerade *1* bis zum Schnittpunkt mit der Ordinatenachse ein und erhält den Punkt *I* und das zu *1* gehörige Rechteck. Durch die Reaktanz *I* fließt aber nicht der ganze Strom *I I″*, sondern der um den Kapazitätsstrom *I′ I″* verkleinerte Strom, der von der Kapazität K_A herrührt. Dabei ist zu beachten, daß an diesem Kondensator die Spannung *kI* liegt. Durch die Reaktanz des Kraftwerkes fließt also der Strom *I I′*. Vom Punkt *I′* trägt man die Gerade *I* nach links unten auf und erhält den Schnittpunkt *A* mit der Ordinatenachse. Durch diesen Punkt legt man die Abszissenachse für das ganze Gitter. Vom Kraftwerk fließt also nicht der ganze Kurzschlußstrom, sondern nur mehr der Strom *AA′*, der kleiner ist als der Kurzschlußstrom an der

Stelle *k*. Die gestrichelte Gerade stellt wieder die Ersatzreaktanz für den ganzen Stromkreis dar, mit deren Hilfe man die Maßstäbe gewinnt.

Die Kraftwerke *A* und *B* speisen den Ring. Diesen Fall zeigt Bild 32; eine weitere Erklärung hierzu ist wohl nicht mehr notwendig. Auf die Wiedergabe weiterer Diagramme wird verzichtet, da etwas Neues nicht mehr hinzukommt.

Die resultierende Reaktanz einer ganzen Anlage wurde in den Diagrammen durch die Diagonale des alle kleinen Rechtecke einschließenden großen Rechteckes dargestellt. Die andere Diagonale dieses Rechteckes können wir als die Belastungscharakteristik der ganzen Anlage, bezogen auf den Kurzschlußpunkt *k* auffassen, d. h. wenn ein Generator eine synchrone Reaktanz gleich der resultierenden Reaktanz der ganzen Anlage hätte, würde er eine Belsatungscharakteristik aufweisen, welche durch die genannte Diagonale dargestellt ist.

Sind zwei große Überlandwerke miteinander gekuppelt und will man die Kurzschlußströme im eigenen Werk ermitteln, so muß die Charakteristik des fremden Werkes bezogen auf die Kupplungsstelle bekannt sein. Diese Charakteristik kann man sich in folgender Weise verschaffen: Man entnimmt aus dem fremden Werk einen reinen Blindstrom und beobachtet Strom und Spannung an der Kupplungsstelle. Auch aus dem Verhalten des Selektivschutzes und der Spannungsabfallanzeiger, die an der Kupplungsstelle eingebaut sind, kann man Punkte der Belastungscharakteristiken gewinnen, wenn sie während eines Kurzschlusses im eigenen Netz beobachtet werden können.

Die oben angegebenen Kurzschlußdiagramme können natürlich beliebig vermehrt werden, die Anwendung der graphischen Methode ist nicht auf Ringnetze beschränkt. Freilich, je mehr verknotet und vermascht ein Netz ist, um so mehr Arbeit bereitet die Aufstellung der Diagramme. Man kann sich sogar Netze denken, welchen die graphische Methode, soweit sie bis jetzt ausgearbeitet ist, nicht mehr gewachsen ist. Solche Netze sind dann allerdings auch rechnerisch nicht mehr einfach zu erfassen. Stößt man in der Praxis auf ein solches Netz, dann kann man mit Sicherheit sagen, daß diese Anlage nur nach dem »Gefühl« entworfen, aber keinesfalls berechnet wurde. Nur bei einfachen, übersichtlichen Anlagen können die Störungen bei Kurzschlüssen und Überlastungen auf ein Mindestmaß herabgedrückt werden; das ist der springende Punkt.

III. Die Fernleitungen.

A. Grundsätzliches.

Wie schon früher dargelegt worden ist, können die Fernleitungen nicht mit den für die Niederspannungs- und Mittelspannungsleitungen geltenden einfachen Methoden berechnet werden, weil hier nicht nur die Längskomponente ΔU des Spannungsabfalles, sondern auch die Querkomponente δU, d. h. der damit zusammenhängende Winkel ϑ, berücksichtigt werden muß. Den Winkel ϑ zu berücksichtigen, ist aus folgenden Gründen notwendig. Bei den Fernleitungen handelt es sich nicht um die Speisung von Verbrauchern im üblichen Sinn, sondern meist um den Energieaustausch zwischen großen K r a f t w e r k e n. Deshalb muß über die Fernleitung hinweg ein P a r a l l e l - b e t r i e b zwischen den Kraftwerken am Anfang und Ende der Leitung möglich sein und hierbei darf der Winkel ϑ ein gewisses Maß nicht überschreiten. In diesem Sinne sind die Fernleitungen in der Regel K u p p l u n g s l e i t u n g e n von großen Kraftwerken. Diese Tatsache stellt aber außerdem noch gewisse Forderungen an den über die Fernleitung aufrecht zu erhaltenden Betrieb. So ist stets gefordert, daß die S p a n n u n g e n am Anfang und Ende der Fernleitung ganz b e s t i m m t e Werte besitzen müssen; man nennt deshalb die Fernleitungen auch »s p a n n u n g s g e b u n d e n e« Leitungen. Vielfach wird gefordert, daß die Spannungen am Anfang und Ende der Fernleitung g l e i c h g r o ß sind. Die Nieder- und Mittelspannungsleitungen müssen zwar auch so berechnet werden, daß die Spannung bei den Verbrauchern innerhalb gewisser Werte bleibt; aber immerhin, sie dürfen innerhalb der durch ΔU gezogenen Grenzen s c h w a n k e n. Sie sind also im Sinne der Anforderungen an die Fernleitung keine spannungsgebundenen Leitungen.

Ein weiterer Unterschied den Nieder- und Mittelspannungsleitungen gegenüber ist der, daß bei den Fernleitungen die zu übertragende Leistung nicht unvorhergesehene und beliebige Werte annimmt, sie wird vielmehr nach einem von einer Zentralstelle aufgestellten P l a n mit Rücksicht auf die beste W i r t s c h a f t l i c h k e i t zwangsläufig einreguliert. Es muß deshalb auch untersucht werden, mit Hilfe welcher Mittel diese Leistungs-

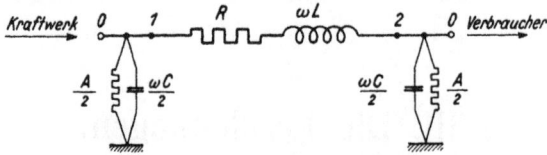

Bild 33.

einstellungen möglich sind. Mehrere derart über Kupplungsleitungen zusammengeschlossene Anlagen bilden zusammen den sogenannten V e r b u n d b e t r i e b.

Vom Standpunkt der Leitungsberechnung aus betrachtet stellt die einzelne Kupplungsleitung eine offene, einfache und nur am Ende belastete Leitung dar. Beschränkt man sich darauf, nur die Zustände am A n f a n g und am E n d e der Leitung zu untersuchen, dann gilt für die Fernleitung grundsätzlich die in Bild 33 dargestellte »E r s a t z s c h a l t u n g«. Dabei bleibt allerdings die Frage noch offen, wie man die Widerstände R und ωL und die Leitwerte $A/2$, $\omega C/2$ zu bestimmen hat. Sind aber diese Werte bekannt, dann kann zur Lösung aller gestellten Aufgaben das einfache für diese Ersatzschaltung geltende Vektordiagramm des Bildes 2 angewendet werden. Dies soll an Hand des Bildes 34 gezeigt werden.

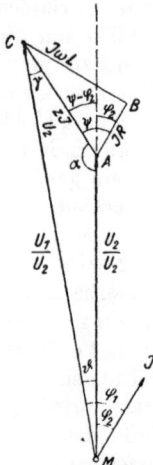

Als e r s t e Art der Aufgabe sei verlangt, daß die Spannung U_2 am E n d e der Leitung einen bestimmten Wert habe und daß der Strom J, hervorgerufen durch die Belastung des Verbrauchers sowie durch die Ableitung und Eigenkapazität der Leitung, nach Größe und Phase gegeben sei.

Bild 34.

Diese Form der Übertragung nennt man »E r s t e H a u p t f o r m d e r E n e r g i e ü b e r t r a g u n g«.

Wir zeichnen den Spannungsvektor MA für die geforderte Spannung U_2 und den um den Winkel φ_2 nacheilenden (bzw. voreilenden) Strom J auf. Dann findet man in bekannter Weise die Spannung U_1, indem man zu MA den Spannungsabfall $J \cdot R$ in Phase mit dem Strom und dem Spannungsabfall $\omega L \cdot J$ senkrecht zum Strom aufträgt. Man erhält dabei den Punkt C und die Strecke $MC = U_1$ für die Spannung des Kraftwerkes am Anfang der Leitung. Damit ist die einfachste Form der Aufgabe gelöst.

Kann die Spannung U_1, die sich aus dieser Rechnung ergibt, vom Kraftwerk nicht eingestellt werden, indem es wegen der Speisung anderer Verbraucher gezwungen ist, eine andere Spannung zu halten, die beispielsweise kleiner als die gefundene ist, dann schaltet man am Ende der Leitung noch einen Kondensator ein, der einen der Spannung U_2 um 90° voreilenden Strom aufnimmt. Diesen Strom addiert man vektoriell zum Strom J und erhält einen resultierenden Strom. Für diese berechnet man wiederum die Spannungsabfälle und kommt damit auf eine andere Spannung für den Anfang der Leitung. Diese stimmt vielleicht noch nicht ganz mit der geforderten Spannung überein. Dann rechnet man das Ganze nochmals durch unter Annahme eines anderen Kondensators, bis man schließlich auf die geforderte Anfangsspannung kommt. Ist dies gelungen, dann ist die gestellte Aufgabe gelöst und man kann aus dem Diagramm alle Größen berechnen, wie die resultierende Scheinleistung, die Phasenverschiebung und damit die Wirk- und Blindleistung am Anfang und Ende der Leitung und endlich den Winkel ϑ. Man sieht, daß man sich bei Anwendung dieses Diagrammes durch mehrmaliges P r o b i e r e n helfen muß.

Als z w e i t e Art der Aufgabe sei verlangt, die Spannung U_2 zu finden, wenn die Spannung U_1 am A n f a n g der Leitung und die Wirk- und Blindleistungen N_{w2} und N_{b2} am Ende der Leitung gegeben sind. Dies ist der am häufigsten vorkommende Fall. Bei Anwendung des Diagrammes nach Bild 34 kann auch diese Aufgabe durch P r o b i e r e n gelöst werden. Man geht hierbei so vor: Man s c h ä t z t die Spannung U_2, berechnet damit die Ströme, welche die Leitwerte am Ende der Leitung und die Belastung erfordern, setzt diese Ströme vektoriell zusammen und erhält damit J und φ_2. Nun addiert man zur geschätzten Spannung U_2 wie vorher die Spannungsabfälle und sieht zu, ob man auf die gegebene Spannung U_1 kommt. Dies wird im allgemeinen nicht der Fall sein. Man wählt dann einen anderen Wert für die Spannung U_2 und führt die Rechnung erneut durch. Dieses Verfahren wiederholt man so oft, bis man auf den gegebenen Wert U_1 kommt. Ist dies gelungen, dann ist die gestellte Aufgabe gelöst,

und man kann wiederum alle Größen aus dem Diagramm entnehmen. Wir nennen diese Art der Aufgabe »z w e i t e H a u p t-
f o r m   d e r   E n e r g i e ü b e r t r a g u n g«.

Endlich kann als d r i t t e Art der Aufgabe die Spannung U_1
gegeben sein; am Ende der Leitung sei außer den Leitwerten $A/2$
und $\omega C/2$ noch ein Widerstand und eine Induktivität angeschaltet,
die beispielsweise durch einen am Ende vorhandenen leerlaufenden
Transformator gegeben sind. Diese Aufgabe führt man auf die
vorige zurück, indem man wiederum die Spannung U_2 schätzt
und damit die Ströme am Ende der Leitung berechnet. Die Lösung
der Aufgabe verläuft dann wie bei der vorigen; man muß die
Rechnung so oft wiederholen, bis man auf die gegebene Spannung
U_1 kommt. Man kann also auch hier die gestellte Aufgabe bei
Verwendung des einfachen Diagrammes durch Probieren lösen.
Diese Art der Aufgabe nennt man »d r i t t e   H a u p t f o r m
d e r   E n e r g i e ü b e r t r a g u n g«.

Wenn man es nicht häufig mit der Lösung solcher Aufgaben
zu tun hat, ist es empfehlenswert, sich des einfachen Diagrammes
nach Bild 34 in der angegebenen Art und Weise zu bedienen. Wenn
man jedoch sehr häufig solche Aufgaben zu lösen hat, dann ist
dieses Verfahren zu umständlich.

Es ist seit langem bekannt, daß man die erwähnten Aufgaben
mit Hilfe von K r e i s d i a g r a m m e n lösen kann, die durch
Anwendung der Inversion gewonnen werden; außerdem sind im
Laufe der letzten Jahre mehrere weitere Diagramme für Fernleitungen bekanntgeworden. Durch Anwendung solcher Diagramme
ist man des Probierens enthoben. Im folgenden sollen für die
Lösung der genannten Aufgaben die neuen Arbeitsdiagramme
von J. O s s a n n a[1]) Verwendung finden, da sie besonders einfach
und deshalb für den praktischen Gebrauch sehr geeignet sind.

Abgesehen von den drei möglichen Arten der Aufgaben-
stellung, die eben als die drei Hauptformen bezeichnet wurden,
handelt es sich bei der Untersuchung von Fernleitungen entweder
darum, nur die Zustände am A n f a n g und am E n d e der Fernleitung aufzusuchen oder aber darum, die Zustände i n   a l l e n
P u n k t e n der Fernleitung, also längs der g a n z e n Strecke
zwischen Anfang und Ende zu ermitteln.

Für die Lösung dieser Aufgabe im besonderen gibt es wiederum
eine Reihe von Verfahren; es sei hier an die sogenannten S p i r a l-
d i a g r a m m e erinnert. Eine sehr anschauliche Methode hat
F. E m d e entwickelt; er hat gezeigt, daß durch Anwendung des

[1]) E. u. M. 1926, H. 6.

Sin- und Tang-Reliefs die Zustände längs der ganzen Leitung in einfacher Weise erhalten werden[1]). Im folgenden soll jedoch der einheitlichen Darstellung wegen auch diese Aufgabe mit Hilfe der Ossanna-Diagramme gelöst werden. Dabei wird so vorgegangen, daß man die Leitung in mehrere Stücke aufteilt; für jedes Stück gilt dann wieder die Schaltung von Bild 33. Es ergibt sich deshalb für die ganze Fernleitung die Ersatzschaltung nach Bild 35.

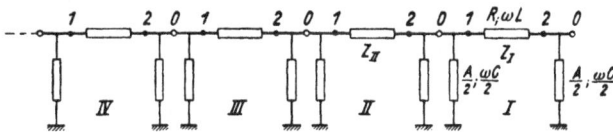

Bild 35.

Ist beispielsweise die Spannung und Belastung am Ende der Leitung gegeben, dann wählt man die Zählung der Stücke von hinten nach vorn und sucht die Spannung und Belastungen am Anfang des Stückes *I* im Punkt Null auf. Diese Leistungen müssen dem Stück *I* durch das Stück *II* zufließen, sie bilden also die Belastungen am Ende des Stückes *II*. Nun sucht man die Spannung und die Leistungen auf, welche im Punkt Null am Anfang des Stückes *II* herrschen und so fort, bis man endlich zum Anfang der Leitung gelangt ist. Dieses Verfahren ist zwar umständlicher als andere, hat jedoch den großen Vorteil, daß man die längs der Leitung auftretenden Änderungen sozusagen miterlebt und so einen tiefen Einblick in die etwas verwickelten Verhältnisse gewinnt.

Wenn man nur die Zustände am Anfang und am Ende der Leitung untersuchen will, wird die Leitung, wie erwähnt, durch die Schaltung nach Bild 33 ersetzt. Diese Schaltung mit ihren vier Anschlußpunkten (Polen) wird gewöhnlich als »Vierpol« bezeichnet. Bei dem hier beschriebenen Verfahren der Aufteilung der Fernleitung in einzelne Stücke bildet die Leitung dann sozusagen eine »Vierpolkette«.

Wir betrachten also die Fernleitung von zwei Gesichtspunkten aus, nämlich erstens als einen einfachen Vierpol und zweitens als eine Vierpolkette.

Der Ersatz der Fernleitung durch einen Vierpol bzw. durch eine Vierpolkette setzt voraus, daß wir die Widerstände R und ωL

---

[1]) F. Emde: Sinusrelief und Tangensrelief. Vieweg & Sohn, Braunschweig 1924.

sowie die Leitwerte $A/2$ und $\omega C/2$ aus den gegebenen Belägen der Leitungen, d. h. aus den kilometrischen Werten R_0, ωL_0, A_0 und ωC_0 ermitteln.

Zur Auffindung dieser Ersatzwiderstände und Ersatzleitwerte der Vierpolschaltung sollen im folgenden zwei Formelgruppen angegeben werden. Die Gruppe a enthält die exakten Formeln, die Gruppe b dagegen Näherungs-formeln.

Aus der theoretischen Elektrizitätslehre ist bekannt, daß Leerlauf und Kurzschluß das ganze Verhalten elektrischer Stromkreise bestimmen. Weisen zwei Stromkreise an den Eingangs- und Endklemmen bei Leerlauf und Kurzschluß dieselben Werte hinsichtlich der Spannungen und Ströme auf, dann trifft dies auch bei allen anderen Belastungen zu. Setzt man also die Spannungsverhältnisse und Stromverhältnisse der wahren Leitung bei Leerlauf und Kurzschluß gleich denjenigen der einfachen Vierpolschaltung, welche die lange Leitung getreu ersetzen soll, dann findet man daraus die Widerstände und Leitwerte der Vierpolschaltung. Diese Untersuchungen ergeben für die Impedanz $\mathfrak{z}$ der Vierpolschaltung die Formel

$$\mathfrak{z} = \mathfrak{Z}\,\mathfrak{Sin}\,\nu\,l; \quad \ldots \ldots \ldots \quad (27\,\text{a})$$

der reelle Teil dieser Formel stellt den Widerstand R und der imaginäre Teil die Reaktanz ωL der Vierpolschaltung dar; l ist die einfache Länge der wahren Leitung. $\mathfrak{Z}$ und ν haben die Bedeutung

$$\mathfrak{Z} = \sqrt{\frac{R_0 + j\,\omega\,L_0}{A_0 + j\,\omega\,C_0}} = Z\,e^{j\zeta} = Z\,(\cos\zeta + j\sin\zeta);$$

$$\nu = \pm\,\sqrt{(R_0 + j\,\omega\,L_0)\,(A_0 + j\,\omega\,C_0)} = a + j\,b.$$

Z wird Wellenwiderstand und ζ Verzerrungs-winkel der Leitung genannt.

Für die Leitwerte am Anfang und Ende der Leitung ergeben Leerlauf und Kurzschluß

$$\tfrac{1}{2}\,\mathfrak{G} = \frac{\mathfrak{Sin}\,\nu\,l}{\mathfrak{Z}\,(1 + \mathfrak{Cof}\,\nu\,l)}; \quad \ldots \ldots \quad (27\,\text{b})$$

der reelle Teil gibt den Wert für $A/2$ und der imaginäre den Wert für $\omega C/2$ der Vierpolschaltung an. Im Anhang zu diesem Abschnitt wird gezeigt, wie man die reellen und imaginären Teile dieser Formeln trennt. Hier genügt es, das Ergebnis dieser Rechnung auszuwerten.

Die Formelgruppe *a* für die genauen Berechnungen der Widerstände und Leitwerte des Vierpols ist in der folgenden Zusammenstellung enthalten. Um deren Gebrauch zu zeigen, ist gleichzeitig ein Beispiel durchgerechnet, und zwar für eine 600 km lange Freileitung mit folgenden Belägen:

$$R_0 = 0{,}231 \text{ Ohm} \cdot \text{km}^{-1}; \quad \omega L_0 = 0{,}4 \text{ Ohm} \cdot \text{km}^{-1}; \quad A_0 = 0;$$
$$\omega C_0 = 3{,}0 \cdot 10^{-6} \text{ Siemens} \cdot \text{km}^{-1}.$$

$$Z = \sqrt[4]{\frac{R_0{}^2 + \omega^2 L_0{}^2}{A_0{}^2 + \omega^2 C_0{}^2}} = 392{,}39 \text{ Ohm};$$

$$\operatorname{tg} 2\zeta = \frac{\dfrac{A_0}{\omega C_0} - \dfrac{R_0}{\omega L_0}}{1 + \dfrac{A_0}{\omega C_0} \cdot \dfrac{R_0}{\omega L_0}}; \quad \zeta = -15^0;$$

$$a\,l = l \sqrt{\tfrac{1}{2}[R_0 A_0 - \omega L_0\, \omega C_0 + \sqrt{(R_0{}^2 + \omega^2 L_0{}^2)(A_0{}^2 + \omega^2 C_0{}^2)}]} =$$
$$= 0{,}18284;$$

$$b l = l \sqrt{\tfrac{1}{2}[\omega L_0\, \omega C_0 - A_0 R_0 + \sqrt{(R_0{}^2 + \omega^2 L_0{}^2)(A_0{}^2 + \omega^2 C_0{}^2)}]} =$$
$$= 0{,}6822;$$

bl im Winkelmaß: $\beta = 57{,}296 \cdot 0{,}6822 = 39^0\, 5'\, 13''$;

	sin	cos	Sin	Cof
ζ	— 0,25882	0,96593	—	—
al	—	—	0,18383	1,01673
β	0,63050	0,77619	—	—

$$c = \cos \beta \; \mathfrak{Sin}\; al = 0{,}14269;$$
$$d = \sin \beta \; \mathfrak{Cof}\; al = 0{,}64103;$$
$$e = \cos \zeta \cos \beta \; \mathfrak{Sin}\; al = 0{,}13783;$$
$$f = \sin \zeta \sin \beta \; \mathfrak{Cof}\; al = -0{,}16591;$$
$$g = \cos \zeta \sin \beta \; \mathfrak{Cof}\; al = 0{,}61919;$$
$$h = \sin \zeta \cos \beta \; \mathfrak{Sin}\; al = -0{,}036932;$$
$$i = \cos \zeta \cos \beta \; \mathfrak{Cof}\; al = 0{,}76227;$$
$$k = \sin \zeta \sin \beta \; \mathfrak{Sin}\; al = -0{,}029999;$$
$$m = \cos \zeta \sin \beta \; \mathfrak{Sin}\; al = 0{,}11196;$$
$$n = \sin \zeta \cos \beta \; \mathfrak{Cof}\; al = -0{,}20425;$$
$$p = \cos \zeta + i - \boldsymbol{k} = 1{,}7582;$$
$$q = \sin \zeta + m + n = -0{,}35111;$$

$$R = Z (e - f) = 119{,}19 \text{ Ohm};$$

$$\omega L = Z (g + h) = 228{,}47 \text{ Ohm};$$

$$\frac{A}{2} = \frac{1}{Z} \frac{c\,p + d\,q}{p^2 + q^2} = 20{,}462^{-6} \text{ Siemens};$$

$$\frac{\omega C}{2} = \frac{1}{Z} \frac{d\,p - c\,q}{p^2 + q^2} = 933{,}28 \cdot 10^{-6} \text{ Siemens}.$$

Die Formelgruppe, die als Rechnungsanweisung dienen kann, zeigt, daß man zuerst die Werte für Z und für den Winkel ζ zu berechnen hat. Bei Hochspannungsleitungen ergibt sich für den Winkel ζ stets ein negativer Wert. Dann hat man die Werte für al und bl zu berechnen; bl muß man hierbei als Winkel β in Grade und Minuten umrechnen. Damit sind die Grundgrößen für die weiteren davon abhängigen Größen und Winkelfunktionen gefunden. Nunmehr berechnet man die Winkelfunktionen für β und al. Die Hyperbelfunktionen von al kann man beispielsweise in der »Hütte« aufschlagen. Sind diese gefunden, dann hat man die Produkte c bis n und die davon abhängigen Werte p und q zu berechnen. Schließlich findet man die gesuchten Größen zu

$$R = Z (e - f) \text{ Ohm}; \quad \omega L = Z (g + h) \text{ Ohm};$$
$$\frac{A}{2} = \frac{c\,p + d\,q}{Z (p^2 + q^2)} \text{ Siemens}; \quad \frac{\omega C}{2} = \frac{d\,p - c\,q}{Z (p^2 + q^2)} \text{ Siemens.} \quad \Bigg\} \quad (28)$$

Die wahre 600 km lange Leitung mit verteilten Widerständen und Leitwerten kann also durch den Vierpol ersetzt werden, wenn man ihm folgende Eigenschaften erteilt

$$R = 119{,}19 \text{ Ohm}; \quad \omega L = 228{,}47 \text{ Ohm}; \quad A/2 = 20{,}46 \cdot 10^{-6} \text{ Siemens}$$
$$\text{und } \omega C/2 = 933{,}28 \cdot 10^{-6} \text{ Siemens.}$$

Würde man die Widerstände und Leitwerte des Vierpols einfach so rechnen, daß man die Beläge der wahren Leitung mit der Länge l multipliziert, dann würde man Werte erhalten, die hiervon stark abweichen und deshalb unrichtig sind. Besonders groß werden die Fehler bei noch größeren Leitungslängen.

In den folgenden drei Tabellen sind die Vierpolwerte für zwei Freileitungen und ein Kabel abhängig von der Leitungslänge zusammengestellt, die sich aus der Anwendung der Formelgruppe a ergeben.

Tabelle 1.

Freileitung mit den Konstanten:

$R_0 = 0,231$ Ohm.km^{-1}; $\omega L_0 = 0,4$ Ohm.km^{-1};
$A_0 = 0,1.10^{-6}$ Siemens.km^{-1}; $\omega C_0 = 3,08$ Siemens.km^{-1}.

l	R	ωL	$A/2.10^{-6}$	$\omega C/2.10^{-6}$
200	45	79	10	308
400	86	157	26	626
600	118	228	55	950
800	137	293	102	1310
1000	142	348	178	1700
1200	129	390	316	2145
1400	98	417	526	2610
1600	50	426	868	3122
1800	— 13	418	1434	3628
2000	— 88	388	2980	3940

Freileitung mit den Konstanten:

$R_0 = 0,045$ Ohm.km^{-1}; $\omega L_0 = 0,4$ Ohm.km^{-1};
$A_0 = 0$ Siemens.km^{-1}; $\omega C_0 = 3.10^{-6}$ Siemens.km^{-1}.

l	R	ωL	$A/2.10^{-6}$	$\omega C/2.10^{-6}$
200	9	79	0,3	300
400	17	155	1,6	612
600	24	224	4	940
800	28	288	11	1285
1000	30	325	22	1680
1200	27	355	36	2250
1400	22	365	82	2680
1600	14	359	150	3270
1800	3	337	261	4260
2000	— 10	298	490	5260

Kabel mit den Konstanten:

$R_0 = 0,01$ Ohm.km^{-1}; $\omega L_0 = 0,22$ Ohm.km^{-1};
$A_0 = 0,4.10^{-10}$ Siemens.km^{-1}; $\omega C_0 = 63.10^{-6}$ Siemens.km^{-1}.

l	R	ωL	$A/2.10^{-10}$	$\omega C/2.10^{-6}$
100	0,87	17,8	21	3 170
200	1,52	33,7	53	6 550
300	1,77	45,7	100	10 420
400	1,58	52,6	237	14 900
500	0,84	53,4	785	21 000

Vergleicht man die Werte für die Widerstände und Leitwerte der Tabellen mit denjenigen Werten, die man erhält, wenn man die Beläge der Leitung einfach mit der Länge multipliziert, dann erkennt man folgendes: Bei Freileitungen kann man das einfache Verfahren der Multiplikation der Leitungsbeläge mit der Leitungslänge l bis zu Längen von etwa $l = 200$ km anwenden. Bei Kabeln sind selbst bei Leitungslängen von nur 100 km die durch das einfache Verfahren gewonnenen Werte zu ungenau. Hier kann man das einfache Verfahren höchstens bis zu Leitungslängen von $l = 60$ bis 80 km anwenden.

Bei mäßigen Leitungslängen kann man das folgende v e r - e i n f a c h t e Rechnungsverfahren der Formelgruppe b anwenden, wenn die Rechnung mit der Formelgruppe a zu umständlich erscheint.

D i e F o r m e l g r u p p e b enthält N ä h e r u n g s g l e i - c h u n g e n. Diese entstehen dadurch, daß man die Hyperbelfunktionen in Reihen entwickelt, beim quadratischen Glied abbricht und die reellen und imaginären Teile trennt. Diese Formeln erfordern keinen so großen Rechnungsaufwand, wie die genauen Formeln der Gruppe a, sind aber, wie schon erwähnt, nicht so genau.

Für den W i d e r s t a n d R der Vierpolschaltung erhält man folgende Näherungsformel

$$R = l\,R_0 + \tfrac{1}{3}\,l^3 \left[\tfrac{1}{2}\,R_0{}^2\,A_0 - R_0\,\omega L_0\,\omega C_0 - \right.$$
$$\left. - \tfrac{1}{2}\,A_0\,(\omega L_0)^2\right] \text{Ohm} \quad\ldots\ldots \quad (29\,\mathrm{a})$$

Den Wert für den i n d u k t i v e n W i d e r s t a n d ωL der Vierpolschaltung findet man aus folgender Näherungsformel

$$\omega L = l\,\omega L_0 + \tfrac{1}{3}\,l^3 \left[A_0\,R_0\,\omega L_0 + \tfrac{1}{2}\,\omega C_0\,R_0{}^2 - \right.$$
$$\left. - \tfrac{1}{2}\,\omega C_0\,(\omega L_0)^2\right] \text{Ohm} \quad\ldots\ldots \quad (29\,\mathrm{b})$$

Der L e i t w e r t $A/2$ ergibt sich aus der folgenden Näherungsformel

$$\frac{A}{2} = \tfrac{1}{2}\,l\,A_0 + \tfrac{1}{12}\,l^3 \left[A_0\,\omega C_0\,\omega L_0 - \tfrac{1}{2}\,A_0{}^2\,R_0 + \right.$$
$$\left. + \tfrac{1}{2}\,(\omega C_0)^2\,R_0\right] \text{Siemens} \quad\ldots\ldots \quad (30\,\mathrm{a})$$

Den L e i t w e r t $\omega C/2$ erhält man aus der folgenden Näherungsformel

$$\frac{\omega C}{2} = \tfrac{1}{2}\,l\,\omega C_0 + \tfrac{1}{12}\,l^3 \left[\tfrac{1}{2}\,(\omega C_0)^2\,\omega L_0 - \tfrac{1}{2}\,A_0{}^2\,\omega L_0 - \right.$$
$$\left. - A_0\,R_0\,\omega C_0\right] \text{Siemens} \quad\ldots\ldots \quad (30\,\mathrm{b})$$

Für die Freileitung mit den Konstanten, die in der ersten Tabelle angegeben ist, findet man mit Hilfe der Näherungsformeln für eine 1000 km lange Leitung folgende Werte:

$$R = 134 \text{ Ohm}; \quad \omega L = 348 \text{ Ohm}; \quad A/2 = 151 \cdot 10^{-6} \text{ Siemens};$$
$$\omega C/2 = 1692 \cdot 10^{-6} \text{ Siemens}.$$

Durch den Vergleich mit den entsprechenden Werten der Tabelle findet man, daß die Abweichungen für den Widerstand R ziemlich groß sind, wenn man mit der Näherungsformel rechnet.

Damit ist gezeigt, wie man die Widerstände und Leitwerte zu berechnen hat, wenn man die lange Leitung als Vierpol behandeln will.

B. Die Fernleitung als Vierpol.

Zunächst handelt es sich darum, die D i a g r a m m e für die Schaltung des Bildes 33 aufzustellen, welche die Leitung als einfachen V i e r p o l darstellen. Dies soll im folgenden in elementarer Weise geschehen. Hinsichtlich der analytischen Ableitungen und Beweise sei auf den Anhang verwiesen.

1. Einfache Entwicklung der Diagramme.

Bei der Einteilung der für die Energieübertragung vorliegenden Aufgabe in die drei Hauptformen ist vorausgesetzt, daß die Leitung am Anfang (primär) gespeist und am Ende (sekundär) belastet wird. Speist umgekehrt das am Ende angeschaltete Kraftwerk zeitweise die Leitung, dann kann man diese Stelle als den Anfang der Leitung betrachten.

a) E r s t e H a u p t f o r m d e r E n e r g i e ü b e r t r a g u n g.

Hier ist, wie oben erwähnt wurde, außer der Belastung im Punkt 2 (Ende der Leitung) auch die Spannung U_2 als gegeben und konstant anzunehmen (Bild 33). Es soll deshalb diese Spannung als »B e z u g s g r ö ß e« gewählt und auf sie alle Spannungen im Diagramm bezogen werden.

Die Strecke MA in Bild 34, welche die konstant zu haltende Spannung darstellt, ist zugleich das sekundäre Spannungsverhältnis $U_2/U_2 = 1$. Die Strecke MC, welche die Spannung U_1 darstellt, wird jetzt im Verhältnis zu U_2 gemessen, ist also gleich dem Verhältnis U_1/U_2 (primäres Spannungsverhältnis). AC ist die Strecke für den Spannungsabfall zJ und wird im Verhältnis zu U_2 gemessen, hat demnach den Wert zJ/U_2. Die »Einheitsstrecke« MA ist also der Maßstab für das ganze Diagramm.

Wählt man beispielsweise hierfür eine Strecke von 10 cm, dann stellt jeder einzelne Zentimeter der Spannungsstrecken im Diagramm 10% der Spannung U_2 dar. Wenn man die Berechnungen mit großer Genauigkeit durchführen will, wird man natürlich die Strecke MA wesentlich größer wählen, z. B. 50 cm.

Außer dem Spannungsabfall stellt die Strecke AC noch andere wichtige Größen dar; es ist

$$AC = \frac{z\,J}{U_2} = \frac{J}{U_2/z} = \frac{J}{J_{kv}}. \quad \ldots \quad (31\,a)$$

Der Nenner U_2/z stellt nämlich denjenigen Strom dar, der entsteht, wenn man an die Spannung U_2 die Impedanz z anschaltet. Praktisch tritt dieser Fall auf, wenn die Leitung am Ende mit der Spannung U_2 gespeist und am Anfang im Punkt 1 k u r z - g e s c h l o s s e n wird, so daß also nur die Impedanz der Leitung an U_2 liegt; J_{kv} stellt also einen K u r z s c h l u ß s t r o m dar, und zwar bei einem »verkehrten« Betrieb der Leitung. Man kann ihn deshalb Strom des »verkehrten Kurzschlusses« nennen.

Die Größe dieses Kurzschlußstromes kann berechnet werden, da die Spannung U_2 und die Impedanz z der Leitung

$$z = \sqrt{R^2 + \omega^2 L^2}$$

bekannt sind; dieser Kurzschlußstrom ist eine »charakteristische« Größe der Leitung.

Der Strecke AC kann man jedoch noch eine weitere Bedeutung beilegen. Wir multiplizieren Zähler und Nenner der Gl. (31 a) mit U_2 und erhalten.

$$AC = \frac{J\,U_2}{J_{kv}U_2} = \frac{N_2}{N_{kv}}. \quad \ldots \ldots \quad (31\,b)$$

Der Zähler dieses Bruches stellt die verlangte sekundäre Scheinleistung im Punkt 2 der Schaltung und der Nenner die Scheinleistung dar, welche beim verkehrten Kurzschluß auftritt. Auch N_{kv} kann berechnet werden, da die Spannung U_2 und die Impedanz z bekannt sind; es ist

$$N_{kv} = \frac{U_2^2}{z}. \quad \ldots \ldots \ldots \quad (32)$$

Auch N_{kv} ist eine c h a r a k t e r i s t i s c h e Größe der Leitung.

Die Strecke AC stellt also zwei wichtige Verhältnisse dar, das Verhältnis des Stromes J zum Kurzschlußstrom J_{kv} und das Verhältnis der Scheinleitung N_2 im Punkt 2 der Schaltung zur Scheinleistung N_{kv} des verkehrten Kurzschlusses. Um dieses

Verhältnis zahlenmäßig zu erfassen, mißt man die Strecke AC mit demselben Maßstab, den man für die Strecke MA eingeführt hat. Wird also die Strecke $MA = 10$ cm gemacht, dann bedeutet 1 cm der Länge von AC 10% vom Kurzschlußstrom J_{kv} bzw. 10% von der Scheinleistung N_{kv} des verkehrten Kurzschlusses.

Wir betrachten nun z w e i   w i c h t i g e   G r e n z f ä l l e. Der e r s t e Fall liegt vor, wenn die gesamte Belastung im Punkt 2 eine reine W i r k l e i s t u n g, der Strom J also mit U_2 phasengleich ist. Dann geht das Diagramm des Bildes 34 in das des Bildes 36 a über. Das Spannungsabfalldreieck ABC nimmt jetzt

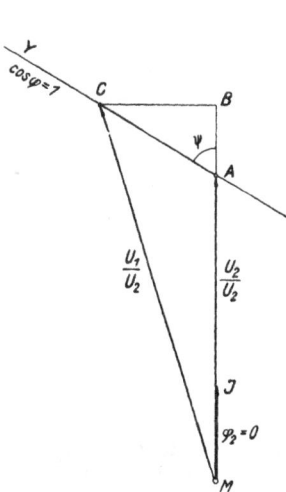

Bild 36 a.

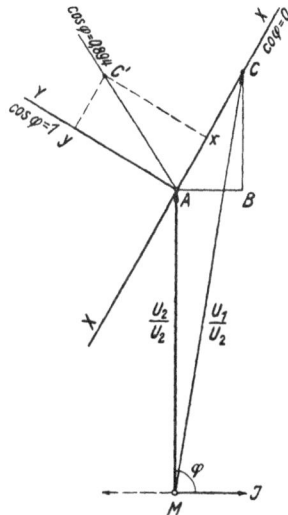

Bild 36 b.

eine solche Lage ein, daß die Seite AB in die Verlängerung von MA fällt. Bei Veränderung der Größe des Wirkstromes und damit der Wirklast bewegt sich der Punkt C auf der Geraden Y. Die Y-Gerade ist demnach der geometrische Ort, auf welchem sich der Endpunkt C des Spannungsverhältnis-Vektors MC bewegt, wenn die Leitung mit veränderlichen W i r k l e i s t u n g e n belastet ist. Wir nennen deshalb die Y-Gerade die »Achse des Wirkleistungsverhältnisses«. Ihre Lage der Einheitsstrecke MA gegenüber ist leicht zu finden; sie ist um den Winkel Ψ gegen diese Strecke gedreht. Der Winkel Ψ ist aber durch die Widerstände der Leitung bestimmt. Wie man aus dem Bild 34 ersieht, ist

$$\operatorname{tg} \Psi' = \frac{J\,\omega\,L}{J\,R} = \frac{\omega\,L}{R}. \qquad \ldots \ldots (33\,a)$$

Für den Fall, daß $\omega L = l\,\omega L_0$ und $R = l\,R_0$ angenommen werden darf, geht die Gleichung über in

$$\operatorname{tg}\,\Psi' = \frac{\omega L_0}{R_0}. \qquad \ldots \ldots \ldots (33\,b)$$

In diesem Fall ist also der Winkel Ψ' durch die Beläge der Leitung vollkommen bestimmt und damit auch die Lage der Y-Achse. Ist die einfache Rechnung der Leitungswiderstände durch Multiplikation der Beläge mit der Leitungslänge nicht gestattet, dann hat man für R und ωL die aus der Formelgruppe a oder b errechneten Werte einzusetzen.

Der z w e i t e wichtige Fall liegt vor, wenn die gesamte Belastung im Punkt 2 der Schaltung eine reine B l i n d l a s t ist, der Strom J also der Spannung um 90⁰ nach- oder voreilt (Bild 36 b). Dann bewegt sich der Endpunkt des Vektors MC bei veränderlicher Blindlast auf der Geraden X. Die Seiten des Spannungsabfalldreiecks stehen jetzt zu den entsprechenden Seiten des Dreiecks in Bild 36 a senkrecht. Die X-Achse ist die »Achse des Blindleistungsverhältnisses«, und zwar die obere X-Achse für den Fall der Phasennacheilung (induktive Belastung) und die untere X-Achse für den Fall der Phasenvoreilung (kapazitive Belastung).

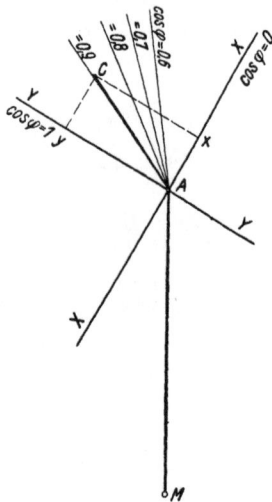

Bild 37.

An die beiden Achsen kann demnach auch angeschrieben werden $\cos\varphi = 1$ bzw. $\cos\varphi = 0$. Die gemischten Belastungen mit dazwischen liegenden Phasenverschiebungen liegen in den von den genannten Achsen gebildeten beiden Quadranten. In das Bild 37 ist beispielsweise die Strecke AC aus Bild 34 der Größe und Phase nach eingetragen. Zeichnet man die Quadranten und die Strahlen für verschiedene $\cos\varphi$ ein (Bild 37), dann findet man, daß AC auf dem Strahl $\cos\varphi = 0{,}894$ liegt. Ist also beispielsweise die sekundäre Scheinleistung N_2 und $\cos\varphi_2$ gegeben, dann berechnet man die Länge der Strecke N_2/N_{kv} und trägt sie im Maßstab der MA-Strecke so als Strahl von A aus ein, daß sie auf den cos φ-Strahl zu liegen kommt, welcher der Phasenverschiebung 0,894 entspricht.

Projiziert man die Strecke AC auf die beiden Achsen, dann stellen die Projektionen yA das Wirkleistungsverhältnis und xA das Blindleistungsverhältnis von AC dar, wiederum gemessen im

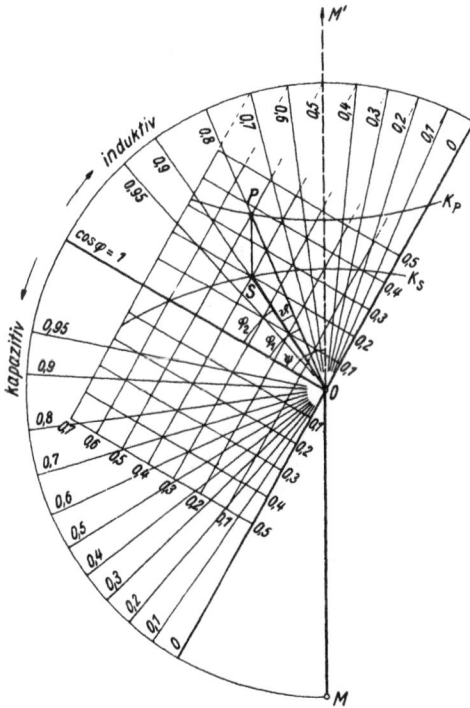

Bild 38.

Maßstab der Einheitsstrecke MA. Sind umgekehrt die gesamte Wirkleistung N_{vr2} und die gesamte Blindleistung N_{b2} im Punkt 2 gegeben, dann bildet man ihre Verhältnisse zu N_{kv}, trägt sie als Strecken yA und xA auf und findet hierzu die Strecke AC als sekundäres Scheinleistungsverhältnis. Noch bequemer ist es, das ganze Koordinatennetz zu den beiden Achsen zu zeichnen, so daß man die Koordinaten des Punktes C sofort ablesen kann. Dies zeigt Bild 38; hier ist der Nullpunkt des Koordinatensystems mit 0 und der Vektor des sekundären Scheinleistungsverhältnisses mit OS bezeichnet.

Damit sind einige wichtige Beziehungen im Diagramm dargestellt. Die Einheitsstrecke, welche alle Maßstäbe im Diagramm bestimmt, ist mit MO und das sekundäre Scheinleistungsverhältnis mit OS bezeichnet. (Der Buchstabe S ist jetzt statt C gewählt, um auf das sekundäre Scheinleistungsverhältnis hinzudeuten.) Es soll nun ermittelt werden, wie groß die p r i m ä r e Leistung des Kraftwerkes im Punkt *1* der Schaltung ist, wenn das sekundäre Belastungsverhältnis durch die Strecke OS gegeben ist. Zunächst ist bekannt, daß die Phasenverschiebung φ_1 zwischen primärer Spannung und Strom und damit auch zwischen der primären Scheinleistung gegen die Y-Achse um den Winkel ϑ größer ist als φ_2 (siehe beispielsweise Bild 34). Wir tragen deshalb an die Strecke OS den Winkel ϑ an und erhalten den Strahl OP (Bild 38). Man kann nun ablesen, auf welchem $\cos\varphi$-Strahl die Strecke OP liegt (im Bilde $\cos\varphi = 0{,}8$). Damit ist $\cos\varphi_1$ gefunden. Nun handelt es sich noch um die Ermittlung der Größe der primären Leistungen im Punkt *1* der Schaltung. Zieht man durch S die Parallele zu MO, dann schneidet diese den Schenkel des Winkels ϑ im Punkt P. Man erhält damit das Dreieck OSP. Zwischen diesem und dem Dreieck MOS (Bild 40) bestehen die Beziehungen:

$$\sphericalangle SOP = \sphericalangle OMS = \vartheta \quad \text{(nach Konstruktion)}$$
$$\sphericalangle OSP = \sphericalangle MOS \quad \text{(als Wechselwinkel)}$$
$$\sphericalangle OPS = \sphericalangle MSO \quad \text{(als dritter Dreieckwinkel)}.$$

Also sind die beiden genannten Dreiecke einander ähnlich und es ergeben sich folgende Verhältnisse ihrer Seiten

$$OP : OS = MS : MO;$$

setzt man für die Strecken die Werte ein, die sie darstellen, so erhält man

$$OP = \frac{N_2}{N_{kv}} \cdot \frac{U_1}{U_2} \cdot \frac{U_2}{U_2};$$

$$OP = \frac{J}{N_{kv}} U_1 = \frac{N_1}{N_{kv}}. \tag{34}$$

Die Strecke OP stellt demnach das zu OS gehörige p r i m ä r e Scheinleistungsverhältnis dar, wiederum gemessen im Maßstab der Einheitsstrecke MO. Da N_{kv} bekannt ist, kann die primäre Scheinleistung N_1 berechnet werden. Es ist dies jene Scheinleistung, welche das Kraftwerk im Punkt *1* der Vierpolschaltung (Bild 33) in die Leitung zu übertragen hat. Die Projektionen von OP auf die beiden Achsen Y und X ergeben die Wirk- und Blindleistungsverhältnisse N_{w1}/N_{kv} und N_{b1}/N_{kv} im Punkt 1 der Schaltung an, wiederum gemessen im Maßstab der Einheitsstrecke MO. Damit sind auch die primären Leistungsverhältnisse im Punkt 1 gefunden.

Diese Konstruktion der primären Leistungsverhältnisse ist an sich sehr einfach, aber doch noch nicht bequem genug, da die Strecke OP durch Übertragung von ϑ gesucht werden muß, was etwas umständlich ist. Es soll daher im folgenden ein bequemerer Weg gewiesen werden, der zur Auffindung der Strecke OP führt.

Aus Bild 38 findet man beispielsweise für den Punkt S das Spannungsverhältnis $U_1/U_2 = 1{,}395$. Es gibt offenbar unendlich viele sekundäre Scheinleistungsverhältnisse OS, die alle zu dem gleichen Spannungsverhältnis $1{,}395$ führen. Der Endpunkt S dieser sekundären Scheinleistungsverhältnisse wandert hierbei auf dem Kreisbogen K_S mit dem Mittelpunkt M und dem Radius $1{,}395$ (Bild 38). Wir fragen nun, auf welcher Kurve der Punkt P des primären Scheinleistungsverhältnisses wandert, wenn der Punkt S sich auf dem Kreisbogen K_S bewegt. Diese Aufgabe kann man auf konstruktivem Weg lösen, wenn man zu jeder Lage von OS den hierzu gehörigen Winkel ϑ aufträgt und in der oben angegebenen Weise jeweils den Punkt P bestimmt. Man findet durch diese Konstruktion, daß auch der Punkt P des Vektors OP auf einem K r e i s b o g e n K_P wandert, der ebenfalls den Radius $1{,}395$ besitzt und dessen Mittelpunkt M' auf der Verlängerung von MO liegt. Den Abstand des Mittelpunktes M' von O findet man zu $19{,}46$ cm, wenn die Strecke MO gleich 10 cm ist. Also beträgt der Abstand das $1{,}946$fache von MO. Die Zahl $1{,}946$ ist das Quadrat von der Zahl $1{,}395$ des Spannungsverhältnisses.

Führt man die Untersuchung für einen anderen Kreis K_S durch, dann findet man auch da wiederum einen zugehörigen Kreis K_P mit dem gleichen Radius. Auch hier liegt der Mittelpunkt auf der Verlängerung von MO und im Abstand von O gleich dem Quadrat des Radius. So kann man nun um den Punkt M als Mittelpunkt eine konzentrische Kreisschar K_S bestimmen, der denselben Radius r besitzt und dessen Mittelpunkt lotrecht und im Abstand r^2 über O liegt. In Bild 39 sind diese beiden Kreisscharen dargestellt. Die konzentrische Kreisschar soll fortan kurz »untere« und die andere hierzu gehörige Schar kurz »obere« Kreisschar genannt werden.

Zeichnet man die E i n h ü l l e n d e H der oberen Kreisschar, so kann man zunächst feststellen, daß sie eine parabelähnliche Form hat. Wenn diese Einhüllende eine P a r a b e l ist, dann muß nach den Lehren der analytischen Geometrie für diese Parabel eine L e i t l i n i e existieren. Dies ist tatsächlich der Fall; man findet, daß die Senkrechte auf *MO* durch den Punkt *0,5* die Leitlinie *LL* der Parabel bildet. Diese Parabel wird aus Gründen, die später erläutert werden, »Grenzparabel« ge-

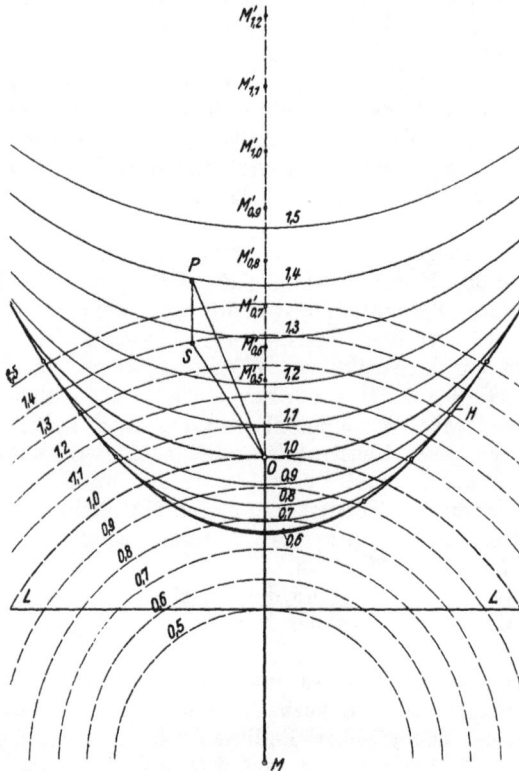

Bild 39.

nannt. Der analytische Nachweis, daß die Einhüllende der oberen Kreisschar eine Parabel ist, wird im Anhang gebracht.

Um den zu *S* gehörigen Punkt *P* zu finden, stellt man sich am besten vor, daß diese beiden Kreisscharen auf ein Pauspapier gezeichnet sind. In das Bild 38 ist der Punkt *S* eingezeichnet, der durch die Belastung im Punkt *2* gegeben ist. Nun legt man das Pauspapier mit den beiden Kreisscharen so auf das Bild 38, daß sich die *MO*-Linien decken. Dann sieht man zu, auf welchem Kreis der unteren Schar der Punkt *S* liegt und geht dann senkrecht nach oben bis zum »g l e i c h n a m i g e n« Kreis der oberen Schar und erhält damit den Punkt *P* des primären Scheinleistungs- verhältnisses. Man kann auch die Koordinaten des Punktes *P* ablesen und erhält die primären Blind- und Wirkleistungsver- hältnisse. Diese Verhältnisse mit der Scheinleistung des ver- kehrten Kurzschlusses multipliziert, ergeben die Größe der pri- mären Blind- und Wirkleistungsverhältnisse selbst.

Nunmehr sind die Spannung U_1 und die Leistungsverhält- nisse y_1 und x_1 und damit auch N_{w1} und N_{b1} bekannt. Es sind dies die Zustände im Punkt *1* der Vierpolschaltung. Das Kraft- werk, welches die Leitung speist, hat man sich im Punkt »Null« zu denken (Bild 33). Die Spannung U_0 in diesem Punkt ist na- türlich die gleiche wie im Punkt *1*; also $U_0 = U_1$. Die Leistungen im Punkt *O* findet man, indem man noch berechnet $0,5 \cdot A \cdot U_0^2$ und $0,5 \cdot \omega C \cdot U_0^2$. Diese Werte hat man zu N_{w1} bzw. N_{b1} zu addieren und findet dann

$$N_{w0} = N_{w1} + 0,5\,A U_0^2; \quad \ldots \ldots (35\,\text{a})$$

$$N_{b0} = N_{b1} + 0,5\,\omega C\, U_0^2; \quad \ldots \ldots (35\,\text{b})$$

$$N_0 = \sqrt{N_{w0}^2 + N_{b0}^2}.$$

Endlich findet man die Phasenverschiebung zwischen Strom und Spannung im Kraftwerk zu

$$\operatorname{tg} \varphi_0 = \frac{N_{b0}}{N_{w0}}. \quad \ldots \ldots \ldots (36)$$

Damit sind auch die Belastungszustände im K r a f t w e r k ge- funden.

Nun handelt es sich noch um die Ermittlung des W i r k u n g s- g r a d e s der Übertragung. Es ist

$$\eta = \frac{N_{w2}}{N_{w1}} = \frac{N_{w2}}{N_{w1} + V_w}.$$

Hierin sind V_w die Verluste, nämlich

$$V_w = J^2\,R.$$

Dividiert man Zähler und Nenner durch N_{kv}, so erhält man

$$\eta = \frac{N_{w2}/N_{kv}}{N_{w2}/N_{kv} + V_w/N_{kv}} = \frac{y}{y + V_w/N_{kv}}.$$

Die Verluste V_{wk} bei Kurzschluß sind

$$V_{wk} = J_{kv}^2 R = \left(\frac{N_{kv}}{U_2}\right)^2 R;$$

also

$$\frac{V_w}{V_{wk}} = \frac{J^2}{N_{kv}^2} U_2^2 = \left(\frac{N_2}{N_{kv}}\right)^2;$$

und demnach

$$V_w = V_{wk} \left(\frac{N_2}{N_{kv}}\right)^2;$$

ferner ist

$$V_{wk} = N_{kv} \cos \Psi;$$

denn die Wirkverluste bei Kurzschluß sind gleich der Wirk-leistung bei Kurzschluß, wobei die Phasenverschiebung gleich Ψ ist. Setzt man diese Werte ein, dann erhält man

$$y^2 + x^2 - \frac{1 - \eta}{\eta \cos \Psi} y = 0. \quad \dots \dots \quad (37)$$

Dies ist die Gleichung einer K r e i s s c h a r, deren Mittelpunkte auf der Y-Achse liegen und welche die X-Achse im Punkt O be-rühren.

Die Radien der Kreise sind gegeben durch die Gleichung

$$r = \frac{1 - \eta}{2 \eta \cos \Psi}; \quad \dots \dots \quad (38)$$

ist beispielsweise für eine Leitung der Winkel Ψ gleich 60^0, dann ist $\cos \Psi = 0,5$. Wir suchen den Halbmesser des Kreises für den Wirkungsgrad von beispielsweise $\eta = 0,8$ und finden

$$r = \frac{1 - 0,8}{2 \cdot 0,8 \cdot 0,5} = 0,25.$$

Der Maßstab ist wieder durch die Strecke MO gegeben. In dieser Weise sind in Bild 40 einige Kreise für den Wirkungsgrad ein-gezeichnet. Diese Kreisschar zeichnet man am besten ebenfalls auf Pauspapier und bringt sie mit Bild 38 so zur Deckung, daß die MO-Linien aufeinanderliegen. Man findet dann, daß bei-spielsweise der Punkt S auf dem Kreis $\eta = 0,8$ liegt.

Der Entwurf und Gebrauch des Diagramms soll an Hand eines Beispiels erläutert werden.

B e i s p i e l. Auf einer Leitung von 100 km Länge soll Energie übertragen werden. Die Beläge der Leitung sind

Widerstandsbelag R_0 = 0,231 Ohm je km und Phase;
Reaktanzbelag ωL_0 = 0,4 Ohm je km und Phase;
Ableitungsbelag A_0 = 0,1 · 10⁻⁶ Siemens je km und Phase;
Kapazitätsbelag ωC_0 = 3,08 · 10⁻⁶ Siemens je km und Phase.

Bei der angegebenen Leitungslänge kann man den Winkel Ψ der Leitungsimpedanz bestimmen aus

$$\text{tg } \Psi = \frac{\omega L_0}{{}_0 R_0} = \frac{0,4}{0,231} = 1,732;$$

also $\Psi = 60^0$.

Mit dieser einzigen Angabe können wir alle Diagramme entwickeln. Diese Diagramme brauchen nicht mehr von neuem gezeichnet werden; die bisher gezeichneten Diagramme sind nämlich auf dieses Beispiel zugeschnitten.

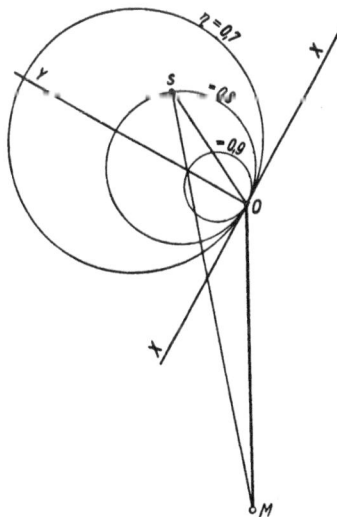

Bild 40.

Wir wählen für das Diagramm in Bild 38 die Strecke MO = 10 cm und tragen unter den Winkel $\Psi = 60^0$ das Koordinatensystem YX auf. In dieses System zeichnen wir das Koordinatennetz ein, indem wir die Achsen in Zentimeter einteilen. Nun zeichnen wir mit dem Halbmesser MO einen Kreis um O als Mittelpunkt, verlängern die Parallelen zur X-Achse, die durch die

Punkte $y = 0,1$, $= 0,2....$ gehen, bis zum Schnitt mit der Kreisperipherie. Diese Schnittpunkte verbinden wir durch Strahlen mit O und haben damit die geometrischen Örter für $\cos\varphi = 0,1$, $0,2.....$ gewonnen, wie in Bild 38 gezeigt ist. In einem besonderen Bild zeichnen wir die obere und untere Kreisschar (Bild 39). Ebenso wird die Kreisschar für den Wirkungsgrad ermittelt (Bild 40).

Wir sehen, daß alle Diagramme gezeichnet werden konnten, obwohl wir von der Leitungsanlage nur die Beläge der Leitung benützt haben.

Beim Verbraucher soll eine konstante Spannung von $U_2 =$ 100 kV (verkettet) herrschen. Da alle Rechnungen je P h a s e durchgeführt werden, ist die Phasenspannung U_2 zu ermitteln; diese ist

$$U_2 = \frac{100}{\sqrt{3}} = 57,7 \text{ kV}.$$

Die Impedanz der Leitung ist

$$z = 100 \sqrt{0,231^2 + 0,4^2} = 46,2 \text{ Ohm}.$$

Nunmehr können die charakteristischen Werte der Leitung berechnet werden.

Der Strom beim verkehrten Kurzschluß ist

$$J_{kv} = \frac{57\,700}{46,2} = 1249 \text{ A},$$

und die Scheinleistung des verkehrten Kurzschlusses ist

$$N_{kv} = \frac{57\,700^2}{46,2} = 72\,065 \text{ kVA}.$$

Nun kommt die eigentliche A u f g a b e n s t e l l u n g. Die Leitung soll am Ende mit einer Wirkleistung von 86 478 kW und einer nacheilenden Blindleistung von 43 240 bkW belastet werden; das sind je Phase

$$N_{w2} = 28\,826 \text{ kW}; \quad N_{b2} = 14\,413 \text{ bkW}; \quad \cos\varphi_2 = 0,894.$$

Es ist zu ermitteln, welche Verhältnisse hierbei am Anfang und Ende der Leitung herrschen.

Wir bilden

$$\frac{N_{w2}}{N_{kv}} = \frac{28\,826}{72\,065} = 0,4 = y;$$

$$\frac{N_{b2}}{N_{kv}} = \frac{14\,413}{72\,065} = 0,2 = x.$$

dies sind die Koordinaten des Punktes S des sekundären Scheinleistungsverhältnisses.

Aus dem Diagramm mit den Spannungsverhältniskreisen lesen wir ab, daß der Punkt S auf dem Kreis $U_1/U_2 = 1,395$ (interpoliert) liegt; also muß bei diesem Belastungszustand im Punkt 1 der Leitung die Spannung herrschen

$$U_1 = 1,395\, U_2 = 80,5 \text{ kV} \ (= 139,5 \text{ kV verkettet}).$$

Die Strecke OS ist 4,48 cm lang; also ist

$$\frac{J}{J_{kv}} = 0,448$$

und der Strom ist

$$J = 0,448 \cdot 1249 = 560 \text{ A.}$$

Die Phasenverschiebung dieses Stromes gegen die Spannung U_2 wird abgelesen zu $\cos\varphi_2 = 0,894$ (interpoliert).

Mit Hilfe des Diagrammes der Spannungsverhältniskreise finden wir den zum Punkt S gehörigen Punkt P der oberen Kreisschar und lesen ab

$$OP = 6,23 \text{ cm;}$$

also ist

$$\frac{N_1}{N_{kv}} = 0,623,$$

und die primäre Scheinleistung N_1 ergibt sich zu

$$N_1 = 0,623 \cdot 72\,065 = 45\,112 \text{ kVA;}$$

die Koordinaten von P sind (Bild 38)

$$y = 0,499; \quad x = 0,372;$$

also ist die primäre Wirk- und Blindleistung

$$N_{w1} = 36\,176 \text{ kW;} \quad N_{b1} = 27\,024 \text{ bkW.}$$

Ferner finden wir aus Bild 38

$$\cos\varphi_1 = 0,8;$$

endlich finden wir aus dem Diagramm für den Wirkungsgrad

$$\eta = 0,8.$$

Bemerkung. Wenn wir in diesem Diagramm einen Kreisbogen mit dem Halbmesser MS mit M als Mittelpunkt schlagen, so sehen wir, daß dieser Spannungsverhältniskreis den Wirkungsgradkreis von $\eta = 0,8$ gerade im Punkt S berührt.

Bei der Phasenverschiebung $\cos\varphi_2 = 0,895$ wird also die Energie bei diesem Spannungsverhältnis gerade mit dem b e s t e n Wirkungsgrad übertragen.

Um die Leistungen im Punkt Null für das Kraftwerk zu finden, ist noch zu berechnen

$$0,5 \; A \; U_1{}^2 = 0,5 \cdot 0,1 \cdot 10^{-4} \cdot 80,5^2 = 32,4 \, \text{kW};$$

$$0,5 \; \omega C \; U_1{}^2 = 0,5 \cdot 3,08 \cdot 10^{-4} \cdot 80,5^2 = 997,7 \, \text{bkW};$$

also wird

$$N_{wo} = 36\,176 + 32,4 = 36\,208,4 \, \text{kW};$$

$$N_{bo} = 27\,024 - 997,7 = 26\,026,3 \, \text{bkW};$$

$$\text{tg}\,\varphi_0 = 0,719; \quad \cos\varphi_0 = 0,811;$$

$$\eta = 0,796.$$

Damit ist die gestellte Aufgabe gelöst. Die Untersuchung der Leitung kann man nun für verschiedene Belastungsfälle, Phasenverschiebungen, Spannungsverhältnisse usw. durchführen und gewinnt damit einen tiefen Einblick in das Verhalten der Leitung. Hierauf wird später noch näher eingegangen.

b) Z w e i t e H a u p t f o r m d e r E n e r g i e ü b e r - t r a g u n g.

Auch hier sind, wie schon erwähnt wurde, die sekundären Leistungen gegeben; außerdem aber die p r i m ä r e konstante Spannung U_1.

Natürlich beziehen wir jetzt alle Spannungen im Diagramm auf U_1 und machen deshalb nunmehr die Spannung zur Strecke $MO = 1$. Dann ist nach Bild 41

$$MO = \frac{U_2}{U_1}; \quad OP = \frac{Jz}{U_1}. \quad \ldots \ldots \; (39)$$

Mit Hilfe dieser Strecke können wir den Strom darstellen; wir schreiben

$$OP = \frac{J}{U_1/z} = \frac{J}{J_k}, \quad \ldots \ldots \; (40)$$

wobei der Nenner denjenigen Strom J_k bedeutet, der entsteht, wenn die Impedanz z allein an die Spannung U_1 gelegt wird. Praktisch ist dies der Fall, wenn die Leitung am Ende kurzgeschlossen und am Anfang mit der Spannung U_1 gespeist wird. Dies ist der Zustand beim »richtigen« K u r z s c h l u ß der Leitung.

Wir multiplizieren Zähler und Nenner der Gl. (40) mit U_1 und erhalten

$$OP = \frac{J\,U_1}{J_k\,U_1} = \frac{N_1}{N_k} \quad \ldots \ldots \ldots (41)$$

also stellt die Strecke OP zugleich das primäre Scheinleistungsverhältnis dar. Hierbei ist

$$N_k = \frac{U_1^2}{z}.$$

Wir tragen nun an OP den Winkel ϑ an, ziehen durch P die Parallele zu MO und erhalten damit den Punkt S. Das Dreieck OPS

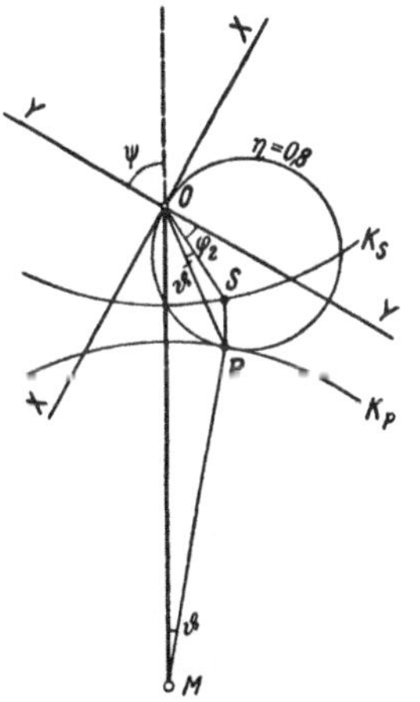

Bild 41.

ist ähnlich dem Dreieck MOP, was sich wieder aus der Gleichheit der entsprechenden Winkel nachweisen läßt. Demnach verhalten sich

$$OS : OP = MP : MO;$$

nach Einsetzen der Werte findet man

$$OS = \frac{N_1}{N_k}\,\frac{U_2}{U_1}\,\frac{U_1}{U_1} = \frac{N_2}{N_k} \quad \ldots \ldots (42)$$

die Strecke OS stellt demnach das s e k u n d ä r e S c h e i nl e i s t u n g s v e r h ä l t n i s dar. Nun machen wir den Winkel
$SOY = \varphi_2$, also gleich der Phasenverschiebung beim Verbraucher
und errichten in O die Senkrechte OX zu OY. Der Vektor OS

schließt nach Konstruktion den Winkel φ_2 und der Vektor OP den Winkel $\varphi_2 + \vartheta = \varphi_1$ mit OY ein. Die Projektionen dieser beiden Vektoren auf OY und OX geben demnach die sekundären und primären Wirk- und Blindleistungsverhältnisse an.

Nach Bild 34 ist

$$\sphericalangle \alpha = 180^0 - (\Psi - \varphi_2);$$

und demnach

$$\sphericalangle \gamma = 180^0 - \vartheta - [180^0 - (\Psi - \varphi_2)] = \Psi - \vartheta - \varphi_2$$

Diesem Winkel entspricht in Bild 41 der Winkel MOP; also ist der Winkel MOY um φ_2 größer als γ; also ist

$$\sphericalangle MOY = \Psi. \quad \ldots \ldots \ldots (43)$$

Um das Diagramm der zweiten Hauptform zu zeichnen, geht man wie folgt vor: Man wählt die Strecke MO gleich der Einheit und trägt unter dem Winkel $MOY = \Psi$ das Koordinatenkreuz auf. Man sieht, daß die Achsen dieses Koordinatensystems die Verlängerungen des Systems der ersten Hauptform bilden (Bild 41).

Nun kann man das gegebene sekundäre Scheinleistungsverhältnis N_2/N_k unter dem Winkel φ_2 oder mit Hilfe seiner Komponenten eintragen.

Es ist jetzt die Frage zu beantworten, wie groß das S p a n - n u n g s v e r h ä l t n i s und damit die sekundäre Spannung U_2 ist.

Zur Lösung dieser Frage müssen wir eine ähnliche Betrachtung anstellen, wie bei der ersten Hauptform. Am besten geht man auch hier von der Stelle mit konstanter Spannung aus. Der Punkt P liegt bei konstanter Spannung U_1 auf einem Kreis mit dem Halbmesser MP und dem Mittelpunkt M. Es ist wieder zu ermitteln, auf welcher Kurve sich der zu jedem dieser Vektoren OP gehörige Punkt S des Vektors OS bewegt. Die punktweise Bestimmung dieser Kurve ergibt, daß auch U_2 auf einem K r e i s - b o g e n wandert, dessen Mittelpunkt auf der Verlängerung von MO liegt und dessen Halbmesser ebenso groß ist, wie der Halbmesser des um M beschriebenen Kreises. Die Rechnung, welche später durchgeführt wird, lehrt, daß die sich hierbei ergebende »obere« Kreisschar d i e s e l b e ist wie bei der e r s t e n Hauptform. Dies ist auch zu vermuten; denn man kann sich die zweite Hauptform dadurch aus der ersten entstanden denken, daß die Belastung am Ende der Leitung nicht motorisch (verbrauchend), sondern generatorisch (erzeugend) ist.

Nachdem nun die Strecke OS entsprechend den Angaben eingetragen ist, legt man die obere Kreisschar des Bildes 39 auf

das Diagramm des Bildes 41 und sieht zu, auf welchem dieser
Kreise der Punkt S liegt. Damit ist das Spannungsverhältnis
gefunden.

Von S loten wir dann senkrecht nach abwärts bis zum Schnittpunkt mit dem gleichnamigen Kreis der unteren Schar und gewinnen damit den Punkt P und die Strecke OP als Vektor des
dazu gehörenden primären Scheinleistungsverhältnisses.

Bei dieser Hauptform der Energieübertragung kommt der
Vorteil der oberen Kreisschar besonders deutlich zum Ausdruck.
Während man bei der Anwendung des einfachen Vektordiagrammes
erst durch mehrmaliges Probieren die sekundäre Spannung ermitteln konnte, ist dies hier nicht mehr notwendig; man erhält
jetzt das Spannungsverhältnis unmittelbar.

Mit dem Punkt P ist auch der Winkel ϑ gefunden, indem
man P mit M verbindet. Es bildet aber auch der Radius des
Kreises der oberen Schar den Winkel ϑ mit der Verlängerung
von MO. Um den Winkel ϑ zu finden, wäre es also nicht notwendig, den Punkt P aufzusuchen, wohl aber um das primäre
Scheinleistungsverhältnis zu finden.

Schließlich ist noch der W i r k u n g s g r a d η der Übertragung im Diagramm darzustellen. Es ist

$$\eta = \frac{N_{w2}}{N_{w1}}.$$

Durch ähnliche Berechnungen wie bei der ersten Hauptform findet
man folgende Gleichung

$$y^2 + x^2 - \frac{1-\eta}{\cos \Psi}\, y = 0.$$

Diese Gleichung stellt wiederum eine Kreisschar dar, deren
Mittelpunkte auf der Y-Achse liegen und welche die X-Achse
im Punkt O tangieren. Die Halbmesser der Kreise sind

$$r = \frac{1-\eta}{2 \cos \Psi}. \qquad \ldots \ldots \ldots (44)$$

Beispielsweise ergibt sich für $\eta = 0{,}8$ und $\cos \Psi = 0{,}5$ der Radius
des zugehörigen Kreises zu $r = 0{,}2$.

Wie man aus der Gl. (44) sieht, erhält man die Durchmesser
der einzelnen Kreise auf der Y-Achse in einfacher Weise durch
folgende Konstruktion: Man projiziert die Punkte 0,9; 0,8 . . . .
der MO-Strecke auf die Y-Achse, indem man durch diese Punkte
zu MO die Senkrechte errichtet. Die Schnittpunkte mit der Y-

Achse stellen dann die Durchmesser für die Kreise $\eta = 0,9$; 0,8.... dar. Ein Kreis dieser Schar ist in Bild 41 eingezeichnet.

Auch für die zweite Hauptform soll ein Beispiel durchgerechnet werden.

B e i s p i e l. Es soll Energie auf einer Leitung von 100 km Länge übertragen werden, deren Beläge die gleichen sind wie bei der Leitung des vorigen Beispiels. Damit können die Diagramme bereits gezeichnet werden. Wir machen die Strecke MO in Bild 41 gleich 10 cm und tragen das Achsenkreuz unter dem Winkel von 60° auf. Dann zeichnet man die beiden Kreisscharen der Spannungsverhältnisse und endlich die Kreise für die Wirkungsgrade.

Die Spannung im Punkt 1 der Leitung sei $U_1 = 80,49$ kV und konstant. Damit können folgende charakteristische Werte berechnet werden:

Kurzschlußstrom der Leitung

$$J_k = \frac{80\,490}{46,2} = 1744,4 \text{ A.}$$

Scheinleistung des Kurzschlusses

$$N_k = \frac{80\,490^2}{46,2} = 140\,230 \text{ kVA.}$$

Die Belastung im Punkt 2 der Leitung sei

$$N_{w2} = 28\,826 \text{ kW}; \quad N_{b2} = 14\,418 \text{ bkW.}$$

Es sind das Spannungsverhältnis, die primären Leistungen und der Wirkungsgrad zu ermitteln.

Wir bilden

$$y = \frac{N_{w2}}{N_k} = 0,2055; \quad x = \frac{N_{b2}}{N_k} = 0,1029;$$

und erhalten den Punkt S. Dieser Punkt liegt auf dem Kreis K_S mit dem Spannungsverhältnis 0,716 der oberen Kreisschar. Vom Punkt S loten wir nach abwärts bis zum Schnitt mit der Peripherie des Kreises K_P mit dem Spannungsverhältnis 0,716 der unteren Schar. Damit ist der Punkt P des primären Scheinleistungsverhältnisses gefunden. Die Strecke OP dieses Verhältnisses ist 3,21 cm lang; also ist die primäre Scheinleistung

$$N_1 = 0,321\,N_k = 45\,000 \text{ kVA;}$$

und für die primären Wirk- und Blindleistungen lesen wir an den Koordinaten ab

$$y = 0{,}257; \quad N_{w1} = 36\,040 \text{ kW};$$
$$x = 0{,}195; \quad N_{b1} = 27\,344 \text{ bkW}.$$

Die sekundäre Spannung ist

$$U_2 = 0{,}716 \cdot 80{,}49 = 57{,}7 \text{ kV}.$$

Für den Wirkungskreis findet man

$$\eta = 0{,}8;$$

da der Punkt P auf dem Kreis $\eta = 0{,}8$ liegt. Damit ist die gestellte Aufgabe gelöst. Der Leser wird bemerkt haben, daß das hier gewählte Beispiel den gleichen Belastungsfall darstellt, wie das Beispiel, das wir bei der ersten Hauptform gewählt haben. Die geringen Abweichungen sind natürlich auf die Ungenauigkeit der graphischen Konstruktion zurückzuführen.

c) Dritte Hauptform der Energieübertragung.

Diese kann auf die erste Hauptform zurückgeführt werden, und zwar gleichgültig, ob U_1 oder U_2 konstant sind. Bei der ersten Hauptform der Energieübertragung wurde aufgetragen

$$y = \frac{N_{w2}}{N_{kv}}; \quad x = \frac{N_{b2}}{N_{kv}};$$

es ist aber

$$N_{kv} = \frac{U_2{}^2}{z}.$$

Da bei der dritten Hauptform der Belastungswiderstand R_V und der induktive Widerstand ωL_V gegeben sind, ist

$$N_{w2} = \frac{U_2{}^2}{R_V}; \quad N_{b2} = \frac{U_2{}^2}{\omega L_V};$$

folglich ist bei der dritten Hauptform auf den Achsen aufzutragen

$$y = \frac{N_{w2}}{N_{kv}} = \frac{z}{R_V};$$

$$x = \frac{N_{b2}}{N_{kv}} = \frac{z}{\omega L_V}.$$

Damit ist das Diagramm der dritten Hauptform gegeben. Die Ermittlung des Spannungsverhältnisses, der Phasenverschiebung und der primären Leistungsverhältnisse erfolgt im übrigen wie bei der ersten Hauptform.

2. Arbeitsdiagramme.

Nachdem der Aufbau der Diagramme bekannt ist, soll gezeigt werden, wie mit deren Hilfe das Verhalten der Leitungen bei den verschiedenen, praktisch wichtigen B e t r i e b s v o r - g ä n g e n ermittelt werden kann. Dadurch gewinnt man einen tiefen Einblick in den Einfluß, welchen die Leitung auf die Übertragung elektrischer Energie ausübt.

Die folgenden Untersuchungen sollen für die erste und zweite Hauptform der Energieübertragung g e m e i n s a m durchgeführt werden. Hierbei müssen folgende Festsetzungen getroffen werden. Zunächst wird vorausgesetzt, daß die Spannung am A n f a n g A der Leitung in a l l e n Fällen k o n s t a n t und gleich U_0 ist. Hinsichtlich der Bedeutung der Achsen des Diagrammes gilt folgendes: Der rechte Ast der Wirkleistungsachse wird mit $+ Y$ bezeichnet; dieser Teil der Achse hat Geltung, wenn am Anfang A die Leitung mit Wirkleistung g e s p e i s t und am Ende E der Leitung Wirkleistung e n t n o m m e n wird. Die linke Seite der Wirkleistungsachse wird mit $-Y$ bezeichnet; sie hat Geltung, wenn in A der Leitung Wirkstrom entnommen und von E geliefert wird. Die von O aus nach unten gehende Blindleistungsachse wird mit $+ X$ bezeichnet; sie hat Geltung, wenn in A der Leitung nacheilender Blindstrom zugeführt und in E voreilender Blindstrom entnommen wird. Die nach oben gehende Blindleistungsachse wird mit $- X$ bezeichnet; sie hat Geltung, wenn in A der Leitung voreilender Blindstrom zugeführt, in E nacheilender Blindstrom entnommen wird.

a) E r s t e s A r b e i t s d i a g r a m m; d i e g r ö ß t e n
   s t a b i l ü b e r t r a g b a r e n L e i s t u n g e n.

In Bild 42 ist das Diagramm mit einigen Spannungsverhältniskreisen der unteren Schar und das Koordinatensystem mit dem Winkel Ψ dargestellt. Legt man an die Kreise der Schar T a n - g e n t e n parallel zur X-Achse, so schneiden diese auf der Y-Achse gewisse W i r k l e i s t u n g s verhältnisse ab. Für jeden Kreis dieser Schar stellt das zugehörige Wirkleistungsverhältnis die g r ö ß t e bei diesem Spannungsverhältnis s t a b i l übertragbare Wirkleistung dar; eine größere Wirkleistung kann mit dem betreffenden Spannungsverhältnis nicht übertragen werden, da bei einem größeren Wirkleistungsverhältnis kein Schnittpunkt mehr mit dem betreffenden Kreis möglich ist.

Verbindet man alle derartigen Tangentenpunkte miteinander, dann erhält man die durch M gehende Gerade G, welche den

Winkel ϑ_h mit MO einschließt und offenbar parallel zur Y-Achse
ist. Im Bereich der Winkel von $\vartheta = 0$ bis $\vartheta = \vartheta_h$ entspricht einer
Vergrößerung des Winkels auch eine Vergrößerung der übertrag-
baren Wirkleistung. Bei einer weiteren Vergrößerung des Winkels
jedoch über ϑ_h hinaus nimmt die übertragbare Wirkleistung
wieder ab, die Übertragung wird i n s t a b i l. Wie aus der Geo-

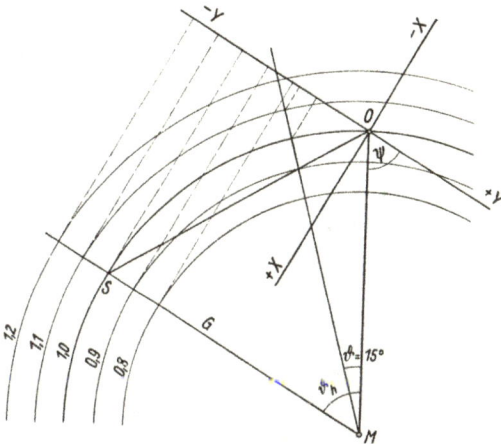

Bild 42.

metrie des Diagrammes ohne weiteres ersichtlich ist, nimmt ϑ_h
im Grenzfall den Wert an

$$\vartheta = \vartheta_h = \Psi. \qquad \ldots \ldots \ldots (45)$$

Die größten übertragbaren Wirkleistungen werden also erreicht,
wenn der Winkel ϑ gleich dem Impedanzwinkel Ψ der Leitung ist.
Je größer demnach der Winkel Ψ einer Leitung ist, d. h. je kleiner
beispielsweise ihr Widerstand R ist, um so größer ist die übertragbare höchste Wirkleistung.

Verbindet man die Tangentenpunkte mit O, dann erhält man
damit zugleich auch die größten bei den einzelnen Spannungsverhältnissen übertragbaren S c h e i n l e i s t u n g e n, beispielsweise OS. Man sieht, daß diese immer v o r e i l e n d sind, d. h.
nur erreicht werden können, wenn das empfangende Kraftwerk
zugleich mit der Wirklast auch noch kapazitive Blindlast ein-
schaltet. Bei spannungsgebundenen Übertragungsleitungen ist
die Übernahme von kapazitiver Blindlast, d. h. die Beeinflussung
des Winkels ϑ, im allgemeinen die einzige Art und Weise der
Einregulierung der Wirkleistung.

Im Anschluß hieran soll noch eine Rechnung durchgeführt werden. Wir gehen dabei von einer Gleichung für das Wirkleistungsverhältnis aus, welche aus der Geometrie des Diagrammes gewonnen wird. In Bild 43 kann man ablesen

$$Os = \frac{N_w}{N_k} = s\,m - Om = Sm' - Om;$$

ferner folgt aus dem Dreieck MSm'

$$Sm' = MS \cos(\Psi - \vartheta) = \frac{U}{U_0}\cos(\Psi - \vartheta);$$

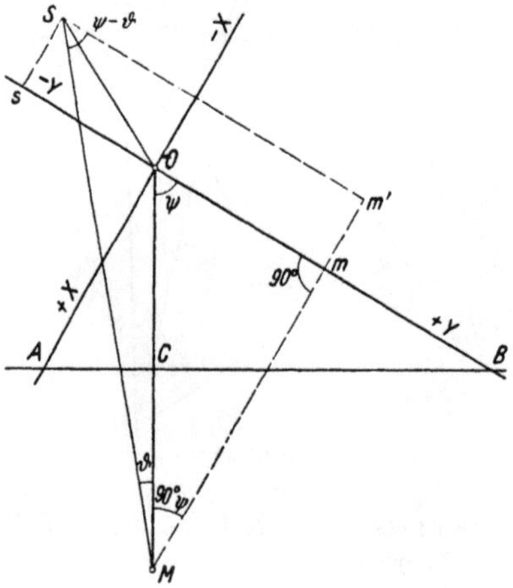

Bild 43.

und aus dem Dreieck MOm

$$Om = MO \cos\Psi = \frac{U_0}{U_0}\cos\Psi = \cos\Psi;$$

damit wird

$$\frac{N_w}{N_k} = \frac{U}{U_0}\cos(\Psi - \vartheta) - \cos\Psi. \quad \ldots \ldots (46)$$

Dies ist die allgemeine Gleichung für das Wirkleistungsverhältnis und für seine Abhängigkeit von Ψ und ϑ. Man sieht, daß das Wirkleistungsverhältnis seinen Höchstwert erreicht für $\cos(\Psi - \vartheta) = 1$, d. h. für $\vartheta = \vartheta_h = \Psi$, was wir oben schon gefunden haben. Es soll jetzt noch die G r ö ß e der höchsten Wirkleistung $N_w = N_{wh}$

berechnet werden. Zunächst sieht man aus Gl. (46), daß für $\vartheta = \Psi'$ das höchste Wirkleistungsverhältnis wird

$$\frac{N_{wh}}{N_k} = \frac{U}{U_0} - \cos \Psi'; \quad \ldots \ldots (47\,a)$$

und im besonderen für das Spannungsverhältnis 1

$$\frac{N_{wh}}{N_k} = 1 - \cos \Psi' \quad \ldots \ldots (47\,b).$$

Für N_{wh} selbst erhält man, wenn man für N_k einführt

$$N_k = \frac{U_0{}^2}{z} = \frac{U_0{}^2}{R\sqrt{1 + \text{tg}^2\,\Psi'}} = \frac{U_0{}^2}{R}\cos \Psi';$$

also

$$N_{wh} = \frac{U_0{}^2}{R}\left(\frac{U}{U_0}\cos \Psi' - \cos^2 \Psi'\right) \quad \ldots (47\,c).$$

Das Ergebnis dieser Untersuchung ist in Bild 44 abhängig von ϑ mit Ψ' als Parameter dargestellt; dabei ist für das Spannungsverhältnis der Wert 1 angenommen. Die Wirkleistungsverhältnisse bei Winkeln $\vartheta > \Psi'$ sind gestrichelt gezeichnet, da sie nicht übertragbar sind. Die Höchstwerte sind durch eine strichpunktierte Kurve miteinander verbunden; diese Kurve gehorcht der Gl. (47 b), da für $\frac{N_{wh}}{N_k}$ der Winkel $\Psi' = \vartheta_h$ ist.

Aus diesen Darlegungen geht dieBedeutung des Winkels ϑ hinsichtlich der Größe der zu übertragenden Leistungen hervor. Bei Kupplungsleitungen, d. h. bei spannungsgebundenen Leitungen kann die Änderung der Übertragungsleistungen, wie schon erwähnt, im allgemeinen nur durch Änderung des Winkels ϑ, also durch Einschalten von kapazitiver Blindleistung bewirkt werden. Die Einstellung derselben kann durch geeignete Erregung der Synchronmaschinen oder durch Einschalten von Kondensatoren erfolgen. Sehr günstig wirkt in dieser Hinsicht die E i g e n - k a p a z i t ä t der Leitung, die zur Hälfte am Ende der Leitung liegt und demnach wie ein am Ende eingeschalteter Kondensator wirkt. Ist die Eigenkapazität der Leitung groß, was beispielsweise bei der Verwendung von Kabeln der Fall ist, dann brauchen die Erregungen der Synchronmaschinen nicht so stark verändert bzw. die Kondensatoren nicht so groß gewählt werden. Aus diesem Grunde spielt bei Übertragungsleitungen die Eigenkapazität der Leitung eine große Rolle.

8*

Wir haben eben die höchste übertragbare Leistung berechnet, soweit sie durch die Eigenschaften der Übertragungsleitungen begrenzt ist. Praktisch können jedoch diese Leistungen n i c h t ausgenützt werden, wie schon früher erläutert worden ist. Es liegt nun die Frage nahe, bis zu welchem Betrag man aus diesen Gründen die Höchstleistungen ausnützen kann. Es wurde oben dargelegt, daß in vielen Fällen nur ein Spannungswinkel ϑ von etwa 15° zulässig ist. Aus Bild 44 kann man entnehmen, daß beispielsweise beim Spannungsverhältnis 1 das praktisch übertragbare Wirkleistungsverhältnis nur 18 bis 25% des höchsten Wirkleistungsverhältnisses beträgt, wenn der Winkel Ψ zwischen

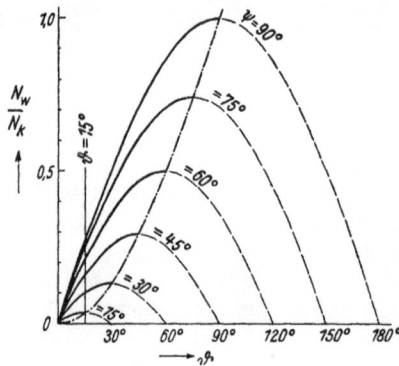

Bild 44.

60 und 90° liegt. Bei anderen Spannungsverhältnissen ergeben sich natürlich andere Werte. In Bild 42 ist die Winkelgerade für $\vartheta = 15°$ eingetragen und die Schnittpunkte derselben mit dem Spannungsverhältniskreis 1 und 1,1 sind auf die Wirkleistungsachse projiziert. Danach ist die beim Spannungsverhältnis 1,1 übertragbare Wirkleistung um rund 33% größer als beim Spannungsverhältnis 1.

An Hand des Bildes 43 soll noch auf eine Beziehung hingewiesen werden, welche das Aufzeichnen des Achsenkreuzes erleichtert. Bringt man die X- und Y-Achsen zum Schnitt mit der Leitlinie der Grenzparabel, dann erhält man die Beziehungen

$$BC = \frac{MO}{2} \operatorname{tg} \Psi = \frac{\omega L}{2 R};$$

$$AC = \frac{MO}{2} \operatorname{ctg} \Psi = \frac{R}{2 \omega L};$$

da MO im Diagramm gleich der Einheit ist. Diese Abschnitte können berechnet werden, da die Induktivität und der Widerstand der Leitung bekannt sind.

b) Z w e i t e s A r b e i t s d i a g r a m m; k o n s t a n t e
P h a s e n v e r s c h i e b u n g c o s φ_2.

In Bild 45 sind die Gerade MO, die Grenzparabel, deren Leitlinie LL sowie das Koordinatensystem unter dem Winkel

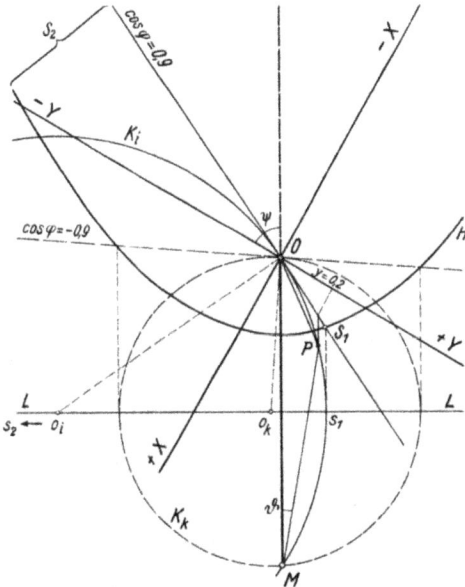

Bild 45.

$\Psi = 60^0$ wiederum dargestellt. Es soll nun angenommen werden, daß am Ende der Leitung bei allen Belastungen eine konstante Phasenverschiebung cos φ_2 herrscht. Als e r s t e r Fall soll vorausgesetzt werden, daß cos $\varphi_2 = 0,9$ und nacheilend sei. Das Bild 45 mit der eingezeichneten cos φ-Linie denken wir uns auf ein Pauspapier gezeichnet und auf das Bild 39 mit den beiden Kreisscharen gelegt, so daß sich die MO-Linien decken. Die Schnittpunkte der cos φ-Linie mit den Kreisen der oberen Schar projizieren wir auf die gleichnamigen Kreise der unteren Schar und verbinden diese so gewonnenen Punkte der unteren Kreisschar miteinander. Sie ergeben eine Kurve K_i, über welche sich fol-

gendes aussagen läßt. Sie muß durch den Punkt O gehen, da O
der Punkt ist, in welchem sich die Kreise mit dem Spannungsverhältnis 1 der beiden Kreisscharen berühren. Ferner muß sie
durch den Punkt M gehen; denn der Kreis mit dem Spannungsverhältnis Null der oberen Kreisschar ist ebenfalls der Punkt O
und diesem entspricht der Punkt M des Kreises mit dem Spannungsverhältnis Null der unteren Schar. Die $\cos\varphi$-Linie schneidet
die Grenzparabel in den Punkten $S_{1,2}$; diese Punkte nach abwärts
gelotet, ergeben die Schnittpunkte $s_{1,2}$ mit den gleichnamigen
Kreisen der unteren Schar, und zwar liegen diese Schnittpunkte

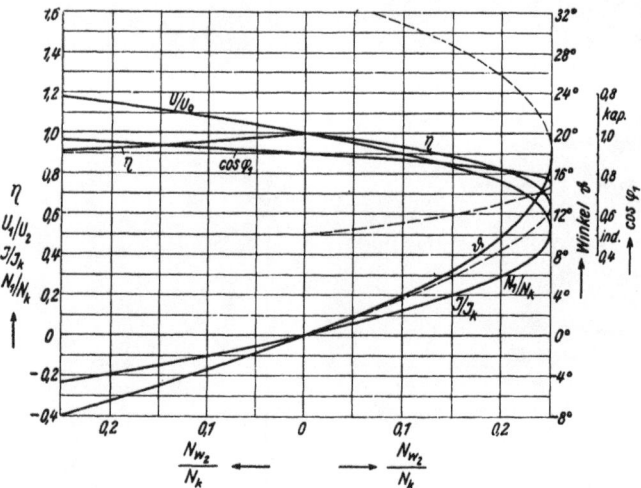

Bild 46.

auf der Leitlinie, wie die Geometrie der Parabel lehrt. Damit
sind zwei weitere Punkte für die Kurve K_i gefunden. Im Anhang
wird bewiesen, daß die Kurve K_i ein K r e i s ist. Da der Kreis
durch die Punkte O und M geht, die Strecke demnach eine Sehne
des Kreises ist, muß sein Mittelpunkt auf der Mittelsenkrechten
von MO, d. h. auf der Leitlinie der Parabel liegen. Ferner erkennt
man, daß die $\cos\varphi$-Linie die Tangente an den Kreis K_i im Punkt O
ist. Errichtet man also in O die Senkrechte auf die $\cos\varphi$-Linie,
dann erhält man den Mittelpunkt o_i des Kreises als Schnittpunkt
dieser Senkrechten mit der Leitlinie. Damit ist der geometrische
Ort für die Zustände am Anfang der Leitung gefunden.

Am besten trägt man nun das Ergebnis dieser Konstruktion
in einem rechtwinkeligen Koordinatensystem auf (Bild 46),

indem man auf der Abszissenachse das Wirkleistungsverhältnis
aufträgt, das am Ende der Leitung herrscht, und zwar nach
rechts als Belastung der Leitung (motorisch) und nach links für
den Fall, daß die Leitung vom Ende her gespeist wird (generatorisch). Dabei geht man am besten so vor, wie dies in Bild 45
für das Wirkleistungsverhältnis $y = 0,2$ gezeigt ist. Von $y = 0,2$
der Wirkleistungsachse geht man parallel zur X-Achse auf die
$\cos\varphi$-Linie und von da lotrecht nach abwärts bis zum Schnittpunkt P mit dem Kreis. Die Strecke OP gibt dann das Scheinleistungsverhältnis am Anfang der Leitung an, die Koordinaten
von P stellen das Wirk- und Blindleistungsverhältnis dar und
die Strecke MP das Spannungsverhältnis und den Winkel ϑ.
Endlich kann man auch die Phasenverschiebung $\cos\varphi_1$ ablesen.
Diese Größen trägt man in Bild 46 über der Abszisse 0,2 auf.
Führt man dies für alle Punkte der $\cos\varphi$-Linie durch, dann erhält
man die in Bild 46 dargestellten Kurven.

Sämtliche Kurven, welche für den Fall gelten, daß das Ende
der Leitung gespeist wird, weisen D o p p e l w e r t e auf; ein
und dieselbe sekundäre Wirkleistung kann demnach mit z w e i
Spannungen, z w e i primären Scheinleistungen und mit z w e i
Spannungswinkeln ϑ übertragen werden. Es ist aber die Frage,
ob beide für ein und dasselbe Wirkleistungsverhältnis gültigen
Werte im B e t r i e b brauchbar sind.

Wir sehen zunächst, daß ein größeres Wirkleistungsverhältnis
als 0,25 überhaupt nicht übertragbar ist. Es ist dies diejenige
Leistung, die sich durch den Schnittpunkt der $\cos\varphi$-Linie mit
der Parabel ergibt. Man nennt die größte übertragbare Leistung
»G r e n z l e i s t u n g« und die Parabel, welche diese Grenzleistung bestimmt, »G r e n z p a r a b e l«. Im vorliegenden Fall
steigt die primäre Scheinleistuug abhängig von der sekundären
Wirkleistung von Null aus an und erreicht bei der Grenzleistung
den Wert 0,525. Bei der sekundären Wirkleistung Null gibt es
außer dem Wert Null der primären Scheinleistung noch einen
zweiten Wert des Scheinleistungsverhältnisses, nämlich den
Wert 1; dies ist das Scheinleistungsverhältnis bei der am Ende
k u r z g e s c h l o s s e n e n Leitung. Bei diesem Zustand ist
nämlich die sekundäre Wirkleistung ebenfalls gleich Null. Schon
daraus erkennt man, daß der obere Ast des primären Scheinleistungsverhältnisses wohl herstellbar, aber i m B e t r i e b
n i c h t b r a u c h b a r ist. Auch die anderen Doppelwerte auf
dem oberen Ast der Kurve sind im Betrieb nicht brauchbar,
da die Verluste hierbei unnötig groß sind. Darum ist das
primäre Scheinleistungsverhältnis dieses Astes nicht gezeichnet.

Bekanntlich stellt die Kurve des Scheinleistungsverhältnisses zugleich auch das S t r o m v e r h ä l t n i s dar. Auch hier ist nur der untere Ast im Betrieb brauchbar.

Die Kurve für das S p a n n u n g s v e r h ä l t n i s deckt sich mit der Kurve des S c h e i n l e i s t u n g s v e r h ä l t - n i s s e s. Hier ist jedoch der o b e r e Ast der Kurve vom Spannungsverhältnis 1 bis 0,525 der betriebsmäßige. Der untere Ast bis zum Spannungsverhältnis Null, das beim Kurzschluß herrscht, scheidet für den praktischen Betrieb aus.

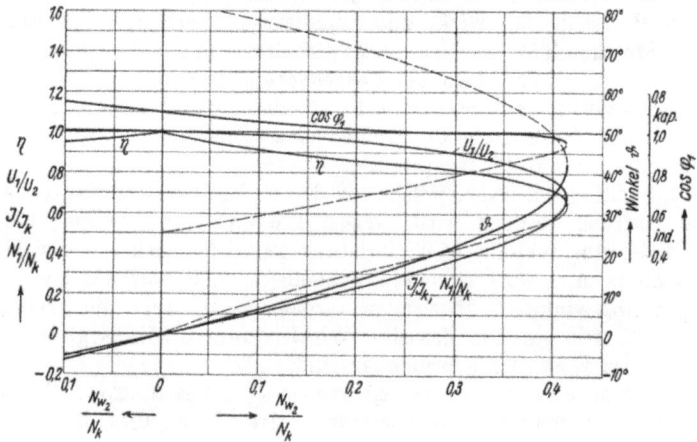

Bild 47.

Die $\cos\varphi_1$-K u r v e läuft im Kurzschluß natürlich auf den Wert 0,5 zu, da in diesem Fall nur die Impedanz der Leitung mit der Phasenverschiebung $\cos\Psi = 0,5$ eingeschaltet ist.

Der S p a n n u n g s w i n k e l ϑ nimmt von Null an allmählich zu auf rund 17° beim maximalen Wirkleistungsverhältnis und weist von da ab ebenfalls eine Umkehr auf.

Wird umgekehrt das Kraftwerk am Anfang der Leitung vom Kraftwerk gespeist, das sich am Ende der Leitung befindet, dann gelten die Kurven des linken Quadranten. Es ist dies der Fall, den wir früher als erste Hauptform bezeichnet haben.

Es soll nun als z w e i t e r Fall angenommen werden, daß $\cos\varphi_2$ wieder gleich 0,9, diesmal aber voreilend sei. In das Bild 45 sind die $\cos\varphi$-Linie und der dazugehörige Kreis K_k gestrichelt eingezeichnet.

In gleicher Weise wie vorher ermittelt man wieder die Verhältnisse am Anfang der Leitung und erhält in Koordinatendarstellung das Bild 47. Die Kurven weisen natürlich einen ähnlichen Verlauf wie vorher auf, jedoch erkennt man, daß jetzt das maximal übertragbare sekundäre Wirkleistungsverhältnis auf 0,614, also auf mehr als das D o p p e l t e gestiegen ist. Während das S p a n n u n g s v e r h ä l t n i s vorher beim maximalen Wirkleistungsverhältnis auf den Wert 0,525 gefallen war, beträgt es jetzt fast noch 0,7. Daraus folgt, daß die Spannungen bei der voreilenden Phasenverschiebung viel günstiger sind, als bei Nacheilung des Stromes. Will man also erreichen, daß die Spannungen am Ende einer Leitung bei wechselnder Belastung möglichst wenig abfallen, dann muß man die Leitung neben der Wirkleistung auch noch mit einer kapazitiven Blindleistung belasten.

Der L e i s t u n g s f a k t o r $\cos\varphi_1$ wechselt bei zunehmendem Wirkleistungsverhältnis von der Voreilung auf Nacheilung, was natürlich durch die Induktivität der Leitung bedingt ist.

Mit Hilfe der Kreisscharen für den Wirkungsgrad oder indem man jeweils das Verhältnis des sekundären zum primären Wirkleistungsverhältnis bildet, kann man auch den Verlauf des W i r k u n g s g r a d e s abhängig vom sekundären Wirkleistungsverhältnis $\eta = f\left(\dfrac{N_{w2}}{N_K}\right)$ ermitteln. Vergleicht man die Wirkungsgrade in den beiden Fällen, so findet man, daß die Übertragung bei Belastung mit voreilender B l i n d l a s t günstiger ist (Bild 46 und 47).

c) D r i t t e s A r b e i t s d i a g r a m m; s e k u n d ä r e
S c h e i n l e i s t u n g k o n s t a n t.

Der geometrische Ort des konstanten sekundären Scheinleistungsverhältnisses ist ein Kreis um O. Zu diesem Kreis sucht man in gleicher Weise wie vorher die primären Verhältnisse auf, indem man wieder von den Schnittpunkten des Kreises mit der oberen Kreisschar auf die gleichnamigen Kreise der unteren Schar herunter lotet. In den Bildern 48 a, b und c sind für N_2/N_k drei verschiedene Fälle angenommen, nämlich 0,314, 0,25 und 0,2.

Die sich für die Zustände am Anfang der Leitung ergebenden geometrischen Örter sind C a s s i n i sche Kurven. Für Scheinleistungsverhältnisse größer als 0,25, z. B. gleich 0,314 erhält man eine offene biskuitförmige Kurve, welche bis zur Leitlinie der Parabel reicht (Bild 48 a). Für das Scheinleistungsverhältnis 0,25 erhält man die Lemniskade (Bild 48 b). Für kleinere Schein-

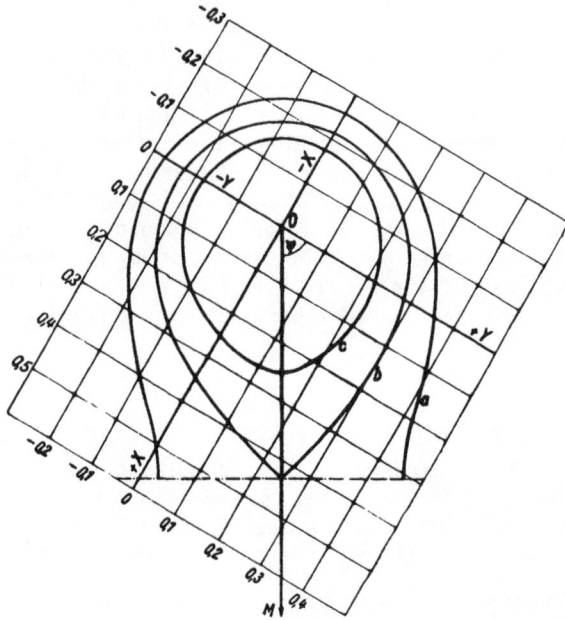

Bild 48.

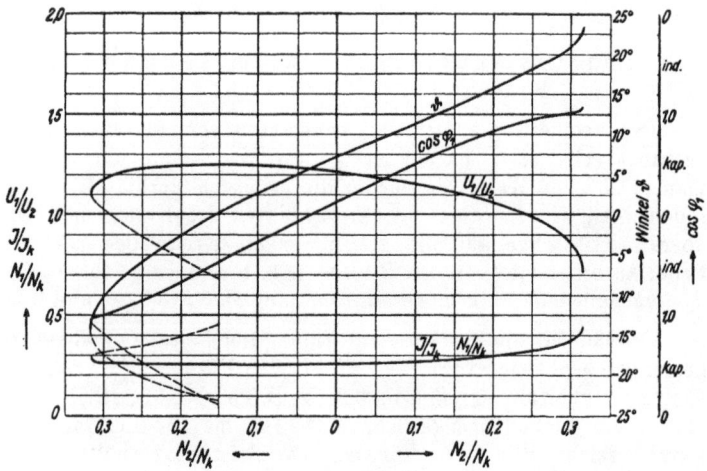

Bild 49.

leistungsverhältnisse (Bild 48 c) ergeben sich zwei geschlossene, fast kreisförmige Kurven um O und um M. Jedoch hat für den praktischen Betrieb nur die Kurve um O Bedeutung:

Die Zustände am Anfang der Leitung für das Scheinleistungsverhältnis 0,314 sind in Bild 49 in rechtwinkeligen Koordinaten, wieder abhängig vom sekundären Wirkleistungsverhältnis, dargestellt. Hier bekommt man für die Betriebszustände, wenn man das Kraftwerk am Anfang der Leitung Energie liefert, keine Doppelwerte, wohl aber im umgekehrten Fall. Trägt man die beiden anderen Fälle auf, so erhält man wieder Doppelwerte, von welchen natürlich nur je ein Ast im Betrieb brauchbar ist.

d) V i e r t e s A r b e i t s d i a g r a m m; s e k u n d ä r e
B l i n d l e i s t u n g k o n s t a n t.

Die geometrischen Örter für konstante Blindleistungsverhältnisse sind Parallele zur Y-Achse. Hierzu gehört natürlich auch

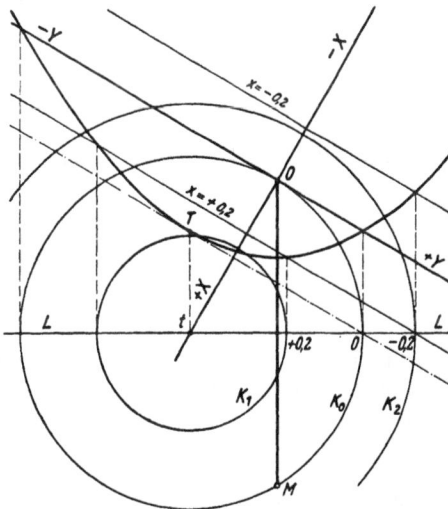

Bild 50.

die Y-Achse selbst, für welche das Blindleistungsverhältnis gleich Null ist. Die Y-Achse ist aber zugleich auch der geometrische Ort für die konstante Phasenverschiebung $\cos \varphi_2 = 1$. Dieser Fall ist uns bekannt; für die Schnittpunkte der unteren Kreisschar haben wir in diesem Fall einen K r e i s erhalten, dessen Mittelpunkt t

durch den Schnittpunkt der X-Achse mit der Leitlinie gegeben ist. In Bild 50 ist dieser Kreis dargestellt und mit K_0 bezeichnet. Außer diesem Grenzfall gibt es noch einen weiteren Grenzfall. Die Parallele zur Y-Achse für ein bestimmtes Blindleistungsverhältnis berührt die Parabel im Punkt T. Zu diesem Tangentenpunkt T findet man als zugehörigen geometrischen Ort der Schnittpunkte mit der unteren Schar einen P u n k t, nämlich den Punkt t, welcher auf der Leitlinie LL liegt.

Es ist nun zu erwarten, daß man für alle Parallelen zur Y-Achse, d. h. für alle konstanten Blindleistungsverhältnisse

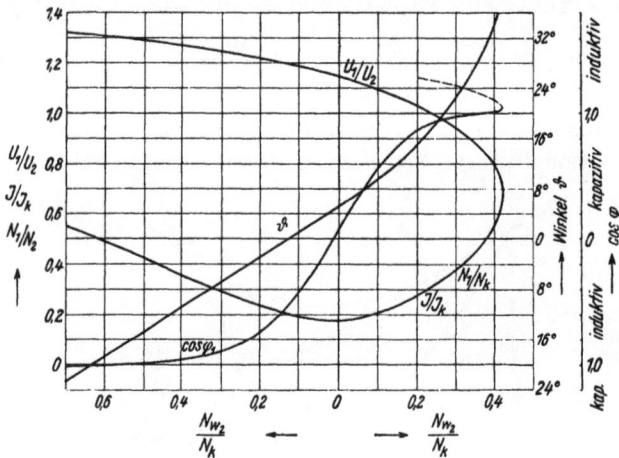

Bild 51.

K r e i s e erhält, deren Mittelpunkte in t liegen. In Bild 50 sind die beiden Parallelen zur Y-Achse durch die Blindleistungsverhältnisse $+ 0,2$ und $- 0,2$ nebst den zugehörigen Kreisen K_1 und K_2 dargestellt. Die Radien dieser Kreise findet man leicht, indem man die Schnittpunkte dieser Parallelen mit der Grenzparabel nach abwärts auf die Leitlinie lotet. In Bild 51 sind die Ergebnisse für das konstante Blindleistungsverhältnis $- 0,2$ im Koordinatensystem dargestellt. Auch hier erhält man wieder Doppelwerte.

Es ist sehr lehrreich, diese Untersuchungen für verschiedene Winkel Ψ durchzuführen. Man wird dann finden, daß die Spannungsänderungen bei veränderlicher Wirkleistung um so kleiner sind, je größer der Winkel Ψ ist. Dies ist leicht auf Grund der Geometrie der beiden Kreisscharen einzusehen.

e) Fünftes Arbeitsdiagramm; konstantes Spannungsverhältnis.

Es ist die wichtige Frage der Spannungsregulierung mit Hilfe einer veränderlichen sekundären Blindleistung zu untersuchen. Die Frage lautet: Wie muß bei veränderlicher Wirkleistung die Blindleistung geändert werden, damit das Spannungsverhältnis bei allen Belastungen konstant bleibt? In Bild 52 sind die drei Spannungskreise der oberen Schar mit dem Spannungsverhältnis 0,9, 1,0 und 1,1 gezeichnet. Um beim Wirkleistungs-

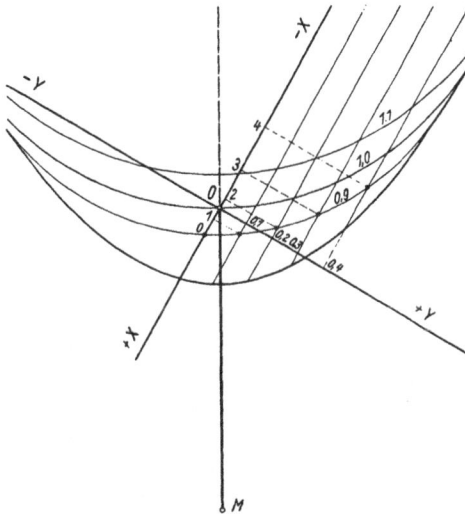

Bild 52.

verhältnis O beispielsweise das Spannungsverhältnis 0,9 zu erhalten, muß am Ende der Leitung das induktive Blindleistungsverhältnis gleich der Strecke Oo betragen. Auch beim Wirkleistungsverhältnis 0,1 ist immer noch ein induktives Blindleistungsverhältnis gleich der Strecke $O\,1$ zur Spannungshaltung des Verhältnisses 0,9 notwendig. Beim Wirkleistungsverhältnis 0,2 muß man bereits ein kapazitives Blindleistungsverhältnis einstellen, beim Wirkleistungsverhältnis 0,3 beträgt das kapazitive Blindleistungsverhältnis 0,3 usw. Führt man dieselbe Untersuchung durch, wenn das Spannungsverhältnis konstant und gleich 1,0 bzw. gleich 1,1 sein soll, dann findet man, daß stets ein kapazitives Blindleistungsverhältnis hierzu notwendig ist.

Bei jedem Spannungsverhältnis erhält man für jedes Wirkleistungsverhältnis z w e i Schnittpunkte mit den betreffenden Spannungsverhältniskreis. Dies zeigt Bild 53. Natürlich kann man im praktischen Betrieb nur die Werte der ausgezogenen Kurven verwenden.

Diese Untersuchung lehrt, daß man es durch geeignete Blindlasten erreichen kann, das Spannungsverhältnis bei allen Wirklasten k o n s t a n t zu halten, und zwar in der Weise, daß am

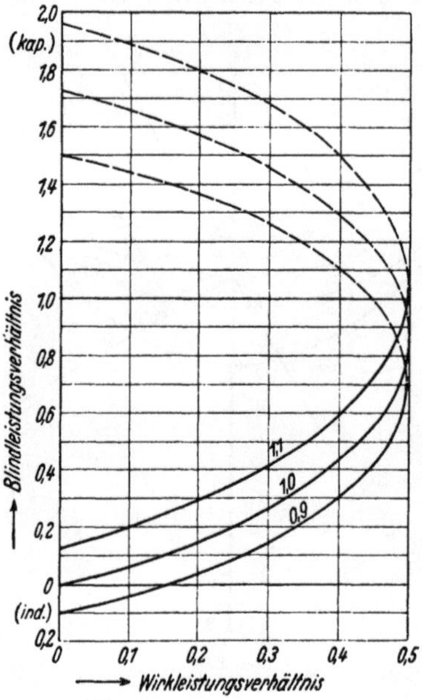

Bild 53.

Anfang und Ende der Leitung die g l e i c h e Spannung herrscht, aber auch so, daß am Ende der Leitung eine k l e i n e r e oder sogar eine g r ö ß e r e Spannung wie am Anfang vorhanden ist. Welche Spannungszustände sich hierbei längs der Leitung, also in den Punkten zwischen Anfang und Ende der Leitung ergeben, ist eine andere Frage. Diese wird später untersucht werden.

Da die Leitungen, besonders aber die Kabel selbst eine beträchtliche Kapazität besitzen, ist es nicht notwendig, die ganze kapazitive Blindleistung zum Zweck der Spannungsregulierung künstlich aufzubringen. Ein Teil derselben wird durch die Eigenkapazität der Leitung, die zur Hälfte auf das Ende der Leitung

verlegt ist, erzeugt. Andrerseits ist für den Fall, daß eine nacheilende Blindlast gefordert ist, diese so einzustellen, daß sie auch
die Kapazität der Leitung kompensiert.

f) Sechstes Arbeitsdiagramm; sekundäres
Wirkleistungsverhältnis konstant.

Die geometrischen Örter für konstante Wirkleistungsverhältnisse sind Parallele zur X-Achse des Koordinatensystems
(Bild 54). Wir haben hier zunächst wieder den ausgezeichneten

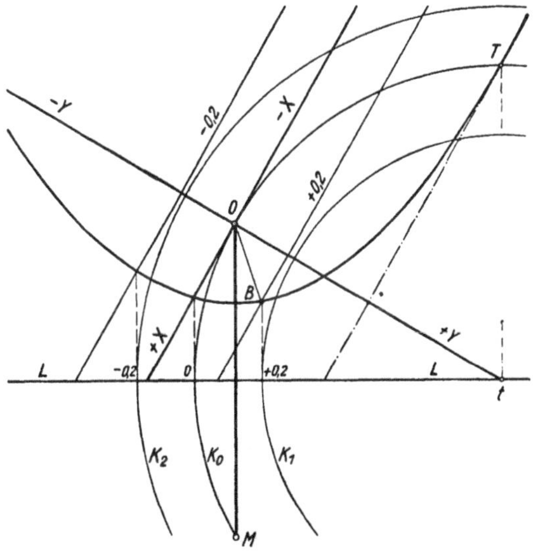

Bild 54.

Fall, nämlich die X-Achse selbst als geometrischen Ort für das
Wirkleistungsverhältnis Null. Es ist dies derselbe Fall, der bei
konstanter Phasenverschiebung für $\cos \varphi_2 = 0$ auftritt. Als
geometrischen Ort für die Schnittpunkte der unteren Kreisschar erhält man in diesem Fall den Kreis K_0, dessen Mittelpunkt t auf dem Schnittpunkt der Y-Achse mit der Leitlinie
liegt und welcher die X-Achse im Punkt O tangiert. Der
andere ausgezeichnete Fall wird erhalten, wenn man diejenige
Parallele zur X-Achse zeichnet, welche im Punkt T tangential
an die Grenzparabel anläuft. Hierfür erhält man wieder den
Punkt t auf der Leitlinie. Ist die Leitung am Ende mit dem Wirkleistungsverhältnis $+ 0,2$ belastet, so erhält man als geometrischen

Ort für die Zustände am Anfang der Leitung den Kreis K_1. Der Halbmesser dieses Kreises kann sehr leicht gefunden werden, indem man den Schnittpunkt der Parallelen zur X-Achse mit der Grenzparabel nach abwärts lotet bis zum Schnittpunkt mit der Leitlinie.

Liefert der Verbraucher am Ende der Leitung Energie nach dem Anfang, und zwar beispielsweise mit dem konstanten Wirkleistungsverhältnis — 0,2, dann erhält man mit Hilfe der gleichen Konstruktion den Kreis K_2 als geometrischen Ort für die Zustände am Anfang der Leitung.

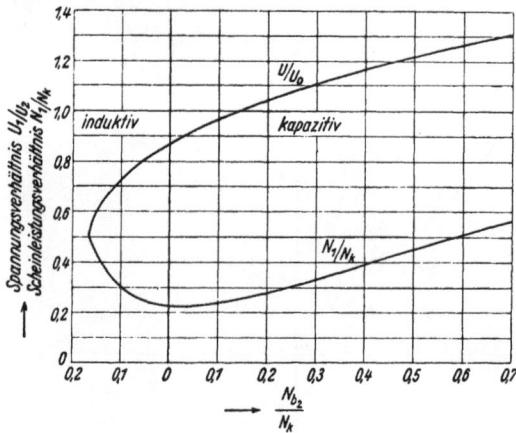

Bild 55.

Im Koordinatensystem ergeben sich für das Wirkleistungsverhältnis $+ 0,2$ die Kurven des Bildes 55. Man sieht, daß bei induktiver Belastung eine Spannungserniedrigung auftritt. Die höchstmögliche nacheilende Blindlast ist beim Scheinleistungsverhältnis OB vorhanden (Bild 54), wobei B auf der Grenzparabel liegt. Bei voreilender Blindlast nimmt das Spannungsverhältnis zu.

Damit sind die wichtigsten Arbeitsdiagramme untersucht. Man kann ihre Zahl noch vermehren, indem man beispielsweise die Zustände bei konstantem Wirkungsgrad usw. untersucht.

Natürlich erhält man, wie schon erwähnt wurde, die gleichen Ergebnisse auch bei Anwendung anderer Verfahren, so z. B. durch Aufzeichnen der Kreisdiagramme mit Hilfe der Inversion oder indem man von den Differentialgleichungen von den langen Leitungen ausgeht und auf die Anwendung von Ersatzschaltungen verzichtet[1]). Der hier eingeschlagene Weg zur Auffindung der Arbeitsdiagramme dürfte aber wegen seiner Einfachheit für die Praxis am geeignetsten sein.

3. Anhang; Ableitung von Formeln, Beweise.

Im folgenden sollen die früher verwendeten Formeln abgeleitet und die Beweise für die gefundenen Abhängigkeiten bei den Arbeitsdiagrammen gebracht werden.

Widerstände und Leitwerte der Vierpolschaltung. Für die Impedanz $\mathfrak{z}$ des Vierpols gilt die Gleichung

$$\mathfrak{z} = \mathfrak{Z}\ \mathfrak{Sin}\ \nu\, l;$$

darin sind sowohl $\mathfrak{Z}$ als auch ν komplex, und zwar sind

$$\mathfrak{Z} = Z\,(\cos\zeta + j\sin\zeta);\ \ \nu\, l = al + j\, bl.$$

Für $\mathfrak{Sin}\ \nu l$ findet man

$$\mathfrak{Sin}\ \nu l = \mathfrak{Sin}\ (al \cdot + j\, bl) = \mathfrak{Sin}\ al \cdot \mathfrak{Cos}\ j\, bl + \mathfrak{Cos}\ al \cdot \mathfrak{Sin}\ j\, bl;$$

$$\mathfrak{Sin}\ \nu l = \mathfrak{Sin}\ al \cdot \cos bl + j\, \mathfrak{Cos}\ al \cdot \sin bl = c + j\, d.$$

Mit $\mathfrak{Z}$ multipliziert und die reellen und imaginären Teile gesondert, ergibt

$$\mathfrak{Z}\ \mathfrak{Sin}\ \nu l = Z\,[(c\cos\zeta - d\sin\zeta) + j\,(d\cos\zeta + c\sin\zeta)];$$

also ist

$$R = Z\,(c\cos\zeta - d\sin\zeta) = Z\,(e - f);$$

$$\omega L = Z\,(d\cos\zeta + c\sin\zeta) = Z\,(g + h).$$

Für die Leitwerte am Anfang und Ende der Leitung gilt die Gleichung

$$\tfrac{1}{2}\,\mathfrak{G} = \frac{1}{\mathfrak{Z}}\ \frac{\mathfrak{Sin}\ \nu l}{1 + \mathfrak{Cos}\ \nu l};$$

für ν den obigen Wert eingesetzt ergibt für

$$\mathfrak{Cos}\ \nu l = \mathfrak{Cos}\ al \cdot \cos bl + j\,\mathfrak{Sin}\ al \cdot \sin bl;$$

demnach erhält man für

$$\mathfrak{Z}\ \mathfrak{Cos}\ \nu l = Z\,[(\cos\zeta + j\sin\zeta)\,(\mathfrak{Cos}\ al \cdot \cos bl + j\,\mathfrak{Sin}\ al \cdot \sin bl)].$$

Die Klammern ausmultipliziert und die reellen und imaginären Teile getrennt ergibt

---

[1]) Siehe Schrifttum am Ende des Buches.

$$\mathfrak{Z} \, \mathfrak{Cof} \, \mathsf{v}l = Z \, [(\cos \zeta \cdot \mathfrak{Cof} \, al \cdot \cos bl - \sin \zeta \cdot \mathfrak{Sin} \, al \cdot \sin bl) +$$
$$+ \, j \, (\cos \zeta \cdot \mathfrak{Sin} \, al \cdot \sin bl + \sin \zeta \cdot \mathfrak{Cof} \, al \cdot \cos bl)];$$

$$\mathfrak{Z} \, \mathfrak{Cof} \, \mathsf{v}l = Z \, [(i - k) + j \, (m + n)];$$

und demnach ist

$$\mathfrak{Z} + \mathfrak{Z} \, \mathfrak{Cof} \, \mathsf{v}l = Z \, [(\, \cos \zeta + j \sin \zeta) + (i - k) + j \, (m + n)];$$
$$= Z \, [(\, \cos \zeta + i - k) + j \, (\sin \zeta + m + n)];$$
$$= Z \, (p + j \, q).$$

Endlich wird

$$\tfrac{1}{2} \, \mathfrak{G} = \frac{\mathfrak{Sin} \, \mathsf{v}l}{Z \, (p + j \, q)} = \frac{c + j \, d}{Z \, (p + j \, q)}.$$

Zähler und Nenner mit $(p - j \, q)$ multipliziert ergibt

$$\tfrac{1}{2} \, \mathfrak{G} = \frac{(c + j \, d) \, (p - j \, q)}{Z \, (p^2 + q^2)} \, ;$$

$$= \frac{c \, p + d \, q}{Z \, (p^2 + q^2)} + j \, \frac{d \, p - c \, q}{Z \, (p^2 + q^2)} \, ;$$

also ist

$$\frac{A}{2} = \frac{c \, p + d \, q}{Z \, (p^2 + q^2)} \, ;$$

$$\frac{wC}{2} = \frac{d \, p - c \, q}{Z \, (p^2 + q^2)} \, .$$

Damit sind die früher angegebenen Formeln abgeleitet.

Ossanna-Diagramme[1]). Aus dem Diagramm des Bildes 2 kann man ablesen

$$U_0{}^2 = (U + RJ_w + \omega L J_b)^2 + (\omega L J_w - RJ_b)^2;$$

oder

$$1 = \left(\frac{U}{U_0} + \frac{RJ_w}{U_0} + \frac{\omega L J_b}{U_0}\right)^2 + \left(\frac{\omega L J_w}{U_0} - \frac{RJ_b}{U_0}\right)^2.$$

Man multipliziert beide Seiten mit $(U/U_0)^2$ und findet

$$\left(\frac{U}{U_0}\right)^2 = \left[\left(\frac{U}{U_0}\right)^2 + \frac{RN_w}{U_0{}^2} + \frac{\omega L N_b}{U_0{}^2}\right]^2 + \left[\frac{\omega L N_w}{U_0{}^2} - \frac{RN_b}{U_0{}^2}\right]^2. \qquad \text{(a)}$$

---

[1]) E. u. M. 1926, H. 6: „Neue Arbeitsdiagramme" von J. Ossanna.

Wir schreiben

$$U^2 = U_0{}^2 \left[(\tfrac{1}{2} + \xi)^2 + \eta^2 \right]; \qquad \text{(b)}$$

dabei ist

$$\tfrac{1}{2} + \xi = \left(\frac{U}{U_0} \right)^2 + \frac{R N_w}{U_0{}^2} + \frac{\omega L N_b}{U_0{}^2}.$$

Ersetzt man in dieser Gleichung das Spannungsverhältnis durch (b), dann ist

$$\left.\begin{aligned}
\tfrac{1}{2} + \xi &= (\tfrac{1}{2} + \xi)^2 + \eta^2 + R\,\frac{N_w}{U_0{}^2} + \omega L\,\frac{N_b}{U_0{}^2}; \\
\eta &= \omega L\,\frac{N_w}{U_0{}^2} - R\,\frac{N_b}{U_0{}^2}
\end{aligned}\right\} \qquad \text{(c)}$$

Führt man die Scheinleistung N_k des Kurzschlusses ein, dann ist

$$\left.\begin{aligned}
\xi^2 &= \tfrac{1}{4} - \eta^2 - \frac{R}{z}\,\frac{N_w}{N_k} - \frac{\omega L}{z}\,\frac{N_b}{N_k} \\
\eta &= \frac{\omega L}{z}\,\frac{N_w}{N_k} - \frac{R}{z}\,\frac{N_b}{N_k}.
\end{aligned}\right\} \qquad \text{(d)}$$

Nun ist

$$N_w = N \cos \varphi_2; \quad N_b = N \sin \varphi_2; \quad \frac{R}{z} = \cos \Psi; \quad \frac{\omega L}{z} = \sin \Psi;$$

deshalb kann man das Gleichungspaar auch in der Form schreiben

$$\left.\begin{aligned}
\xi^2 &= \left[\tfrac{1}{2} - \frac{N}{N_k} \cos (\Psi - \varphi_2) \right]^2 - \left(\frac{N}{N_k} \right)^2; \\
\eta &= \frac{N}{N_k} \sin (\Psi - \varphi_2).
\end{aligned}\right\} \qquad \text{(e)}$$

Für die graphische Bestimmung des Spannungsverhältnisses kann das Bild 41 wie folgt dargestellt werden (Bild 56): Man macht die Strecke MO gleich 1 gleich U_0/U_0; ferner OS gleich N/N_k unter dem Winkel $(\Psi - \varphi_2)$. Dann ist SB gleich η. Um ξ zu finden, errichtet man im Halbierungspunkt H von MO die Senkrechte und legt durch S die Parallele zu MO, welche die Senkrechte im Punkt E schneidet. Es ist dann

$$SE = HO - OB = \tfrac{1}{2} - \frac{N}{N_k} \cos (\Psi - \varphi_2).$$

Die Strecke SE stellt also nach Gl. (e) die Hypotenuse eines rechtwinkeligen Dreiecks mit den Katheten ξ und N/N_k. Um ξ zu finden, macht man EF gleich OS und beschreibt um F als Mittelpunkt den Kreisbogen mit dem Halbmesser SE. Dann erhält man die Schnittpunkte P_1 und P_2 und damit die gesuchte Kathete $\xi = EP_1 = EP_2$. Fällt man von P_1 und P_2 die Senkrechten auf MO, dann ist

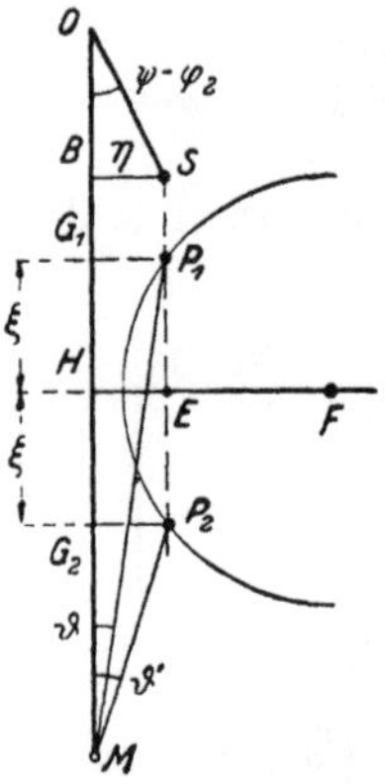

$$MG_1 = \tfrac{1}{2} + \xi; \quad MG_2 = \tfrac{1}{2} - \xi.$$

Damit sind zwei Spannungsverhältnisse bestimmt. Die Übertragung einer Leistung kann also bei zwei Spannungen erfolgen, die sehr verschieden voneinander sein können. Die kleinere Spannung kommt jedoch praktisch nicht in Betracht wegen der damit verbundenen großen Spannungsänderung und Übertragungsverluste.

Bild 56.

Die Übertragung der gegebenen Leistung ist nicht möglich, wenn ξ imaginär wird; dies ist nach Gl. (e) der Fall, wenn

$$\frac{N}{N_k} > \tfrac{1}{2} - \frac{N}{N_k} \cos (\Psi - \varphi_2).$$

Bei der maximal übertragbaren Scheinleistung N_m wird $\xi = 0$ oder

$$\frac{N_m}{N_k} = \tfrac{1}{2} - \frac{N_m}{N_k} \cos (\Psi - \varphi_2).$$

Diese Beziehung sagt aus, daß bei jeder Phasenverschiebung eine maximal übertragbare Scheinleistung vorhanden ist, welche nicht überschritten werden kann. In diesem Fall wird in Bild 56

$$OS = SE.$$

Daraus folgt, daß der geometrische Ort aller Endpunkte S der größten Scheinleistungsverhältnisse eine **Parabel** mit dem Brennpunkt in O und der Leitlinie HF ist (Grenzparabel).

Gleichung der oberen Kreisschar. Die Gl. (a) kann wie folgt umgeformt werden

$$\left(\frac{U}{U_0} \right)^2 = \left[\frac{R}{z} \left(\frac{U}{U_0} \right)^2 + \frac{N_w}{N_k} \right]^2 + \left[\frac{\omega L}{z} \left(\frac{U}{U_0} \right)^2 + \frac{N_b}{N_k} \right]^2;$$

wenn man setzt

$$y = \frac{N_w}{N_k}; \quad x = \frac{N_b}{N_k}.$$

dann wird

$$\left(\frac{U}{U_0}\right)^2 = \left[y + \frac{R}{z}\left(\frac{U}{U_0}\right)^2\right]^2 + \left[x + \frac{\omega L}{z}\left(\frac{U}{U_0}\right)^2\right]^2.$$

Dies ist die Gleichung einer K r e i s s c h a r mit den Radien U/U_0, deren Mittelpunkte auf der Verlängerung der Geraden MO liegen. Die Abstände der Mittelpunkte der einzelnen Kreise vom Punkt O ist jeweils gleich $(U/U_0)^2$.

G l e i c h u n g e n d e r A r b e i t s d i a g r a m m e. Mit Hilfe der vorstehenden Ableitungen kann man auch die Gleichungen für die Arbeitsdiagramme aufstellen.

K o n s t a n t e P h a s e n v e r s c h i e b u n g. Aus den Gl. (e) wird N/N_k eliminiert; dann ergibt sich

$$\xi^2 = \left[\frac{1}{2} - \eta\,\frac{\cos(\Psi - \varphi_2)}{\sin(\Psi - \varphi_2)}\right]^2 - \frac{\eta^2}{\sin^2(\Psi - \varphi_2)}.$$

Diese Gleichung stellt eine Kreisschar mit dem Parameter φ_2 dar; sämtliche Kreise gehen durch die Punkte M und O und ihre Mittelpunkte liegen auf der Leitlinie.

K o n s t a n t e S c h e i n l e i s t u n g. Aus den Gl. (e) wird φ_2 eliminiert; dann ergibt sich

$$(\xi^2 + \eta^2)^2 + \tfrac{1}{2}(\eta^2 - \xi^2) = \left(\frac{N}{N_k}\right)^2 - (\tfrac{1}{4})^2.$$

Dies ist eine Gleichung vierten Grades (C a s s i n i sche Kurven). Für $N/N_k = 0{,}25$ erhält man die Lemniskade; für $N/N_k < 0{,}25$ erhält man zwei geschlossene Kurven, je eine um O und eine um M. Für die Übertragung kommen jedoch nur die Werte der oberen Kurve in Frage. Für $N/N_k > 0{,}25$ erhält man eine einzig biskuitförmige Kurve.

K o n s t a n t e B l i n d l e i s t u n g. Aus den Gl. (d) wird N_w/N_k eliminiert; es wird dann

$$\xi^2 + \left(\eta + \frac{R}{2\,\omega L}\right)^2 = \left(\frac{z}{2\,\omega L}\right)^2 - \frac{z}{\omega C}\,\frac{N_b}{N_k}.$$

Dies ist die Gleichung einer Kreisschar, deren Mittelpunkt auf der Leitlinie liegt. Der Abstand des Mittelpunktes von H (Bild 56) ist gleich $R/2\,\omega L$ und liegt links von H.

Konstante Wirkleistung. Aus den Gl. (d) wird N_b/N_k eliminiert; es ergibt sich dann

$$\xi^2 + \left(\eta - \frac{\omega L}{2\,R}\right)^2 = \left(\frac{z}{2\,R}\right)^2 - \frac{z}{R}\,\frac{N_w}{N_k}.$$

Dies ist die Gleichung einer Kreisschar, deren Mittelpunkt auf der Leitlinie liegt; sein Abstand von H ist gleich $\omega L/2\,R$.

Damit sind die Formeln abgeleitet und die Konstruktionen der Arbeitsdiagramme analytisch begründet.

C. Die Fernleitung als Vierpolkette.

Bei der Darstellung der Fernleitung durch einen einfachen Vierpol handelt es sich, wie gezeigt wurde, darum, lediglich die Zustände am Anfang und Ende der Leitung bei den verschiedenen Belastungsbedingungen zu ermitteln. Die Frage, was sich l ä n g s der Freileitung, also in den Punkten z w i s c h e n Anfang und Ende abspielt, bleibt offen. Bei sehr langen Fernleitungen gewinnt aber diese Frage große Bedeutung; denn wenn auch beispielsweise die Spannungsverhältnisse am A n f a n g und am Ende der Leitung an sich befriedigen, so kann doch der Fall auftreten, daß die Leitung an irgendeiner Stelle eine unzulässig hohe Spannung aufweist. Besonders wenn es sich darum handelt, durch künstliche K o m p e n s a t i o n s e i n r i c h t u n g e n ein bestimmtes Spannungsverhältnis für Anfang und Ende der Leitung zu erzwingen, ist es zur Entscheidung der Frage, in welchen Abständen voneinander die Kompensationseinrichtungen angeordnet werden müssen, notwendig, die Spannungen längs der Leitungsabschnitte zwischen zwei Kompensationseinrichtungen zu ermitteln.

Die Aufgabe, die Zustände l ä n g s einer Fernleitung zu untersuchen, wird im folgenden behandelt. Wie schon erwähnt wurde, sollen hierbei der einheitlichen Darstellung halber die O s s a n n a - D i a g r a m m e Verwendung finden. Zu diesem Zweck teilen wir die ganze Leitungslänge in einzelne Stücke ein, sowie dies in Bild 35 dargestellt ist. Man erhält auf diese Weise eine Kette von Vierpolen. Für jedes einzelne Glied der Kette wenden wir die Diagramme so an, wie es im vorigen Abschnitt beim einfachen Vierpol gezeigt wurde, beginnend entweder beim letzten oder beim ersten Glied der Kette. Im folgenden werden wir stets beim letzten Glied beginnen und demnach auch die Zählung der einzelnen Leitungsstücke von hinten nach vorn durchführen. Alle Größen erhalten deshalb neben ihren bisherigen Beiwerten noch den Index I, II . . . . ., wenn sie für das Leitungsstück I, II . . . . . gelten. So sind beispielsweise $(U_2)_I$ und $(U_1)_I$ die Spannungen am Ende und am Anfang des Leitungsstückes I der Vierpolkette.

Wie wir anläßlich der Behandlung der Arbeitsdiagramme gesehen haben, ist es an sich nicht notwendig, zwischen mehreren Hauptformen der Energieübertragung zu unterscheiden. Man muß dann nur den Achsen des auf MO errichteten Koordinatensystems die entsprechenden Vorzeichen erteilen, wie dies bei den Arbeitsdiagrammen geschehen ist. An diesen Festsetzungen soll auch im folgenden festgehalten werden.

Für alle im folgenden zu entwickelnden Diagramme nehmen wir an, daß die Spannung $(U_2)_I$, also die Spannung am E n d e der Leitung und damit am Ende des Vierpols I konstant ist und dort Energie e m p f a n g e n wird. Dementsprechend sind das Wirkleistungsverhältnis $(N_{w2})_I$ mit $-y$ zu bezeichnen, das kapazitive Scheinleistungsverhältnis $(N_{b2})_I$ mit $+x$, das induktive mit $-x$; d. h. mit anderen Worten, es spielen sich alle Vorgänge in den beiden Quadranten $-Y + X$ und $-Y - X$ ab, was wir früher als erste Hauptform der Energieübertragung bezeichnet haben.

Wir werden im folgenden stets der deutlichen Konstruktion halber die Länge der einzelnen Leitungsstücke zu 200 km wählen; je kürzer man aber die Stücke wählt, um so genauer gleichen sich die Ergebnisse denjenigen der analytischen Rechnung an.

Als Beispiel soll wieder die Leitung mit den gleichen Belägen wie früher verwendet werden. Ferner sei stets angenommen, daß die Spannung $(U_2)_I$ gleich 57,7 kV und konstant sei.

Konstruktion und Rechnung gehen bei den folgenden Untersuchungen Hand in Hand; die Rechnungen führt man am besten tabellarisch durch. Für einige Fälle sollen im folgenden diese tabellarischen Rechnungen ausführlich besprochen werden.

Um den Einblick in die etwas schwerer zu überblickenden Verhältnisse zu erleichtern, ist es üblich, zuerst die v e r l u s t - f r e i e Leitung und dann die wahre, m i t V e r l u s t e n behaftete Fernleitung zu untersuchen. Dies soll auch im folgenden geschehen.

1. Die verlustfreie Fernleitung.

Für diese Leitung sind A_0 und R_0 gleich Null; die übrigen Leitungsbeläge sind wieder zu $\omega L_0 = 0{,}4$ Ohm $\cdot$ km^{-1} und $\omega C_0 =$

$3 \cdot 10^{-6}$ Siemens $\cdot$ km^{-1} gewählt. Im Schaltbild des Bildes 35 ist demnach für die 200 km langen Glieder der Kette zu setzen[1])

$$z = 200 \; \omega L_0 = \omega L = 80 \text{ Ohm}$$

$$\frac{\omega C}{2} = 200 \; \frac{\omega C_0}{2} = 300 \cdot 10^{-6} \text{ Siemens.}$$

a) Leerlauf.

Bei den hier gelagerten einfachen Fällen verwendet man am besten das Diagramm des Bildes 2 zur Ermittlung der Zustände auf der Leitung. Dies soll auch im folgenden geschehen. Im Bild 2 machen wir die Strecke MO für die Spannung im Punkt Null am Ende von I

$$MO = (U_0)_I = 57{,}7 \text{ kV.}$$

Der Strom $(J_0)_I$ in diesem Punkt ist bei der leerlaufenden Leitung gleich Null. Es ist verlangt, daß diese Spannung am Ende der Fernleitung konstant ist. Zwischen den Punkten Null und »2« liegt ein Kondensator; für

$$\frac{\omega C}{2} = 300 \cdot 10^{-6} \text{ Siemens.}$$

ergibt sich also der Strom im Punkt 2 des Leitungsstückes I zu

$$(J_2)_I = 57\,700 \cdot 300 \cdot 10^{-6} = 17{,}31 \text{ A.}$$

Dieser Strom ist kapazitiv, eilt also der Spannung um 90° vor. Er ruft in der Induktivität

$$z_I = 80 \text{ Ohm};$$

die Spannungsdifferenz ΔU_I hervor, wobei

$$\Delta U_I = 17{,}31 \cdot 80 = 1385 \text{ V.}$$

Diese Spannungsdifferenz ist senkrecht zum Strom und entgegen der Richtung von $(U_2)_I$ aufzutragen. Demgemäß herrscht an der Stelle 1 des Leitungsstückes I die Spannung

$$(U_1)_I = 57\,700 - 1385 = 56\,315 \text{ V.}$$

Dies ist zugleich die Spannung im Punkt Null des Stückes II; also

$$(U_0)_{II} = 56\,315 \text{ V.}$$

---

[1]) Bei Anwendung der genauen Formeln erhält man:

$$z = 79{,}36 \text{ Ohm}; \quad \frac{\omega C}{2} = 301{,}2 . 10^{-6} \text{ Siemens.}$$

An dieser Spannung liegt am Anfang des Leitungsstückes *I* wieder ein Kondensator. In diesen fließt der Strom

$$300 \cdot 10^{-6} \cdot 56\,315 = 16,9 \text{ A};$$

also fließt durch die Stelle Null zwischen *I* und *II* der Strom

$$(J_0)_{II} = 17,31 + 16,9 = 34,21 \text{ A}.$$

Diesen Strom und die zugehörige Spannung tragen wir in Bild 57 über der Leitungslänge auf, ebenso die Werte für $l = 0$ km.

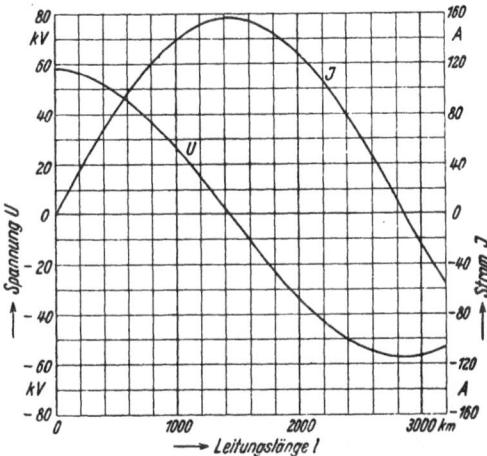

Bild 57.

Durch die Stelle 2 des Leitungsstückes *II* muß außerdem noch der Strom zufließen, den die dort angeschaltete Kapazität aufnimmt. Dieser Strom beträgt 16,9 A. Also fließt durch diesen Anschluß im ganzen der Strom

$$(J_2)_{II} = 51,11 \text{ A}.$$

Dieser Strom verursacht in z_{II} eine Spannungsdifferenz von 4,09 kV, so daß im Punkt *1* des Stückes *II* die Spannung von 52,23 kV herrscht. Der Strom des dort befindlichen Kondensators ist deshalb 15,67 A; also ist der Strom im Punkt Null zwischen *II* und *III*

$$(J_0)_{III} = 66,78 \text{ A}.$$

Diese Werte sind über $l = 400$ km aufgetragen.

In dieser Weise fährt man mit der Rechnung und Zeichnung fort und erhält damit den Verlauf der Spannung und des Stromes längs der Leitung (Bild 57).

Man sieht, daß die Spannung mit zunehmender Entfernung vom Leitungsende zunächst immer niedriger wird. Dementsprechend werden auch die Stromzuwächse immer kleiner, wobei aber der Gesamtstrom im ganzen doch noch weiter wächst. Schließlich erreicht die Spannung den Wert Null; in diesem Punkt der Leitung erreicht der Strom seinen Höchstwert. Von da ab wird die Spannung negativ und damit werden auch die Stromzuwächse negativ, d. h. der Gesamtstrom wird von da ab kleiner. Wenn die Spannung ihren negativen Höchstwert erreicht hat, ist der Strom schließlich gleich Null geworden. Unter dem Druck der negativen Spannung wächst der Strom allerdings wieder an, nimmt dabei aber negative Werte an und erreicht seinen Höchstwert bei der Spannung Null. Von da ab wächst die Spannung wieder zu positiven Werten an und vermindert dadurch den Strom. Dieser wird schließlich gleich Null, wenn die Spannung ihren ursprünglichen Wert von 57,7 kV erreicht hat. Setzt sich die Leitung noch weiter nach vorn fort, dann wiederholt sich das Bild der Strom- und Spannungsverteilung. Auf der Leitung bilden sich demnach zwei um 90° gegeneinander räumlich verschobene Sinuswellen aus, nämlich die Sinuswelle der Spannung und die Sinuswelle des Stromes. Die z e i t l i c h e Phasenverschiebung kommt auf der Leitung demnach durch die r ä u m l i c h e Verschiebung zum Ausdruck.

Da Strom und Spannung um 90° verschoben sind, ist die Phasenverschiebung längs der ganzen Leitung gleich 90°, der cos φ also gleich Null.

Man sieht, daß auf der Leitung Stellen vorhanden sind, in welchen dauernd entweder die Spannung oder der Strom gleich N u l l sind und ferner Stellen, in welchen diese Größen dauernd H ö c h s t w e r t e besitzen. Auf der Leitung bilden sich, wie man sich ausdrückt, »s t e h e n d e W e l l e n« der Spannung und des Stromes aus.

Hätten wir angenommen, daß am Ende der Leitung noch eine weitere Kapazität oder eine Induktivität angeschaltet, oder daß die Leitung dort kurzgeschlossen ist, dann hätten wir ebenfalls stehende Wellen auf der Leitung erhalten. Die s,t e- h e n d e n Wellen sind demnach bei einer verlustfreien Leitung die Übertragungsform bei reiner B l i n d l a s t.

Für den Fall, daß die Leitung eine Länge von beispielsweise 1000 km besitzt, gerechnet vom Ende der Leitung an, dann müßte das Kraftwerk am Anfang dieser Leitung die Spannung von nur 26,29 kV halten, wenn am Ende der Leitung die Spannung von 57,7 kV herrschen soll. Diese Erscheinung der Spannungserhöhung gegen das Ende der Leitung zu nennt man nach ihrem Entdecker »F e r r a n t i - E f f e k t«.

Es gibt zwar in der Praxis keine verlustfreien Leitungen; jedoch besitzen manche Leitungen einen so kleinen Widerstand R_0 und eine so kleine Ableitung A_0, daß sie der verlustfreien Leitung sehr nahe kommen. Bei diesen Leitungen kann sich deshalb im praktischen Betrieb der Ferranti-Effekt tatsächlich bemerkbar machen.

Daraus ergibt sich für den Betrieb solcher Leitungen die folgende Schwierigkeit: Wenn die leerlaufende Leitung plötzlich belastet wird, dann sinkt die Spannung am Ende der Leitung rasch auf niedrige Werte; es besteht dann die Gefahr, daß die am Ende der Leitung laufenden Synchronmaschinen außer Tritt fallen, wenn im Kraftwerk am Anfang der Leitung die Spannung nicht rasch genug nachreguliert wird. Die Erscheinung des Ferranti-Effektes stellt also große Anforderungen an die Konstanthaltung der Spannung.

Bei Freileitungen von 200 km Länge macht sich der Ferranti-Effekt selbst bei einer verlustfreien Leitung nur w e n i g bemerkbar. Die Spannungserhöhung am Ende der Leitung beträgt hierbei nur 2,45% von der Spannung, die am Anfang der Leitung herrscht.

Die Länge der Leitung, über welche eine ganze Periode der Spannung oder des Stromes verteilt ist, nennt man »W e l l e n-l ä n g e«. Sie beträgt beim gewählten Beispiel 5740 km, wie das Bild 57 zeigt.

Bei der verlustfreien Leitung schwingt die Energie stets zwischen den Kondensatoren und den Induktivitäten der einzelnen Leitungsstücke hin und her und da Verluste nicht auftreten, muß sein

$$\frac{LJ_0{}^2}{2} = \frac{CU_0{}^2}{2};$$

oder

$$J_0 = \frac{U_0}{\sqrt{L/C}}.$$

Diese Gleichung stellt das Ohmsche Gesetz für den Zusammenhang zwischen Strom und Spannung auf einer langen Leitung dar; der Wurzelausdruck im Nenner (Ohm) ist der sogenannte

»S c h w i n g u n g s w i d e r s t a n d Z«. Er wird bei der Fernleitung auch »W a n d e r w e l l e n w i d e r s t a n d« genannt. Durch Einsetzen der Zahlenwerte des gewählten Beispiels findet man $Z = 365$ Ohm. Für eine Spannung von 57,7 kV ergibt sich demnach ein Strom von

$$J_0 = \frac{57\,700}{365} = 158 \text{ A.}$$

Durch die schrittweise Berechnung sind wir auch ziemlich genau auf diesen Wert gekommen, nämlich auf 157,57 A, da beim Abstand von etwa 1440 km der Strom diesen Maximalwert besitzt.

b) B e l a s t u n g.

1. F a l l. Es soll jetzt der Zustand auf der Leitung bei B e l a s t u n g untersucht werden. Wie bei der leerlaufenden Leitung haben wir auch hier anzunehmen, daß am Anfang und Ende eines jeden Leitungsstückes je die Hälfte der gesamten Leitungskapazität der einzelnen Stücke ausgeschaltet ist. Am Ende des ersten Stückes nimmt dieser die Blindleistung auf

$$(N_{b2})_I = 57\,700^2 \cdot 300 \cdot 10^{-6} = 1000 \text{ bkW.}$$

Für die anzustellenden Untersuchungen wenden wir das O s s a n n a - Diagramm an. Es ist demnach die Scheinleistung des verkehrten Kurzschlusses für das Leitungsstück I zu berechnen; es ist

$$(N_k)_I = \frac{57\,700^2}{80} = 41\,616 \text{ kVA;}$$

und damit ergibt sich für das Blindleistungsverhältnis der am Ende angeschalteten Kapazität

$$(x_2)_I = \frac{1000}{41\,616} = +\,0{,}024.$$

In Bild 58 errichten wir die Strecke MO und tragen in O das Achsenkreuz unter dem Winkel $\Psi = 90^0$ auf, da die Leitung v e r l u s t f r e i ist.

Es soll nun der Fall untersucht werden, daß außer der kapazitiven Belastung $(N_{b2})_I$ noch eine W i r k l e i s t u n g vorhanden sei. Für diese wählen wir beispielsweise einen solchen Wert, daß die Spannung $(U_1)_I$ am Anfang des Stückes I ebenfalls 57,7 kV beträgt. Die Leistungsübertragung soll also mit dem Spannungsverhältnis 1 erfolgen. Es ist dies unter allen möglichen Belastungen ein besonders interessanter Fall.

Die Wirkbelastung für diesen Fall finden wir, indem wir auf der X-Achse durch den Punkt $(x_2)_I = + 0,024$ die Parallele zur Y-Achse zeichnen. Diese schneidet den Kreis des Spannungs-

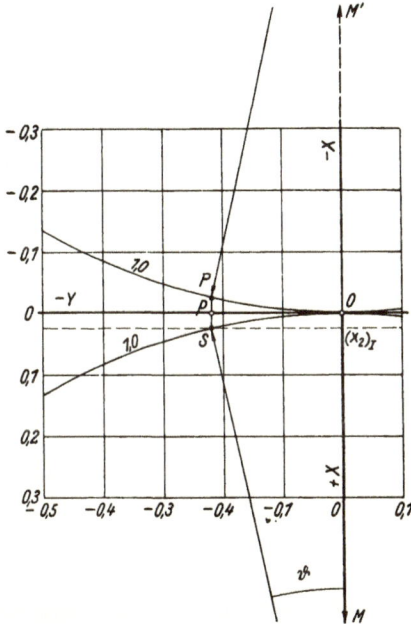

Bild 58.

verhältnisses 1 der unteren Kreisschar im Punkt S mit den Koordinaten

$$(y_2)_I = - 0,2193; \quad (x_2)_I = + 0,024.$$

Damit erhalten wir die gesuchte Wirkbelastung zu

$$(N_{w2})_I = - 0,2193 \cdot 41\,616 = - 9120 \text{ kW}.$$

Diese Leistung nennt man »n a t ü r l i c h e   L e i s t u n g« der Leitung, weil sie ohne zusätzlich eingeschaltete Kapazität, also lediglich dank der Eigenkapazität der Leitung zum Spannungsverhältnis 1 führt.

Hierfür finden wir die Leistungen am Anfang von I, indem wir von S aus lotrecht nach aufwärts gehen bis zum Schnittpunkt P mit dem Kreis des Spannungsverhältnisses 1 der oberen Kreisschar. Dieser Punkt hat die Koordinaten

$$(y_1)_I = -0,2193; \quad (x_1)_I = -0,024;$$

$(x_1)_I$ ist also ebenso groß wie $(x_2)_I$, aber negativ. Multipliziert man diese Zahlen mit der Scheinleistung des Kurzschlusses, dann findet man die Leistungen am Anfang von I zu

$$(N_{w1})_I = -0,2193 \cdot 41\,616 = -9120 \text{ kW};$$

$$(N_{b1})_I = -0,024 \cdot 41\,616 = -1000 \text{ bkW}.$$

Nun ist zu bestimmen, welche Leistungen durch den zwischen I und II liegenden Punkt Null der Leitung hindurchströmen. Dies sind erstens die eben berechneten Wirk- und Blindleistungen im Punkt 1 des letzten Stückes; zweitens muß aber auch noch die Leistung zufließen, welche der Kondensator am Anfang von I aufnimmt. Dieser Kondensator liegt an der Spannung $(U_0)_{II}$, die natürlich gleich $(U_1)_I$ ist; also wird

$$(U_0)_{II}{}^2 \cdot \frac{\omega C}{2} = 57\,700^2 \cdot 300 \cdot 10^{-6} = 1000 \text{ bkW}.$$

Dieser Blindleistung entspricht ein Blindleistungsverhältnis von $+0,024$. Diese Blindleistung von 1000 bkW ist zur Blindleistung $(N_{b1})_I$ zu addieren und erhält damit für das Blindleistungsverhältnis im Punkt Null

$$(x_0)_{II} = -0,024 + 0,024 = 0.$$

An der durch den Punkt Null hindurchfließenden Wirkleistung ändert sich nichts, da keine Verluste vorhanden sind; es ist also

$$(y_0)_{II} = -0,2193.$$

Der Punkt mit den Koordinaten $(y_0)_{II}$, $(x_0)_{II}$ liegt also auf der $-Y$-Achse und ist in Bild 58 mit p bezeichnet. Dem Leitungsstück I fließt demnach durch den Punkt Null dieses Stückes eine reine Wirklast zu.

Nun gehen wir zum Leitungsstück II über. Der Punkt 2 dieses Vierpols ist belastet, erstens durch die eben berechnete Wirkleistung im Punkt Null, zweitens aber noch durch die Blindleistung, welche der am Ende von II liegende Kondensator aufnimmt. Die Spannung in diesem Punkt ist

$$(U_2)_{II} = (U_0)_{II} = (U_1)_I = 57,7 \text{ kV};$$

also ist

$$(U_2)_{II}{}^2 \cdot 300 \cdot 10^{-6} = 1000 \text{ bkW};$$

eine weitere Blindleistung ist nicht vorhanden, also ist

$$(x_2)_{II} = +\,0{,}024.$$

An der Wirkleistung hat sich nichts geändert; also ist

$$(y_2)_{II} = (y_0)_{II} = -\,0{,}2193.$$

Tragen wir den Punkt mit den genannten Koordinaten in das Diagramm ein, dann erhalten wir wieder den Punkt S.

Ermittelt man in gleicher Weise die Zustände am Anfang des Leitungsstückes II, dann kommt man erneut auf die Punkte P und p im Diagramm des Bildes 58. Dies gilt natürlich auch

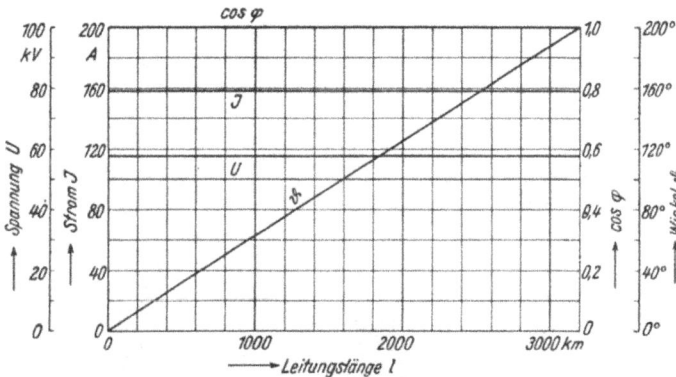

Bild 59.

für alle weiteren Stücke der Leitung. Das Spannungsverhältnis ist durch die Strecke MS im Diagramm dargestellt und gleich 1. Also ist die Spannung in allen Punkten der Leitung gleich 57,7 kV, da das Spannungsverhältnis MS in allen Punkten Null der Leitung herrscht.

Über der Leitungslänge aufgetragen erhält man also für die Spannung U eine P a r a l l e l e zur Leitungsachse (Bild 59).

Nunmehr soll ermittelt werden, wie groß der S t r o m, die P h a s e n s c h i e b u n g und der S p a n n u n g s w i n k e l ϑ sind.

Die Strecke Op auf der Y-Achse stellt, wie bekannt, zugleich auch das Verhältnis des Stromes zum Kurzschlußstrom dar. Für den Kurzschlußstrom der einzelnen Leitungsstücke findet man

$$J_k = \frac{57\,700}{80} = 721{,}25 \text{ A.}$$

Die Strecke Op ist gleich $y_0 = 0,2193$; also ist der S t r o m in allen Punkten der Leitung

$$J_0 = 0,2193 \cdot 721,25 = 158 \text{ A.}$$

Also ist auch der Strom längs der ganzen Leitung k o n s t a n t (Bild 59). Man sieht, daß dies derselbe Wert ist, den die l e e r - l a u f e n d e Leitung in den Punkten des Strommaximums besitzt.

Dieser Strom ist i n P h a s e mit der Spannung; denn die Y-Achse, auf welcher die Strecke Op liegt, ist der geometrische Ort für $\cos\varphi = 1$; also ist auch die P h a s e n v e r s c h i e b u n g eine Gerade p a r a l l e l zur Leitungsachse.

Endlich haben wir noch den W i n k e l ϑ aus dem Diagramm zu entnehmen. Es ist dies der Winkel, welchen die Strecke MS mit MO einschließt. Wir messen ihn zu

$$\vartheta = 12^0\ 30'\ 24''.$$

Am Anfang der Stücke II, III usw. hat ϑ den doppelten, den dreifachen Wert usw. Für ϑ erhält man demnach eine proportional mit der Leitungslänge ansteigende Gerade (Bild 59).

Den Vorgang auf der Leitung kann man sich wie folgt vorstellen. In die Leitung wandern vom Kraftwerk her eine Strom- und eine Spannungswelle hinein und setzen die einzelnen Stellen der Leitung nacheinander unter Strom und Spannung. An Hand der Schaltung für die Vierpolkette erkennt man, daß die Stromquelle am Anfang der Leitung zunächst den dort angeschalteten Kondensator auflädt. An der Spannung dieses Kondensators liegt das folgende Leitungsstück. Nunmehr wird die Kapazität am Ende dieses Leitungsstückes aufgeladen usw. Die in die Leitung hineinwandernde Stromwelle setzt demnach die Leitungsstücke n a c h e i n a n d e r (vom Anfang her gerechnet) dadurch unter Spannung, daß sie die Kondensatoren der Reihe nach auflädet. Den ganzen Strom, den die Stromwelle hierbei mit sich führt, nimmt am Schluß der Leitung der dort angeschaltete Widerstand mit der oben angegebenen Größe auf; die Stromwelle wird also von der am Ende angeschalteten Belastung v e r - s c h l u c k t. Man nennt diese Strom- und Spannungswellen »r e i n f o r t s c h r e i t e n d e W e l l e n« im Gegensatz zu den stehenden Wellen bei der unbelasteten Leitung. Wir können uns jetzt auch vorstellen, wie die stehenden Wellen zustande kommen. Bei der leerlaufenden Leitung wandern die Strom- und Spannungswellen in genau g l e i c h e r Weise in die Leitung hinein; da aber die Leitung am Ende offen ist, kann die ankommende Strom-

welle nicht verschluckt werden, sie wird vielmehr am Leitungsende a u f g e s t a u t und diese Stauung teilt sich nacheinander
der Leitung mit bis zu ihrem Anfang. Man drückt dies so aus,
daß die Stromwelle am Ende der Leitung »r e f l e k t i e r t« wird
und daß die reflektierte Welle vom Ende der Leitung nach dem
Anfang z u r ü c k w a n d e r t. Die vom Anfang her vorwärts-
schreitenden Wellen und die vom Ende her reflektierten Wellen
ergeben zusammen bei der leerlaufenden Leitung die s t e h e n d e n
Wellen. Im Gegensatz hierzu ist also die verlustfreie Leitung bei
der oben angenommenen Belastung »reflexionsfrei«.

Stellen wir uns die fortschreitenden Wellen durch eine
Reihe von Pendeln vor, welche längs der ganzen Leitung auf-
gehängt sind und quer zu ihr schwingen können. Bei den fortschreitenden Wellen ahmt jedes Pendel die Bewegung des vorhergehenden mit einer zeitlichen Verzögerung nach; es machen aber
alle Pendel gleich große Ausschläge, jedes derselben mit der
gleichen Verspätung gegen das vorhergehende. Kein Pendel steht
dauernd still. Vor und hinter einem Pendel, das eben die Ruhelage
passiert, befinden sich die Pendel zwar auf verschiedenen Seiten,
bewegen sich jedoch nach derselben Richtung. Vor und hinter
einem Pendel, das eben seinen größten Ausschlag erreicht hat,
bewegen sich die Pendel nach verschiedenen Richtungen; die davor
liegenden vergrößern noch ihren Ausschlag, die dahinter liegenden
verringern ihn bereits[1]). Praktisch könnte man die fortschreitenden
Wellen an einem solchen Pendelmodell verwirklichen, indem
man alle Pendel durch eine Latte auf den gleichen Ausschlag
bringt und dann die Latte seitlich mit konstanter Geschwindig-
keit, parallel zu sich selbst, herauszieht, so daß ein Pendel nach
dem andern frei wird und zu schwingen anfängt.

Die Übertragung mit der n a t ü r l i c h e n Leistung der
Leitung ist die i d e a l e Übertragungsform, weil an allen Stellen
der Leitung das Spannungsverhältnis 1 auftritt, allerdings mit
zeitlicher Verspätung gegeneinander.

Es wurde früher erwähnt, daß der Spannungswinkel ϑ, den
die Spannungen am Anfang und Ende einer Leitung bilden, aus
Gründen der Stabilität nicht größer als 12 bis 15° sein soll. Wir
sehen, daß bei der idealen Übertragungsform dieser Winkel schon
bei einer Leitungslänge von etwa 200 km erreicht wird. Ähnliche
Werte ergeben sich bei wirklichen Leitungen, deren Verluste sehr
klein sind und die deshalb der idealen verlustfreien Leitung sehr

---

[1]) F. E m d e: Sinusrelief und Tangensrelief. Vieweg & Sohn,
Braunschweig 1924; S. 28.

nahe kommen. Daraus erkennt man, daß die Übertragung auf Entfernungen von weit mehr als 200 km aus Gründen der Stabilität des Parallelbetriebes der am Anfang und Ende angeschlossenen Synchronmaschinen ohne besondere Maßnahme n i c h t   m ö g l i c h ist. Man kommt jedoch um diese Schwierigkeit herum, wenn etwa alle 200 km ein Kraftwerk oder ein Unterwerk mit Synchronmaschinen vorhanden ist.

Es wurde gezeigt, daß bei Belastung einer Leitung mit einer gewissen Belastung rein fortschreitende Wellen vorhanden sind und Reflexionen der Strom- und Spannungswellen nicht auftreten. Man muß nun die Frage stellen, wie groß man einen Belastungswiderstand R_V am Ende der Leitung beim Verbraucher wählen müßte, um damit die Leitung mit der natürlichen Leistung zu belasten. Am Ende der Leitung muß bei reflexionsfreier Spannungswelle die Spannung von 57,7 kV herrschen. Der Strom, den der Widerstand Rp am Ende der Leitung aufnimmt, muß demnach einen Spannungsabfall von 57,7 kV aufweisen. Den Strom der fortschreitenden Stromwelle haben wir zu 158 A gefunden. Es muß also beim reflexionsfreien Vorgang sein:

$$Rp \cdot 158 = 57\,700 \text{ V};$$

daraus findet man, daß

$$Rp = 365 \text{ Ohm} = Z;$$

denn den Wert von 365 Ohm haben wir oben als Wellenwiderstand der Leitung berechnet.

Es ist nun die Frage, was auf der Leitung vor sich geht, wenn man die Leistung am Ende der Leitung kleiner oder größer als die Wellenleistung wählt. Den einen Grenzfall kennen wir, nämlich den Fall, daß die Leitung am Ende mit einem unendlich großen Widerstand belastet ist, also mit einem Widerstand $R_V > Z$. Es ist dies der Fall des Leerlaufes. Hierbei haben wir keine fortschreitenden, sondern s t e h e n d e Wellen erhalten.

Bei der Untersuchung der leerlaufenden Leitung wurde erwähnt, daß stehende Wellen auch bei Belastung mit reiner induktiver oder kapazitiver Blindleistung oder bei Kurzschluß der Leitung auftreten. Der Kurzschluß ist aber der Grenzfall, daß $R_V = 0$, also $R_V < Z$ ist. Auch in diesem Fall hat man also keine fortschreitenden Wellen, sondern s t e h e n d e Wellen. Zusammenfassend kann man demnach sagen: Die Übertragung mit rein f o r t s c h r e i t e n d e n Wellen ist die Übertragungsform bei einer verlustfreien Leitung, welche am Ende mit dem W e l l e n w i d e r s t a n d belastet ist. Bei allen anderen Be-

lastungen treten auch bei der verlustfreien Leitung keine rein
fortschreitenden Wellen auf. Wir werden bei der mit Verlusten
behafteten Leitung erfahren, daß hier rein fortschreitende Wellen
überhaupt nicht auftreten können.

B e l a s t u n g; 2. F a l l. Es soll im folgenden noch ein
zweiter Fall untersucht werden, bei welchem die Belastung
zwischen den Grenzfällen des Leerlaufes und Kurzschlusses liegt
und beispielsweise doppelt so groß ist wie die natürliche Belastung.

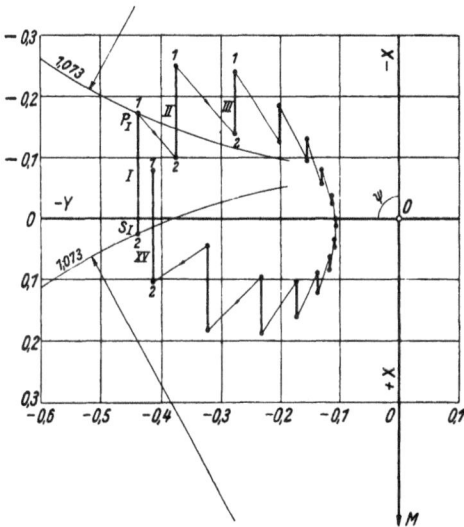

Bild 60.

Die Spannung $(U_2)_I$ ist wieder 57,7 kV und die Kurzschlußleistung wie vorher $(N_k)_I = 41\,616$ kVA. Die Wirk- und Blindleistungen (kapazitiv) am Ende sollen betragen

$$(N_{w2})_I = -\,18\,252{,}8 \text{ kW}; \quad (N_{b2})_I = 1000 \text{ bkW};$$

damit ergeben sich die Leistungsverhältnisse zu

$$(y_2)_I = -\,0{,}4386; \quad (x_2)_I = +\,0{,}024.$$

Das Wirkleistungsverhältnis beträgt das Doppelte wie bei der
natürlichen Leistung, während die kapazitive Belastung unverändert ist, entsprechend des die Kapazität der Leitung ersetzenden
und in seiner Größe unveränderten Endkondensators.

10*

Den Punkt S_I mit diesen Koordinaten trägt man in das Diagramm ein (Bild 60) und findet, daß er auf dem Spannungsverhältniskreis 1,073 der unteren Kreisschar liegt. (Den Radius dieses Spannungskreises ermittelt man am besten durch Abmessen der Strecke MS_I.) Demnach ist die S p a n n u n g $(U_1)_I$ = 62,4 kV.

Nun geht man im Diagramm lotrecht nach aufwärts bis zum Schnittpunkt P_I mit dem gleichnamigen Kreis der oberen Schar. (Am besten bildet man $1,073^2 = 1,1513$, trägt die Strecke von 11,513 cm an O auf der Verlängerung von MO auf und schlägt vom gefundenen Endpunkt M' dieser Strecke als Mittelpunkt den Kreisbogen mit dem Halbmesser von 10,73 cm.) Das Lot in S_I schneidet diesen Kreisbogen in P_I mit den Koordinaten

$$(y_1)_I = -0,4386; \quad (x_1)_I = -0,173.$$

Die zugehörigen Leistungen findet man durch Multiplikation dieser Werte mit der Kurzschlußscheinleistung zu

$$(N_{w1})_I = -18\,260 \text{ kW}; \quad (N_{b1})_I = -7200 \text{ bkW}.$$

Nun kann man die L e i s t u n g e n berechnen, welche durch den Punkt Null fließen; an der Wirkleistung ändert sich nichts, es ist also

$$(N_{w0})_{II} = -18\,260 \text{ kW}.$$

Die Blindleistung wird um den Betrag größer, den der Kondensator am Anfang des Leitungsstückes I aufnimmt. Diese Blindleistung ist

$$(U_0)_{II}^2 \cdot \frac{\omega C}{2} = 1168 \text{ bkW};$$

also ist

$$(N_{b0})_{II} = -7200 + 1168 = -6032 \text{ bkW}.$$

Dividiert man diese Werte durch die Scheinleistung des Kurzschlusses, die an dieser Stelle den Betrag besitzt

$$(N_{k0})_{II} = \frac{62\,400^2}{80} = 48\,700 \text{ kVA},$$

dann erhält man

$$(y_0)_{II} = -0,375; \quad (x_0)_{II} = -0,1238.$$

Diese Werte sind in der Tabelle 2, Zeile I eingetragen.

Tabelle 2. **Die verlustfreie Leitung mit Belastung.**

Glied-Nr.	U_0 kV	N_{kv} kVA	$U'_2{}^2 \omega L$ kVA	N_{w_2} kW	y_2	N_{b_2} kVA	x_2
I	57,7	41 616	—	18 252	−0,4386	+ 1 000	+ 0,024
II	62,4	48 700	− 2336	18 260	−0,375	− 4 864	− 0,099
III	72,4	65 530	− 3145	18 250	−0,279	− 9 075	− 0,138
IV	85,0	90 300	− 4335	18 250	−0,202	− 11 365	− 0,126
V	96,5	116 400	− 5587	18 250	−0,157	− 11 113	− 0,096
VI	106,9	142 850	− 6857	18 250	−0,128	− 8 273	− 0,058
VII	114,1	162 740	− 7812	18 250	−0,112	− 3 748	− 0,023
VIII	117,6	173 000	− 8298	18 250	−0,106	+ 2 118	+ 0,012
IX	117,0	171 100	− 8213	18 250	−0,107	+ 8 213	+ 0,048
X	112,0	156 800	− 7526	18 250	−0,116	+ 13 346	+ 0,085
XI	103,5	133 900	− 6427	18 250	−0,136	+ 16 307	+ 0,122
XII	92,2	106 300	− 5100	18 250	−0,172	+ 17 030	+ 0,160

Fortsetzung der Tabelle 2.

Glied-Nr.	U_1 kV	y_1	N_{w_1} kW	x_1	N_{b_1} kVA	y_0	x_0
I	62,4	— 0,4386	18 260	— 0,173	— 6 032	— 0,375	— 0,124
II	72,4	— 0,375	18 250	— 0,251	— 10 647	— 0,279	— 0,162
III	85,0	— 0,279	18 250	— 0,240	— 13 532	— 0,202	— 0,150
IV	96,5	— 0,202	18 250	— 0,185	— 13 907	— 0,157	— 0,120
V	106,9	— 0,157	18 250	— 0,130	— 11 701	— 0,128	— 0,082
VI	114,1	— 0,128	18 250	— 0,081	— 7 655	— 0,112	— 0,047
VII	117,6	— 0,112	18 250	— 0,038	— 2 031	— 0,105	— 0,012
VIII	117,0	— 0,105	18 250	0	0	— 0,106	+ 0,024
IX	112,0	— 0,106	18 250	+ 0,034	+ 5 820	— 0,116	+ 0,056
X	103,5	— 0,116	18 250	+ 0,063	+ 9 880	— 0,136	+ 0,098
XI	92,2	— 0,136	18 250	+ 0,089	+ 11 930	— 0,172	+ 0,136
XII	79,2	— 0,172	18 250	+ 0,103	+ 10 940	— 0,233	+ 0,164

Wir kommen jetzt zum Leitungsstück II. Die Spannung $(U_2)_{II}$ ist gleich $(U_1)_I$, also gleich 62,4 kV. An dieser Spannung liegen die Kapazitäten vom Anfang des Leitungsstückes I und vom Ende des Stückes II. In beide zusammen fließt der Blindstrom

$$(U_2)_{II}{}^2 \cdot \omega C = 2336 \text{ bkW.}$$

Die Wirkleistung bleibt unverändert gleich $- 18\,260$ kW. Die Scheinleistung des Kurzschlusses ist

$$(N_{k2})_{II} = \frac{(U_2)_{II}{}^2}{80} = 48\,700 \text{ kVA;}$$

also werden die Leistungsverhältnisse

$$(y_2)_{II} = - 0,375; \quad (x_2)_{II} = + 0,099.$$

Der Punkt mit diesen Koordinaten ist in Bild 60 an der mit II bezeichneten Linie als Punkt »2« eingetragen. Dieser Punkt liegt auf dem Spannungsverhältniskreis 1,162, also ist

$$(U_1)_{II} = 72,4 \text{ kV.}$$

Geht man lotrecht nach oben bis zum Schnittpunkt mit dem gleichnamigen Kreis der oberen Schar, dann findet man für die Koordinaten dieses Schnittpunktes

$$(y_1)_{II} = - 0,375; \quad (x_1)_{II} = - 0,251.$$

Dementsprechend sind die Leistungen

$$(N_{w1})_{II} = - 18\,250 \text{ kW; } (N_{b1})_{II} = - 12\,220 \text{ bkW.}$$

Nun sucht man diejenigen Leistungen auf, welche durch den vor dem Leitungsstück II liegenden Punkt Null fließt. Die Wirkleistung $(N_{w0})_{II}$ bleibt unverändert; die Blindleistung wird um den Betrag

$$(U_0)_{III}{}^2 \cdot \frac{\omega C}{2} = 1572,5 \text{ bkW}$$

größer als $(N_{b1})_{II}$, also gleich

$$(N_{b0})_{III} = - 12\,220 + 1572,5 = - 10\,647 \text{ bkW.}$$

Die Kurzschlußleistung an diesem Punkt beträgt

$$\frac{(U_0)_{III}{}^2}{80} = 65\,530 \text{ kVA;}$$

also findet man

$$(y_0)_{III} = - 0,2785; \quad (x_0)_{III} = - 0,1623.$$

Alle diese Werte sind in der Tabelle 2, Zeile II eingetragen.

In dieser Weise fährt man fort und erhält damit die Tabelle 2 und das Diagramm des Bildes 60.

Die Verbindungslinien der mit »2« bezeichneten Punkte mit dem Punkt M ergeben die Spannungsverhältnisse und den Winkel ϑ.

In einem weiteren Diagramm (Bild 61) sind die Punkte mit den Koordinaten y_0 und x_0 aufgetragen und mit $I, II \ldots$ bezeichnet. Die Verbindungslinien dieser Punkte mit O geben die

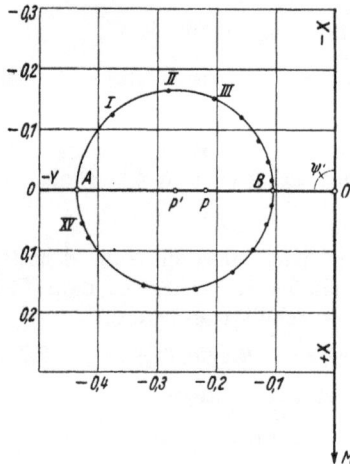

Bild 61.

Scheinleistungsverhältnisse, die Stromverhältnisse und die Phasenverschiebungen an, welche an diesen Punkten herrschen.

Man sieht, daß diese Punkte mit den genannten Koordinaten auf einem Kreis liegen, dessen Mittelpunkt sich auf der $- Y$-Achse befindet. Daraus folgt, daß die räumliche Verteilung der einzelnen Größen sich längs der Leitung wiederholt. Dieser Kreis mit dem Mittelpunkt p' schrumpft zum Punkt p zusammen, wenn man die Belastung bis zur natürlichen Leistung abnehmen läßt (s. Punkt p in Bild 58).

In Bild 62 sind alle gefundenen Werte über der Leitungslänge aufgetragen. Man sieht, daß jetzt über den konstanten Werten der Spannung (57,7 kV) und des Stromes (158 A), die wir bei den rein fortschreitenden Wellen erhalten haben, noch s t e h e n d e Wellen darüber gelagert sind. Die tiefsten Werte dieser stehenden Wellen sind jetzt aber nicht mehr negativ, sondern nehmen als Mindestwerte diejenigen der rein fortschreitenden Wellen an. Die Phasen der darüber gelagerten Wellen des Stromes und der Spannung sind um 90° verschoben.

D i e   P h a s e n v e r s c h i e b u n g wird so oft gleich Null ($\cos \varphi_0 = 1$), so oft der Kreis in Bild 61 die Y-Achse schneidet. Dazwischen schwankt sie zwischen gleich großen Werten der Vor- und Nacheilung. Die größten Werte der Vor- und Nacheilung erhält man, wenn man von O aus die Tangenten an den Kreis legt.

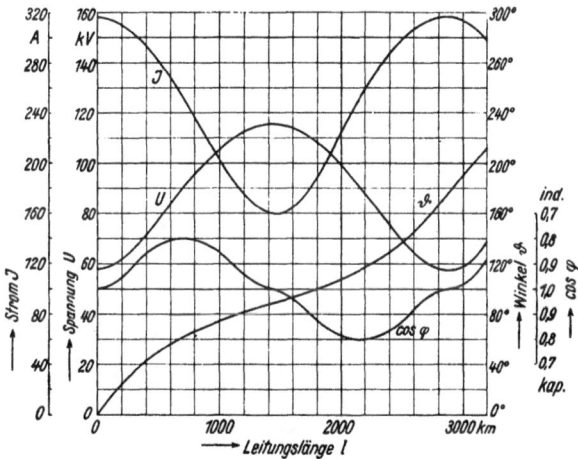

Bild 62.

Der W i n k e l ϑ, den man aus Bild 60 entnehmen muß, weist natürlich ebenfalls Schwankungen auf. Zeichnet man die Gerade für den Winkel ϑ ein, die wir bei der Belastung mit der natürlichen Leistung gefunden haben, dann sieht man, daß die Schwankungen um diese Gerade stattfinden.

Bild 62 zeigt, daß die Phasenverschiebung an den Stellen der Leitung gleich Null ist, wo der Strom den höchsten und die Spannung den kleinsten Wert besitzt und umgekehrt. Dabei schwanken der Strom und die Spannung zwischen dem einfachen und doppelten Wert des Stromes und der Spannung bei der natürlichen Leistung. Das Produkt der beiden ist demnach bei $\cos \varphi = 1$ konstant. Um das Leistungsverhältnis y_0 bei dieser Phasenverschiebung zu bilden, muß man, wie bekannt, dieses Produkt durch die Scheinleistung des Kurzschlusses dividieren.

Die Scheinleistung des Kurzschlusses ist aber bei der doppelten Spannung viermal so groß als bei der einfachen. Also muß für die Strecken y_0, welche der Kreis auf der — Y-Achse abschneidet (Bild 61), die Beziehung bestehen

$$OB : OA = 1 : 4.$$

Da aber OA bei der Belastung mit dem doppelten Wert der natürlichen Leistung gleich $2\,Op$ ist, ist damit die Lage und Größe des Kreisdurchmessers auf der — Y-Achse gefunden.

c) Analytische Untersuchung.

Dieser Fall der Belastung der Leitung mit der natürlichen Leistung bzw. mit einem Teil oder mit einem Vielfachen derselben kann für die verlustfreie Leitung leicht berechnet werden. Die beiden Differentialgleichungen für die Beschreibung der Vorgänge auf der Leitung ergeben das Integral für Spannung und Strom

$$\mathfrak{U}_1 = \mathfrak{U}_2\,\mathfrak{Cof}\ \nu\,l + \mathfrak{J}_2\,\mathfrak{Z}\,\mathfrak{Sin}\ \nu\,l;$$

$$\mathfrak{J}_1 = \mathfrak{J}_2\,\mathfrak{Cof}\ \nu\,l + \frac{\mathfrak{U}_2}{\mathfrak{Z}}\,\mathfrak{Sin}\ \nu\,l.$$

Für die verlustfreie Leitung gehen diese Gleichungen über in

$$U_1{}^2 = U_2{}^2 \cos^2 bl + J_2{}^2\,Z^2 \sin^2 bl;$$

$$J_1{}^2 = J_2{}^2 \cos^2 bl + \frac{U_2{}^2}{Z^2} \sin^2 bl.$$

wobei U_1, U_2, J_1 und J_2 die Spannungen und Ströme am Anfang und Ende einer l km langen Leitung sind. Die Größen b und Z haben die früher angegebene Bedeutung.

Bei Leerlauf ist $J_2 = 0$; also

$$U_1 = U_2 \cos bl;\ J_1 = \frac{U_2}{Z} \sin bl;$$

d. h. Strom und Spannung verteilen sich sinusartig über die Leitung, wobei die Spannung mit dem Höchstwert und der Strom mit dem Wert Null am Ende der Leitung ($l = 0$) beginnen. Beide sind um 90° in ihren Phasen verschoben, wie wir dies auch durch die Konstruktion herausgebracht haben (stehende Wellen).

Belastung; 1. Fall. Der am Ende eingeschaltete Widerstand R_V des Verbrauchers sei gleich dem Wellenwiderstand Z. In diesem Fall ist

$$U_1{}^2 = U_2{}^2 \left(\cos^2 bl + \sin^2 bl\right);$$

$$J_1{}^2 = \frac{U_2{}^2}{Z^2} \left(\cos^2 bl + \sin^2 bl\right).$$

Der Klammerausdruck ist für alle Werte von l gleich 1; also ist

$$U_1 = U_2; \quad J_1 = J_2 = \frac{U_2}{Z};$$

d. h. längs der ganzen Leitung sind Spannung und Strom konstant und phasengleich. Auch dies haben wir auf konstruktivem Weg gefunden (fortschreitende Wellen).

2. **Fall.** Der vom Verbraucher am Ende eingeschaltete Widerstand R_V ist größer oder kleiner als Z; also

$$R_V = \rho\, Z.$$

Man erhält dann

$$U_1{}^2 = U_2{}^2 \cos^2 bl + \frac{U_2{}^2}{\rho^2} \sin^2 bl;$$

$$J_1{}^2 = \frac{U_2{}^2}{\rho^2 Z^2} \cos^2 bl + \frac{U_2{}^2}{Z^2} \sin^2 bl;$$

oder

$$U_1{}^2 = U_2{}^2 \left(\cos^2 bl + \frac{1}{\rho^2} \sin^2 bl\right);$$

$$J_1{}^2 = \frac{U_2{}^2}{Z^2} \left(\frac{1}{\rho^2} \cos^2 bl + \sin^2 bl\right).$$

Für $\rho = 0{,}5$ erhält man beispielsweise für die Spannungen

$$U_1{}^2 = U_2{}^2 \left(\cos^2 bl + \sin^2 bl + 3\,\sin^2 bl\right);$$

$$U_1 = U_2 \sqrt{1 + 3\sin^2 bl};$$

und für den Strom

$$J_1 = \frac{U_2}{Z} \sqrt{1 + 3\cos^2 bl}.$$

Demnach ergibt sich für die Werte der größten Spannung und des größten Stromes

$$U_{1h} = 2\,U_2; \quad J_{1h} = 2\,\frac{U_2}{Z};$$

und für die geringsten Werte

$$U_{1g} = U_2; \quad J_{1g} = \frac{U_2}{Z}.$$

In beiden Fällen sind diese Werte um 90⁰ gegeneinander verschoben. Das Ergebnis dieser Rechnung haben wir auch in Bild 62 gefunden. Damit ist auch die Lage und Größe des Kreises in Bild 61 für jeden Wert von ρ bestimmt.

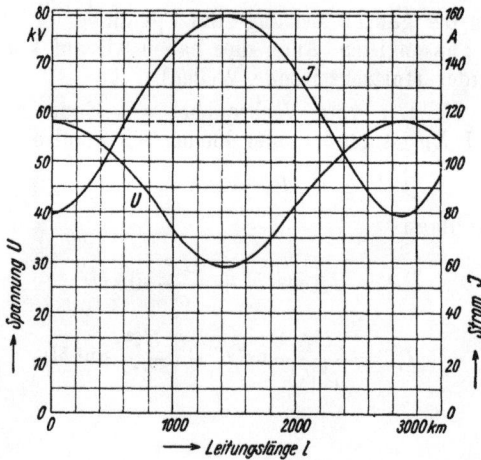

Bild 63.

In Bild 63 ist noch der Fall dargestellt, daß die Belastung am Ende gleich der h a l b e n natürlichen Leistung ist. Hierfür gilt in Bild 61 wieder der Kreis, wie für den Fall der Belastung mit dem doppelten Wert der natürlichen Leistung; nur die Punkte A und B sind vertauscht. Man sieht aus Bild 63, daß jetzt die übergelagerten stehenden Wellen u n t e r h a l b derjenigen der fortschreitenden Wellen liegen, sie aber mit ihren Höchstwerten berühren.

2. Die verzerrende Leitung.

Durch den Widerstand R und die Ableitung A entstehen auf der Leitung V e r l u s t e. Es ist klar, daß diese auf den Vorgang längs der Leitung nicht ohne Einfluß bleiben können. Dieser Einfluß ist sogar so groß, daß die Erscheinungen am Anfang einer sehr l a n g e n Leitung (theoretisch am Anfang einer unendlich langen Leitung) überhaupt nur mehr durch die Eigenschaften der Leitung beherrscht werden, und zwar gleichgültig, welche Belastung am Ende der Leitung vorhanden ist. Die Verluste auf der Leitung »v e r z e r r e n« die durch die B e l a s t u n g bedingten Zustände auf der Leitung. Es gibt zwar Leitungen mit Verlusten, welche verzerrungsfrei sind. Diese spielen jedoch in der Starkstromtechnik keine Rolle; hier haben wir es stets mit v e r z e r r e n d e n Leitungen zu tun. Wir betrachten nun der Reihe nach wieder Leerlauf und Belastung bei der verzerrenden Leitung.

a) L e e r l a u f.

Für die Impedanz z des Leitungsabschnittes von 200 km Länge erhält man unter Benützung der einfachen Rechnung

$$z = \sqrt{R^2 + \omega^2 L^2} = \sqrt{46,2^2 + 80^2} = 92,4 \text{ Ohm.}$$

Das Achsenkreuz des Diagrammes haben wir so aufzuzeichnen, daß die $- Y$-Achse mit der Verlängerung von MO den Winkel $\Psi = 60^0$ einschließt, der sich ergibt aus

$$\operatorname{tg} \Psi = \operatorname{tg} \frac{\omega L}{R} = \operatorname{tg} 1,732.$$

Wir betrachten, wieder am Ende der Leitung beginnend, die Zustände am Leitungsstück I. Die Wirkleistung an dieser Stelle ist Null, da wir zunächst die Ableitung A vernachlässigen. Würden wir die Ableitung im Betrage von

$$\frac{A}{2} = 20 \cdot 10^{-6}$$

berücksichtigen, so ergäbe sich die Wirkbelastung am Ende der Leitung zu

$$(N_{w2})_I = -57\,700 \cdot 20 \cdot 10^{-6} = -72 \text{ kW.}$$

Die Blindleistung, welche durch den am Ende der Leitung wirksamen Kondensator aufgenommen wird, erhalten wir zu

$$(N_{b2})_I = 57\,700^2 \cdot 300 \cdot 10^{-6} = 1000 \text{ bkW.}$$

Die Kurzschlußleistung ist

$$(N_k)_I = \frac{57\,700^2}{92,4} = 36\,000 \text{ kVA;}$$

also ist

$$(y_2)_I = 0; \quad (x_2)_I = \frac{1000}{36\,000} = +\,0,0278.$$

Den Punkt S_I mit diesen Koordinaten tragen wir in das Diagramm des Bildes 64 ein und finden, daß er auf dem Kreis des Spannungsverhältnisses 0,977 liegt. Also ist

$$(U_1)_I = 0{,}977 \cdot 57{,}7 = 56{,}4 \text{ kV}.$$

Von S_I gehen wir lotrecht nach oben bis zum Schnittpunkt P_I mit dem gleichnamigen Kreis der oberen Schar. (Die Punkte S_I

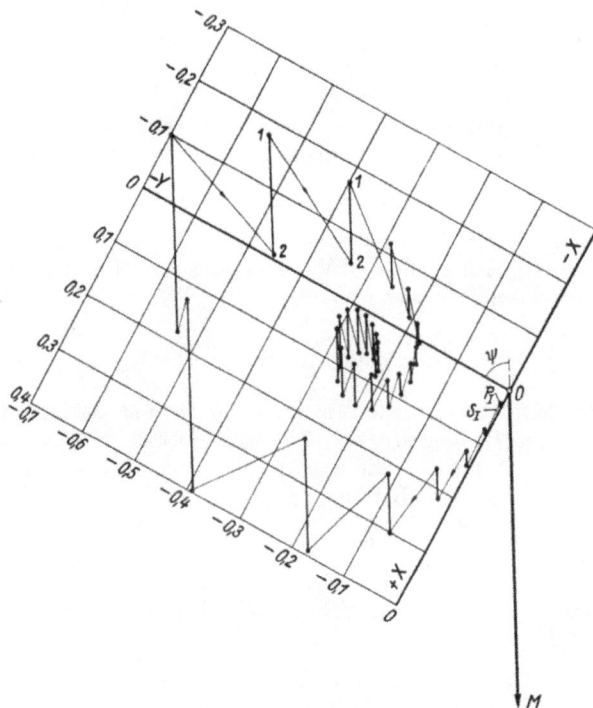

Bild 64.

und P_I liegen sehr nahe beieinander.) Dieser Punkt hat die Koordinaten

$$(y_1)_I = -\,0{,}00125; \quad (x_1)_I = +\,0{,}025.$$

Nunmehr bilden wir

$$(N_{w1})_I = -\,0{,}00125 \cdot 36\,000 = -\,45 \text{ kW};$$

$$(N_{b1})_I = -\,0{,}025 \cdot 36\,0000 = 900 \text{ kW}.$$

Jetzt berechnet man die Leistungen, welche durch den vor dem Leitungsstück I liegenden Punkt Null hindurchfließen. An der

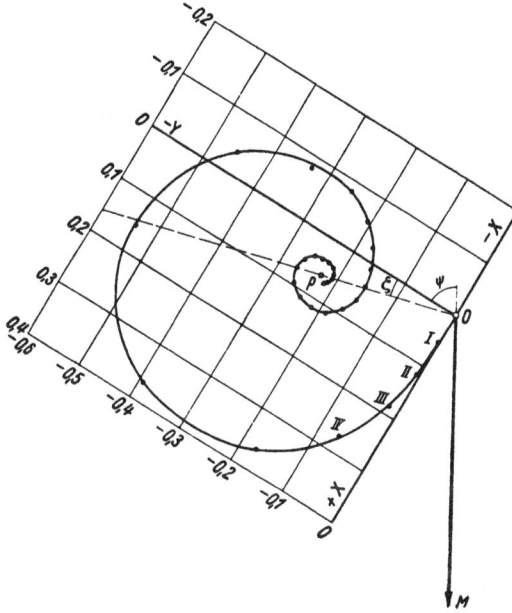

Bild 65.

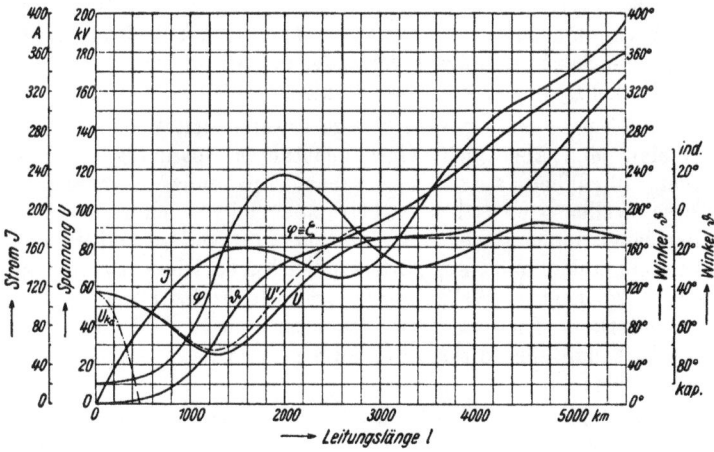

Bild 66.

Wirkleistung ändert sich nichts. (Wenn die Ableitung berücksichtigt wird, dann ändert sich natürlich die Wirkleistung im
vorliegenden Fall um den Betrag von 67,5 kW, welche die dort
wirksame Ableitung aufnimmt.) Zur Blindleistung kommt noch
der Betrag hinzu, welcher in den am Anfang von I liegenden
Kondensator fließt im Betrag von

$$(U_0)_{II}{}^2 \, \frac{\omega C}{2} = 954.3 \text{ bkW};$$

also ist

$$(N_{w0})_{II} = -45 \text{ kW}; \quad (N_{b0})_I = 1854,3 \text{ bkW}.$$

Die Kurzschlußleistung im Punkt Null ist

$$(N_{k0})_{II} = \frac{(U_0)_I{}^2}{z} = 34\,400 \text{ kVA};$$

demnach wird

$$(y_0)_{II} = -0,0013; \quad (x_0)_{II} = 0,0536.$$

Alle diese Werte sind in der Zeile I der Tabelle 3 eingetragen.
Die Rechnung und die Konstruktion des Diagrammes sind
auch für den vorliegenden Fall nochmals ausführlich in der Tabelle 3 und in Bild 64 durchgeführt. Die Punkte mit den Koordinaten y_0 und x_0 sind in das Bild 65 eingetragen und den Verlauf der einzelnen Größen über der Leitungslänge zeigt Bild 66.
Die Verbindungslinien der mit »2« bezeichneten Punkte mit M
(Bild 64) ergeben die Spannungsverhältnisse und die Winkel ϑ.
Die Verbindungslinien der Punkte I, II .... mit O (Bild 65) ergeben die Scheinleistungsverhältnisse, die Stromverhältnisse und
die Winkel φ_0 in den einzelnen Punkten Null der Leitung.
Die Spannung weist, wie zu erwarten ist, Wellen auf;
sie sind jetzt aber nicht einer konstanten Spannung, sondern
einer allmählich ansteigenden Spannung übergelagert.
Diese Wellen verschwinden aber mit zunehmender Leitungslänge immer mehr und der Spannungsverlauf nähert sich
einer allmählich und stetig ansteigenden Kurve. Diese »Dämpfung«
der übergelagerten Wellen wird durch die Verluste der Leitung
hervorgerufen. Die punktierte Spannungslinie in Bild 66 gilt für
den Fall, daß auch die Ableitungsverluste berücksichtigt werden.
Der Spannungswinkel ϑ zeigt ebenfalls übergelagerte
Schwingungen. Hier sieht man sehr deutlich, daß diese allmählich erlöschen.

Tabelle 3. **Die verzerrende Leitung im Leerlauf.**

Glied-Nr.	U_0 kV	N_{kv} kVA	$U_2^2 \omega C$ kVA	N_{w_2} kW	y_2	N_{b_2} kVA	x_2
I	57,7	36 000	—	0	0	+ 1000	+ 0,0278
II	56,4	34 400	— 1908	45	— 0,0013	+ 2808	+ 0,0818
III	52,6	29 950	— 1659	172	— 0,0058	+ 4240	+ 0,142
IV	46,5	23 400	— 1297	509	— 0,0218	+ 4980	+ 0,213
V	38,9	16 370	— 907	1100	— 0,0672	+ 4887	+ 0,299
VI	31,2	10 520	— 583	1830	— 0,174	+ 4110	+ 0,391
VII	25,7	7 140	— 396	2800	— 0,392	+ 2830	+ 0,396
VIII	25,9	7 260	— 402	3900	— 0,537	+ 1308	+ 0,180
IX	32,2	11 200	— 620	5070	— 0,453	— 106	— 0,009
X	41,5	18 630	— 1033	6210	— 0,334	— 947	— 0,058
XI	51,9	29 150	— 1615	7420	— 0,255	— 1570	— 0,054
XII	61,8	41 300	— 2291	8460	— 0,205	— 1059	— 0,026

Fortsetzung der Tabelle 3.

Glied-Nr.	U_1 kV	y_1	N_{w_1} kW	x_1	N_{b_1} kVA	y_0	x_0
I	56,4	− 0,0013	45	+ 0,025	+ 900	− 0,0013	+ 0,0536
II	52,6	− 0,005	172	+ 0,075	+ 2580	− 0,0057	+ 0,116
III	46,5	− 0,017	509	+ 0,123	+ 3680	− 0,0170	+ 0,185
IV	38,9	− 0,047	1100	+ 0,170	+ 3980	− 0,0672	+ 0,271
V	31,2	− 0,112	1830	+ 0,216	+ 3530	− 0,174	+ 0,363
VI	25,7	− 0,266	2800	+ 0,232	+ 2430	− 0,392	+ 0,368
VII	25,9	− 0,546	3900	+ 0,127	+ 906	− 0,538	+ 0,153
VIII	32,2	− 0,698	5070	− 0,100	− 726	− 0,453	− 0,037
IX	41,5	− 0,555	6210	− 0,177	− 1980	− 0,333	− 0,079
X	51,9	− 0,398	7420	− 0,171	− 3185	− 0,255	− 0,0815
XI	61,8	− 0,290	8460	− 0,115	− 3350	− 0,205	− 0,534
XII	70,4	− 0,228	9420	− 0,065	− 2685	− 0,1755	− 0,0224

Sehr interessant ist die schneckenförmige Kurve des Bildes 65. Statt des K r e i s e s bei der verlustfreien Leitung erhalten wir bei der verzerrenden Leitung eine s c h n e c k e n f ö r m i g e Kurve, die sich immer mehr dem Punkt p nähert, dessen Bedeutung wir noch kennenlernen. Es gibt nämlich auch bei der verzerrenden Leitung einen Fall, in welchem die Schnecke in den Punkt p zusammenschrumpft. Nebenbei sei bemerkt, daß die schneckenförmige Kurve mit den Spiraldiagrammen der Spannung, welche mit Hilfe der Differentialgleichungen gewonnen werden, nichts zu tun hat.

Die P h a s e n v e r s c h i e b u n g nimmt von 90°, ebenfalls unter Schwingungen zu und nähert sich immer mehr dem Wert von $\varphi_0 = 15^0$, dem ebenfalls eine besondere Bedeutung zukommt.

Die mit U_{Ka} bezeichnete Kurve gilt für den Leerlauf eines H o c h s p a n n u n g s k a b e l s mit den in der Tabelle 1 angegebenen Eigenschaften. Wegen des geringen Widerstandes R nähert sich der Verlauf aller Größen schon sehr demjenigen einer v e r l u s t f r e i e n leerlaufenden Leitung.

B e m e r k u n g. Bei den später zu besprechenden Fällen soll auf die Wiederholung der tabellarischen Rechnung verzichtet werden. Die Diagramme in Form der Bilder 60 und 64 sollen nur mehr insoweit gebracht werden, als sie zur Ablesung der Spannungen U_0 und der Winkel ϑ notwendig sind. Deshalb sollen nur die mit »2« bezeichneten Werte im Diagramm dargestellt werden. Dieses Diagramm und die schneckenförmigen Kurven gestatten alle Größen in ihrer Abhängigkeit von der Leitungslänge zu entnehmen.

b) B e l a s t u n g.

1. F a l l. Wie bei der verlustfreien Leitung soll auch zunächst der Fall untersucht werden, daß die verzerrende Leitung am Ende mit ihrer n a t ü r l i c h e n Leistung belastet ist. Die allgemeine Formel für den Wellenwiderstand Z lautet

$$Z = \sqrt[4]{\frac{R_0{}^2 + \omega^2 L_0{}^2}{A_0{}^2 + \omega^2 C_0{}^2}} \, ;$$

und der Verzerrungswinkel ζ wird gefunden aus der Gleichung

$$\operatorname{tg} 2\,\zeta = \frac{A_0\,\omega L_0 - R_0\,\omega C_0}{\omega C_0\,\omega L_0 + A_0\,R_0}.$$

Der »Wellenstrom«, welcher durch eine an den Wellenwiderstand Z angelegte Spannung erzeugt wird, ist um den Winkel ζ in der Phase gegen die Spannung verfrüht.

Setzt man die Werte der Leitung unseres Beispieles ein, dann findet man bei Vernachlässigung von A

$$Z = 392{,}4 \text{ Ohm}; \quad \zeta = -15^{0}.$$

Bei der Endspannung von 57,7 kV entsteht bei Belastung der Leitung mit Z die Scheinleistung

$$(N_2)_l = 8490 \text{ kVA},$$

die sich entsprechend der Phasenverschiebung $(\varphi_2)_l$ gleich dem Verzerrungswinkel ζ aufteilt in

$$(N_{w2})_l = -8200 \text{ kW}; \quad (N_{b2})_l = +2195 \text{ bkW}.$$

Mit diesen Belastungsverhältnissen rechnen wir die Leitung in bekannter Weise durch. Wir finden dann, daß die tabellarische Berechnung sehr kurz ausfällt; denn es ergeben sich für alle Werte von y und x immer wieder die gleichen Zahlenbeträge und ebenso für das Spannungsverhältnis, nämlich

$$y_2 = -0{,}227; \quad x_2 = +0{,}088;$$
$$y_1 = -0{,}257; \quad x_1 = +0{,}037;$$
$$y_0 = -0{,}2265; \quad x_0 = +0{,}0592;$$
$$\frac{U_1}{U_2} = 1{,}062.$$

Trägt man den Punkt mit den Koordinaten y_0 und x_0 auf, so erhält man den Punkt p, der auf einer Geraden liegt, die unter dem Winkel $\zeta = 15^{0}$ gegen die $-Y$-Achse verdreht ist. Es ist dies der Punkt p in Bild 65, in welchem sich die schneckenförmige Kurve schließt. Wir werden bei den späteren Beispielen sehen, daß sich in a l l e n Fällen bei Belastungen, die von der n a t ü r - l i c h e n Belastung a b w e i c h e n, schneckenförmige Kurven ergeben, die sich ausnahmslos immer auf denselben Punkt p des Bildes 65 nähern. Bei der Belastung mit der natürlichen Leistung jedoch schrumpft die schneckenförmige Kurve auf den P u n k t p zusammen.

Wir erinnern uns hier an die verlustfreie Leitung. Dort haben wir in dem entsprechenden Diagramm für alle Belastungen K r e i s e erhalten, die aber bei der Belastung mit der n a t ü r - l i c h e n Leistung ebenfalls in den P u n k t p zusammenge- schrumpft sind.

Die Tatsache, daß sich alle Schnecken im Punkt p schließen, läßt erkennen, daß sich gegen den A n f a n g der Leitung zu bei allen Belastungen und auch bei Leerlauf dieselben Zustände einstellen müssen, als wenn die Leitung am Ende mit der n a t ü r l i c h e n Leistung belastet wäre. Auch dies ist ein Beweis dafür, daß die übergelagerten Schwingungen unter allen Umständen erlöschen, wenn nur die Leitung lang genug ist.

Aus dem Ergebnis, daß das Spannungsverhältnis konstant und größer als 1 ist, folgt, daß die Kurve für die Spannung ab-

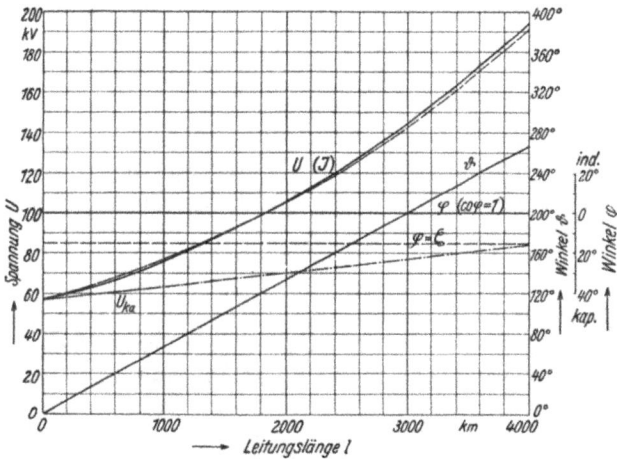

Bild 67.

hängig von der Leitungslänge nach einer g e o m e t r i s c h e n P r o g r e s s i o n anwächst. Die analytische Berechnung ergibt eine Exponentialkurve. In Bild 67 sind zum Vergleich der Spannungsverlauf nach der geometrischen Reihe gestrichelt und der Spannungsverlauf nach der Exponentialkurve ausgezogen eingetragen. Man sieht, daß die Genauigkeit der graphischen Berechnung sehr gut ist.

Aus dem Spannungsverlauf erkennt man sehr deutlich den Einfluß der V e r l u s t e durch den Widerstand der Leitung. Während bei der verlustfreien Leitung die Spannung längs der ganzen Leitung konstant ist, steigt sie hier allmählich an. Das Besondere bei der Übertragung der natürlichen Leistung ist hier, daß, wie bei der verlustfreien Leitung, k e i n e übergelagerten S c h w i n g u n g e n vorhanden sind. Der Ferranti-Effekt tritt demnach bei der Belastung mit der natürlichen Leistung auch bei der verzerrenden Leitung nicht auf.

Berechnet man die Kurzschlußströme in den verschiedenen Punkten der Leitung, dann findet man selbstverständlich, daß sie in einem konstanten Verhältnis zur Spannung stehen. Da nun auch das S t r o m v e r h ä l t n i s für alle Punkte der Leitung k o n s t a n t ist, stehen demnach auch die Werte des S t r o m e s in einem k o n s t a n t e n Verhältnis zur S p a n n u n g. Rechnet man darnach $U_0 : J_0$ für die einzelnen Punkte aus, dann findet man den Wert des Wellenwiderstandes Z. In einem anderen Maßstab gemessen stellt demnach die Spannungskurve zugleich auch die S t r o m k u r v e längs der Leitung dar.

Für die P h a s e n v e r s c h i e b u n g erhalten wir an allen Stellen der Leitung den Winkel

$$\zeta = -15^0.$$

Für den Spannungswinkel ϑ erhalten wir eine Gerade; denn für die Verbindungslinie M mit x_2 und y_2 erhalten wir stets dieselben Werte von $13,3^0$.

Die Erscheinung, daß bei einer sehr langen Leitung in der Nähe ihres Endes alle Größen mit übergelagerten Schwingungen behaftet sind, ist physikalisch leicht zu erklären; denn bei allen Belastungen, die größer oder kleiner als die natürliche Leistung sind, werden die Ströme am Ende der Leitung r e f l e k t i e r t. Diese reflektierten Stromwellen erzeugen die übergelagerten Schwingungen. Bei sehr langen Leitungen gelangen allerdings die reflektierten Wellen nicht bis zum Anfang der Leitung, da sie auf ihrem Lauf vom Ende der Leitung nach dem Anfang hin unterwegs wegen der Dämpfung durch die Verluste v e r - l ö s c h e n. Nur die mit dem W e l l e n w i d e r s t a n d belastete Leitung ist reflexionsfrei, da die natürliche Belastung die am Ende ankommende Stromwelle vollständig zu schlucken vermag. Die natürliche Belastung täuscht eine u n e n d l i c h lange Leitung vor; denn auch bei einer unendlich langen Leitung können in endlichen Zeiten keine Reflexionen auftreten.

Der Fall der reflexionsfreien Leistungsübertragung mit der natürlichen Belastung der Leitung kommt dem Fall der G l e i c h - s t r o m ü b e r t r a g u n g am nächsten, da auch hier die Spannung gegen das Ende der Leitung infolge des Spannungsabfalles stetig abnimmt.

Wenn man bei sehr langen Drehstromleitungen die durch die Reflexion bedingten Nebenerscheinungen vermeiden will, was im Interesse des Betriebes liegt, muß man dafür sorgen, daß stets die Übertragung mit der n a t ü r l i c h e n Leistung erfolgt. Da aber die Größe und Art der Belastung vom Verbraucher bestimmt wird und stark veränderlich ist, ist eine Übertragung mit der natürlichen Leistung nur dann möglich, wenn man in jedem Augenblick die K o n s t a n t e n der Leitung so ändert, daß die augenblicklichen Leistungen des Verbrauchers stets zu natürlichen Leistungen werden. Wie dies möglich ist, werden wir bei der Betrachtung der kompensierten Leitung kennenlernen.

Sehr wichtig ist es, die Verhältnisse auch für ein K a b e l zu ermitteln, das am Ende mit der natürlichen Leistung belastet ist.

Für das Kabel, das wir bei Leerlauf untersucht haben, erhalten wir den Winkel Ψ' zu rund 87⁰ 30′, also fast zu 90⁰. Diese Leitung kommt also schon sehr nahe an die verlustfreie Leiturg heran. Es ist deshalb zu erwarten, daß bei Belastung dieser Leitung mit der natürlichen Leistung der Spannungsanstieg vom Ende gegen den Anfang zu sehr gering ist (in Bild 67 mit U_{Ka} bezeichnet). Der Wellenwiderstand Z des Kabels ist rund 59 Ohm, also ergibt sich bei der Wellenleistung und einer Endspannung von 57,7 kV die natürliche Leistung zu

$$(N_2)_l = 55\,500 \text{ kVA}.$$

Bei dem vernachlässigbar kleinen Verzerrungswinkel von etwa 1⁰ ist die Wellenleistung fast reine W i r k l e i s t u n g. Konstruiert man das Diagramm mit der schrittweisen Methode, dann darf man die einzelnen Kabelabschnitte nicht über etwa 80 km wählen.

Vergleicht man dieses Ergebnis mit demjenigen der durchgerechneten Freileitung, dann findet man, daß die Übertragung mit Hilfe des Kabels in zweifacher Hinsicht der Freileitung überlegen ist. Erstens ist die natürliche Leistung des Kabels etwa siebenmal so groß wie die der Freileitung unseres Beispieles; mit Hilfe des Kabels kann man also größere Leistungen übertragen. Zweitens sind die Spannungsverhältnisse längs des Kabels wesentlich günstiger als bei der Freileitung. Beispielsweise ist bei einer Übertragungslänge von 3000 km die Spannung am Anfang der Freileitung etwa um 130% größer als die Endspannung; beim Kabel macht dies etwa nur 30% aus. Leider weist aber das Kabel in anderer Hinsicht so ungünstige Eigenschaften auf, daß seine Verwendung für sehr große Fernleitungen vorerst noch ausscheidet.

B e l a s t u n g; w e i t e r e F ä l l e. Im folgenden sollen noch 3 weitere Belastungsfälle untersucht werden, und zwar unter der Annahme, daß die am Ende der Leitung eingeschaltete Wirklast in allen 3 Fällen dieselbe ist (Wirkleistungsverhältnis $(y_2)_I =$ — 0,5). Dieses Wirkleistungsverhältnis ist absichtlich etwas hoch gewählt, um deutliche Konstruktionen zu erhalten. Die Blindleistungsverhältnisse $(x_2)_I$ sollen der Reihe nach zu + 0,25, zu 0

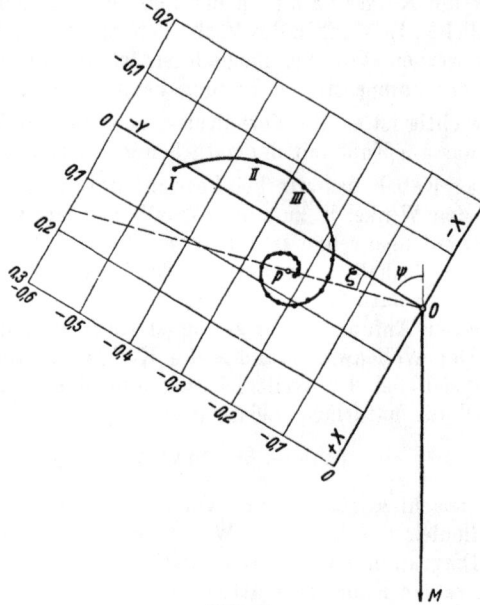

Bild 68.

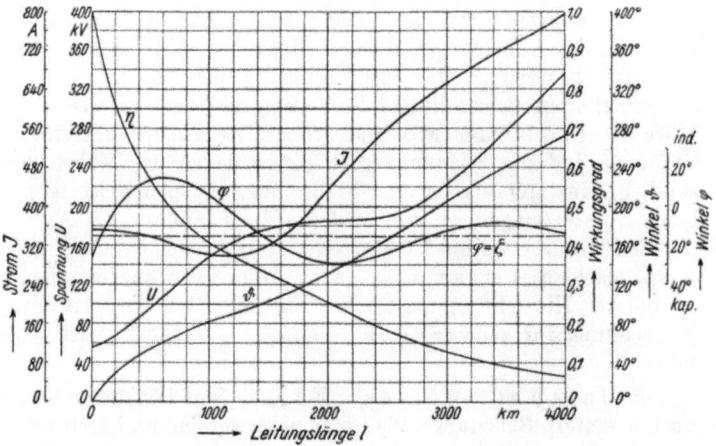

Bild 69.

und zu — 0,25 gewählt werden. Für alle 3 Fälle sind die Diagramme für die Zustände in den Punkten Null der Vierpolkette in den Bildern 68, 70 und 72 dargestellt.

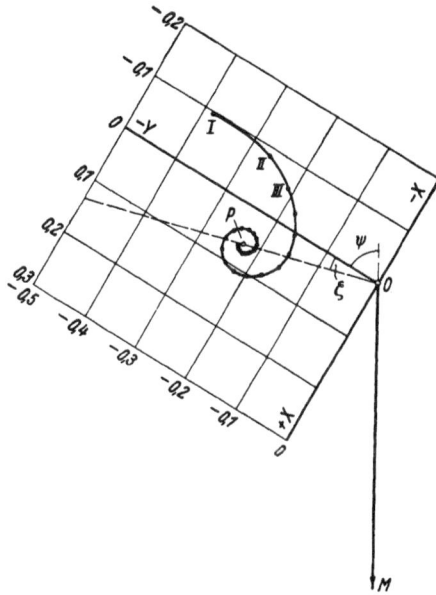

Bild 70.

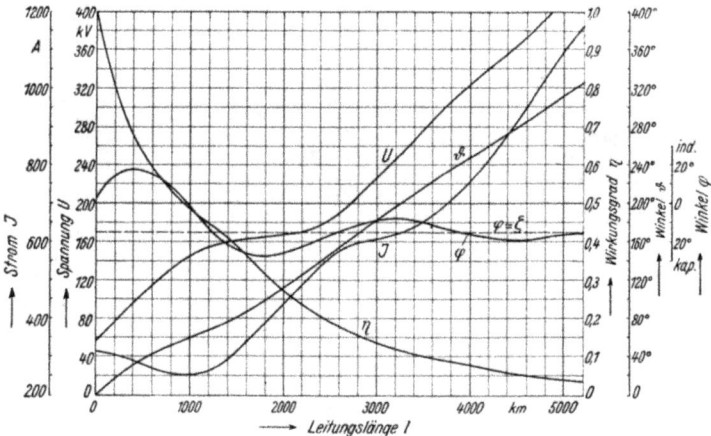

Bild 71.

Aus den s c h n e c k e n f ö r m i g e n Kurven erkennt man sehr schön, wie sie sich immer mehr dem Punkt p nähern. Es ist dies, wie uns jetzt bekannt ist, der Punkt der Belastung mit der n a t ü r l i c h e n Leistung, der sich auf der Linie Op befindet.

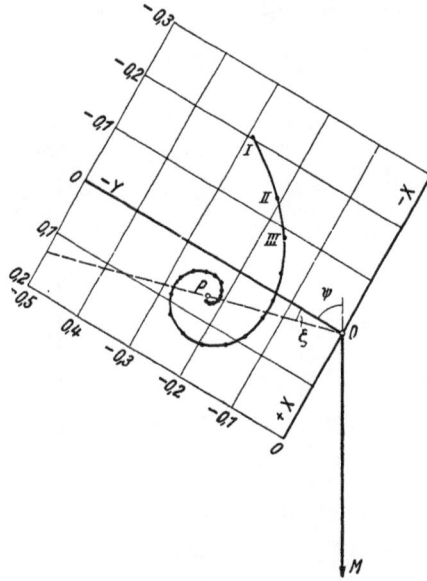

Bild 72.

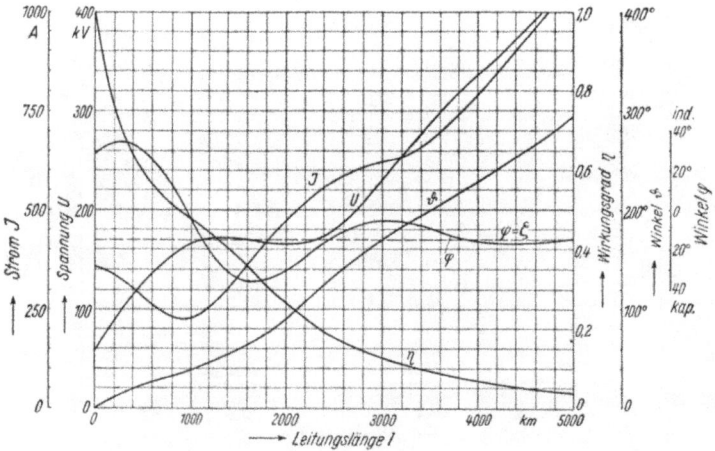

Bild 73.

Dieser Punkt p wird allerdings theoretisch erst bei unendlich langen Leitungen erreicht, praktisch beinahe schon nach einer Wellenlänge. Je mehr sich die Schnecke dem Punkt p nähert, um so mehr gehen die Zustände auf der Leitung in diejenigen bei der natürlichen Belastung über.

In den Bildern 69, 71 und 73 sind die Zustände längs der Leitung bei diesen 3 Belastungsfällen dargestellt. Vergleicht man den Verlauf der einzelnen Größen, dann findet man folgendes: Zunächst kann man feststellen, daß in allen 3 Fällen der Ferranti-Effekt verschwunden ist; die Spannungen wachsen vom Ende nach dem Anfang zu allmählich an. Allerdings sind im Bereich der ersten Wellenlängen noch Schwingungen darüber gelagert, welche von den reflektierten Wellen herstammen. Diese Schwingungen sind am wenigsten ausgeprägt bei der kapazitiv belasteten Leitung und am stärksten bei der induktiv belasteten Leitung. Sehr deutlich erkennt man in allen Fällen, daß die Phasenverschiebung φ_0 dem Wert des Verzerrungswinkels von 15° zustrebt.

Vergleicht man den Verlauf der Spannungen bei diesen 3 Belastungen mit dem bei Leerlauf, dann erkennt man, welch große Anforderungen an die S p a n n u n g s r e g u l i e r u n g einer Fernleitung gestellt sind. Während die Spannung von 57,7 kV bei Leerlauf am Anfang einer langen Leitung von 5520 km auf rund 160 kV steigt, erreicht sie bei der Übertragung mit der Wellenleistung den Betrag von über 300 kV und bei den gewählten Beispielen sogar Werte von 400 bis 500 kV. Um also die Spannung am Ende der Leitung konstant zu halten, müßte die Spannung am Anfang der Leitung mit dieser Länge zwischen Leerlauf und Belastung innerhalb der Grenzen von 160 kV bis 500 kV reguliert werden. Aber auch schon bei mäßigen Leitungslängen sind die Grenzen der Spannungsregulierung sehr erheblich, wie man aus den Kurven entnehmen kann. Daraus folgt, wie wichtig es ist, den Einfluß der Leitungseigenschaften zu mildern, d. h. die Leitung zu k o m p e n s i e r e n. Aber auch die Spannungswinkel ϑ erreichen schon bei Leitungslängen von etwa 200 km Werte, die in vielen Fällen die Grenze darstellen.

B e m e r k u n g. Bei allen Belastungsfällen haben wir die Untersuchung in der Weise durchgeführt, daß wir am E n d e d e r L e i t u n g begonnen haben. Wenn die Zustände am A n - f a n g d e r L e i t u n g gegeben sind, kann man die Untersuchung der Vierpolkette auch vom Anfang her durchführen und die Zustände der Leitung bis an ihr Ende verfolgen.

Es kann aber auch die Aufgabe vorliegen, die Zustände einer Leitung zu untersuchen, wenn am A n f a n g der Leitung nur die S p a n n u n g, die B e l a s t u n g e n dagegen am E n d e der Leitung gegeben sind. In diesem Fall hat man wie folgt vorzugehen. Man stellt die g a n z e Leitung durch einen einfachen V i e r p o l dar, indem man die Widerstände und Leitwerte für diesen Vierpol in der früher angegebenen Art und Weise berechnet. Mit Hilfe der bei den einfachen Vierpolen entwickelten Diagramme ermittelt man dann die Belastung am Anfang der Leitung aus den gegebenen Belastungen am Ende derselben. Diese Aufgabe wurde früher als zweite Hauptform der Energieübertragung bezeichnet. Sind diese gefunden, dann kann man am Anfang der Leitung beginnen, die Zustände längs der Vierpolkette ermitteln.

Die Zustände längs der Leitung ganz allgemein kann man aber auch noch in a n d e r e r Weise ermitteln. Wenn die Spannungen und Belastungen beispielsweise am Ende der Leitung gegeben sind, betrachtet man zunächst das Stück I als Vierpol und berechnet die Zustände im Punkt Null dieses Stückes. Dann ersetzt man die Stücke $I + II$ durch einen Vierpol und berechnet aus den Zuständen am Ende der Leitung diejenigen im Punkt Null dieses Vierpols, d. h. an der Stelle Null vor dem Leitungsstück II. Dann ersetzt man die Stücke $I + II + III$ durch einen Vierpol und erhält die Zustände im Punkt Null dieses Vierpols, d. h. an der Stelle Null vor dem Leitungsstück III usw. Die Ergebnisse decken sich natürlich mit denen, die wir oben gefunden haben.

c) Die kompensierte Leitung.

Die bisherigen Untersuchungen haben gelehrt, daß der Betrieb sehr langer Fernleitungen schwierig ist, weil die Spannungen gegen den Anfang der Leitung zu stark zunehmen können. Es soll nunmehr untersucht werden, auf welche Weise und in welchem Maß die Spannung längs der Leitung beeinflußt werden kann und damit kommen wir zur kompensierten Leitung.

Das Ziel, das man bei der Leitungskompensation erreichen will, ist demnach, an a l l e n Stellen der Leitung nach Möglichkeit eine k o n s t a n t e Spannung, d. h. das Spannungsverhältnis 1 zu erzwingen. Im großen und ganzen handelt es sich hierbei darum, die Eigenschaften der Leitung, den induktiven Widerstand und den kapazitiven Leitwert künstlich durch zusätzliche Induktivitäten bzw. Kapazitäten zu verändern. Das beste wäre es natürlich, wenn dies längs der ganzen Leitung mit »feiner Verteilung« dieser zusätzlichen Widerstände bzw. Leitwerte geschehen könnte. Dies ist aber aus naheliegenden Gründen nicht möglich. Man muß sich vielmehr darauf beschränken, die Kompensationseinrichtungen nur an gewissen Stellen der Leitung anzubringen. Damit wird erreicht, daß wenigstens an diesen Stellen das Spannungsverhältnis 1 herrscht. Wie groß hierbei die Drosselspulen bzw. die Kondensatoren zu wählen sind, haben wir beim fünften Arbeitsdiagramm kennengelernt. Wir haben dabei gefunden, daß es bei allen Belastungen möglich ist, die Spannungen am Anfang und Ende des betreffenden Leitungsabschnittes auf das Verhältnis 1 zu bringen.

Hier handelt es sich jetzt darum, zu untersuchen, wie die Spannung längs des Leitungsabschnittes zwischen zwei Kompensationseinrichtungen verläuft. Diese Untersuchung führen wir in der folgenden Weise durch: Wir nehmen an, daß eine sehr lange Leitung zu kompensieren sei. Den Abstand der Kompensationseinrichtungen wählen wir dabei einmal zu 600 km, dann zu 400 km und endlich zu 200 km und untersuchen jeweils, wie sich die Spannung längs der Leitungsabschnitte von 600 km, 400 km und 200 km ändert. Zu diesem Zweck zerlegen wir die genannten Leitungsabschnitte in Stücke von je 100 km Länge, stellen also beispielsweise den 600 km langen Abschnitt durch eine Vierpolkette mit 6 Gliedern von je 100 km Länge dar usw.

Die Rechnung soll am Beispiel des 600 km langen Abstandes gezeigt werden. Die gesamte Leitungslänge von 600 km Länge mit den bekannten Belägen ($A_0 = 0$ angenommen) hat, berechnet nach den genauen Formeln, die Konstanten

$$R = 119,1 \text{ Ohm}; \quad \omega L = 228,47 \text{ Ohm};$$

$$\frac{A}{2} = 18,7 \cdot 10^{-6} \text{ Siemens}; \quad \frac{\omega C}{2} = 932 \cdot 10^{-6} \text{ Siemens};$$

$$z = 257,65 \text{ Ohm}; \quad \Psi = 62^0 \ 28'.$$

Wir vernachlässigen im folgenden die Ableitung mit dem Betrag von $18,7 \cdot 10^{-6}$ Siemens.

L e e r l a u f. Die Belastung des Vierpols wird in diesem Fall allein gebildet durch den am Ende angeschalteten kapazitiven Leitwert von $932 \cdot 10^{-6}$ Siemens. Dieser nimmt unter der Wirkung der dort herrschenden Spannung von 57,7 kV einen voreilenden Strom auf von

$$57\,700 \cdot 932 \cdot 10^{-6} = 53,78 \text{ A}.$$

Schaltet man zu diesem am Ende der Leitung wirksamen Kondensator eine D r o s s e l s p u l e parallel, welche bei der Spannung von 57,7 kV einen Strom von g l e i c h e r Größe aufnimmt, aber nacheilend, dann wird dadurch die Wirkung der Kapazität »k o m p e n s i e r t«. Damit haben wir die Größe der am Ende des 600 km langen Abschnittes anzuschaltenden Drosselspule für die Kompensation der Leitungskapazität gefunden. Drosselspulen von dieser Größe hat man am Anfang und Ende eines j e d e n 600 km langen Abschnittes anzuschalten.

Jetzt betrachten wir den 600 km langen Abschnitt als Vierpolkette, welche sich aus 6 Stücken mit je 100 km Länge zusammensetzt. Wir beginnen mit der Zählung wieder beim letzten Stück. Am Ende des Stückes I ist angeschaltet, erstens die Drosselspule, welche eine Blindleistung aufnimmt von

$$53,78 \cdot 57\,700 = -\,3104 \; \mathrm{bkW}.$$

Streng genommen muß man auch die Wirkleistung berechnen, mit welcher die Drosselspule infolge ihrer Eigenverluste die Leitung belastet. Man kann hierfür 2 bis 3% der Scheinleistung der Drosselspule annehmen. Diese Verluste sollen jedoch hier unberücksichtigt bleiben. Zweitens ist am Ende des Stückes I der Kondensator angeschaltet, welcher am Ende der Leitung von 100 km Länge wirksam ist und die Blindleistung aufnimmt

$$(U_2)_{I}{}^2\,\frac{\omega C}{2} = 57\,700^2 \cdot 150 \cdot 10^{-6} = 500 \; \mathrm{bkW},$$

also ist

$$(N_{b2})_I = -\,3104 + 500 = -\,2604 \; \mathrm{bkW}.$$

Hierzu sucht man die Zustände am Anfang und im Punkt Null des Leitungsstückes I auf, kurz und gut man verfährt jetzt in der gleichen Weise, wie dies in den vorhergehenden Darlegungen gezeigt worden ist, bis man zum Punkt Null vor dem Leitungsstück VI angelangt ist. Man erhält dann die in Bild 74 aufgezeichnete Spannungsverteilung. Man sieht, daß die Spannung am Anfang des 600 km langen Abschnittes etwas niedriger ist (57,22 kV) als am Ende. In der Hauptsache rührt dies daher, daß wir die Ableitung unberücksichtigt gelassen haben. Außerdem rührt dieser Unterschied natürlich auch von der Zeichenungenauigkeit her. In der M i t t e des Leitungsabschnittes nimmt die Spannung höhere Werte an; im vorliegenden Fall beträgt die Spannungserhöhung 5,2% (60,74 kV).

Hält man diese Spannungserhöhung für zulässig, dann genügt es, die Leitung alle 600 km zu kompensieren.

In gleicher Weise ist der Spannungsverlauf für die Fälle ermittelt, wenn alle 400 km bzw. alle 200 km kompensiert wird.

Es ergeben sich dann Spannungserhöhungen von 2,3% bzw. 0,6% gegenüber dem Spannungsverhältnis 1 (Bild 74). Eine alle 200 km angebrachte Kompensation wirkt demnach außerordentlich günstig.

Hätten wir die Kompensation für ein F e r n k a b e l untersucht, dann hätten wir gefunden, daß die Kompensationseinrichtungen viel umfangreicher werden wie bei der Freileitung, was natürlich wirtschaftlich sehr ungünstig ist. Dies ist einer der Gründe, warum die Kabelleitung der Freileitung unterlegen ist.

Wie schon öfter erwähnt wurde, darf der Spannungswinkel ϑ einen gewissen Wert nicht überschreiten, der meist bei Freileitungslängen von etwa 200 km und bei Kabellängen von etwa

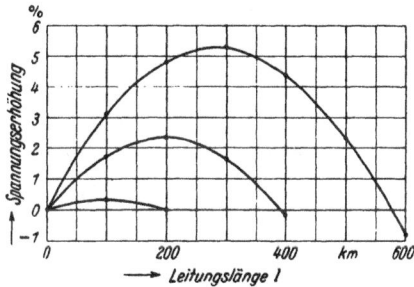

Bild 74.

80 km erreicht wird. Wenn es sich um den Betrieb von sehr langen Fernleitungen handelt, muß man demnach etwa alle 200 km bzw. alle 80 km ein Kraftwerk mit Synchronmaschinen errichten, mit deren Hilfe die Stabilität des Parallelbetriebes aufrechterhalten wird. Natürlich verbindet man damit zugleich die Kompensation der Fernleitung. Man sieht, daß auch in dieser Hinsicht das Kabel u n g ü n s t i g e r ist als die Freileitung, weil zur Stabilisierung des Betriebes etwa doppelt so viele Kraftwerke notwendig sind wie bei der Freileitung.

B e l a s t u n g. Die für die Kompensation notwendige Blindleistung einer Leitung haben wir bereits beim fünften Arbeitsdiagramm behandelt, als es sich darum gehandelt hat, diejenige zusätzliche Blindleistung zu ermitteln, die zum Spannungsverhältnis 1 führt. Das Ergebnis solcher Untersuchungen kann man sehr übersichtlich darstellen.

Bei der v e r l u s t f r e i e n Leitung (Bild 75 a) möge die Strecke Ox_2 das am Ende der Leitung wirksame Kapazitätsverhältnis darstellen. Man zeichnet durch x_2 die Parallele zur

Y-Achse und schlägt den Einheitskreis des Spannungsverhältnisses. Dieser schneidet die genannte Parallele im Punkt *p*. Die
Verbindungslinie *Op* gibt dann die natürliche Leistung der Leitung
an. Wenn bei allen Belastungen das Spannungsverhältnis 1
herrschen soll, dann muß bei Belastungen unterhalb der natürlichen Leistung der zu große Teil der Eigenkapazität durch
D r o s s e l s p u l e n kompensiert werden (schraffiert). Dies
haben wir auch bei der Kompensation der leerlaufende nLei-
tung gefunden. Bei Belastungen, die größer als die natürliche
Leistung sind, muß die noch fehlende Kapazitätsbelastung durch
Zuschalten von Kondensatoren ergänzt werden, um das Spannungsverhältnis 1 zu erhalten (schraffiert).

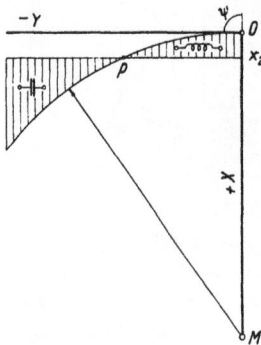 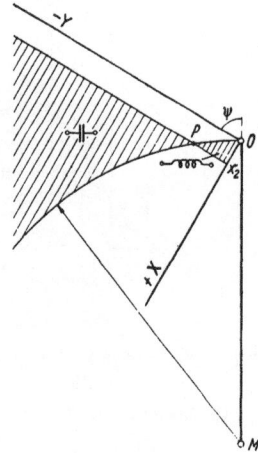

Bild 75 a.   Bild 75 b.

Bei der v e r z e r r e n d e n Leitung (Bild 75 b) sei angenommen, daß das kapazitive Blindleistungsverhältnis ebenfalls
so groß und gleich groß *Ox₂* sei. Die Parallele zur — *Y*-Achse
ergibt mit dem Einheitskreis den Schnittpunkt *p*. Bei der Belastung mit dem Scheinleistungsverhältnis *Op* herrscht von Natur
aus das Spannungsverhältnis 1. Bei Wirkleistungsverhältnissen,
die kleiner sind als das zu *p* gehörige, muß wieder durch Kompensation durch Drosselspulen das Spannungsverhältnis 1 her-
gestellt werden (schraffiert). Bei Wirkleistungsverhältnissen, die
größer sind, müssen kapazitive Blindleistungen zur natürlichen
Kapazität hinzugeschaltet werden (schraffiert). Man erkennt,
daß bei stark verzerrenden Leitungen der Bereich der kapazi-

tiven Kompensation größer und der der induktiven Kompensation wesentlich kleiner ist, wie bei der verlustfreien Leitung.

Bei der Ermittlung der Kompensation für die belastete lange Leitung geht man wie folgt vor: Man unterteilt die Leitung wieder in einzelne Stücke von 200, 400 ... km, je nachdem, wie häufig man kompensieren will und ermittelt für die einzelnen Stücke mit Hilfe des fünften Arbeitsdiagrammes die zur Kompensation notwendigen Blindlasten, um bei jedem Stück auf das Spannungsverhältnis 1 zu kommen. Es ergibt sich hierbei eine sehr einfache Darstellung, wie das Beispiel der Kompensation für 200 km lange Leitungsstücke zeigt (Bild 76). Es ist angenommen, daß die gesamte Belastung am Ende des Leitungsstückes I zu $(y_2)_I$ und

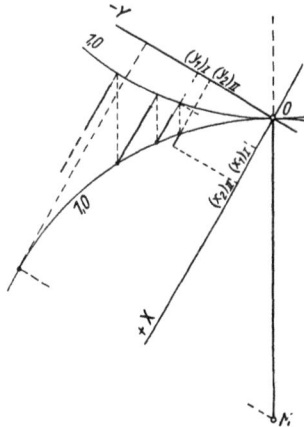

Bild 76.

$(x_2)_I$ gegeben ist. Um auf den Einheitskreis des Spannungsverhältnisses zu kommen, muß um das dick gezeichnete Stück induktiv kompensiert werden. Von dem so erhaltenen Schnittpunkt mit dem Einheitskreis geht man lotrecht nach oben bis zum Schnittpunkt mit dem Einheitskreis der oberen Kreisschar der Spannungsverhältnisse; die Koordinaten dieses Schnittpunktes sind $(y_1)_I$ und $(x_1)_I$. Um die Belastung am Ende des Leitungsstückes II zu erhalten, hat man zur Blindleistung noch den Betrag zu addieren, welcher von den am Anfang des Leitungsstückes I und am Ende des Leitungsstückes II liegenden Leitungskapazitäten aufgenommen wird. Dieser Betrag ist im Bild durch eine dünne Linie kenntlich gemacht. An der Wirkleistung ändert sich nichts, da wir die Koronaverluste vernachlässigt haben.

Man sieht, daß man hierbei nicht zum Spannungsverhältnis 1 kommt. Um dieses zu erreichen, hat man eine Kapazität anzuschalten, welcher ein Blindleistungsverhältnis entspricht, das durch die dickgezeichnete Strecke dargestellt ist. Nun kann man wieder die am Anfang des Leitungsstückes *II* herrschenden Verhältnisse finden, indem man lotrecht nach oben bis zum Schnittpunkt mit dem Einheitskreis der oberen Schar geht usw.

Führt man dieses Verfahren für die angenommene Zahl von Leitungsstücken durch, dann findet man, daß man schließlich nicht mehr auf das Spannungsverhältnis 1 kommen kann, da das Leitungsverhältnis infolge der Verluste auf der Leitung größer wird als die beim Spannungsverhältnis 1 übertragbare maximale Leistung. Dies tritt im gezeichneten Beispiel bei einer Leitungslänge von etwa 700 km ein.

Daraus ergibt sich die wichtige Erkenntnis, daß es bei der verzerrenden Leitung nicht möglich ist, beim Spannungsverhältnis 1 auf beliebige Leitungslängen Energie zu übertragen. Ferner erkennt man, daß man die zwischen zwei Kompensationseinrichtungen liegenden Leitungsstücke nicht beliebig groß wählen darf. Beispielsweise wäre es beim gezeichneten Fall unmöglich, nur etwa alle 800 km zu kompensieren, da bei dieser Übertragungslänge das Spannungsverhältnis 1 überhaupt nicht erreicht werden kann.

Dieses Ergebnis ist nicht überraschend. Denn anläßlich der Untersuchungen mit Hilfe des ersten Arbeitsdiagrammes haben wir gefunden, daß es für jede Leitungslänge bei gegebenem Spannungsverhältnis eine Höchstleistung gibt, die noch übertragen werden kann. Wählt man bei einer langen Leitung das Leistungsverhältnis $(y_2)_I$ kleiner als die auf einem Stück übertragbare Höchstleistung, dann kann man diese Leistung so weit übertragen, bis durch die Verluste auf den folgenden Leitungsstücken das Leistungsverhältnis $(y_2)_I$ auf die übertragbare Höchstleistung ergänzt wird.

Sehr schön zeigt diese Darstellungsart den Einfluß der Leitungsverluste. Je kleiner diese sind, um so größer ist der Winkel Ψ. Für $\Psi = 90^0$ kann jede beliebige Leistung bis zur maximal übertragbaren auf jede Leitungslänge übertragen werden (Bild 58).

Der Vergleich der für die Kompensation notwendigen Einrichtungen bei Leerlauf und bei Belastung lehrt, daß die hierzu notwendigen Drosselspulen und Kondensatoren in ihrer Größe verschieden sind. Die Kompensationseinrichtungen müssen also

r e g u l i e r b a r sein. Die Zahl und Größe der hierbei vorzu-
sehenden Stufen findet man durch wiederholtes Entwerfen des
Diagrammes unter Zugrundelegung der gegebenen Belastungs-
schwankungen.

Hat man die Leitungslängen zwischen 2 Kompensationseinrichtungen gewählt und die Größen der Drosselspulen bzw.
Kondensatoren ermittelt, dann bleibt noch zu untersuchen, wie
sich die einzelnen elektrischen Größen längs dieser Leitungsabschnitte verteilen und ob die hierbei auftretenden Spannungserhöhungen in den zulässigen Grenzen sind. Das hierbei einzu-
schlagende Verfahren ist dasselbe, wie es bei der leerlaufenden
Leitung gezeigt wurde; man unterteilt die einzelnen Leitungsstücke noch weiter in kleinere Unterabschnitte und ermittelt die
Zustände an den Anfängen und Enden dieser Unterabschnitte.

3. Die Gleichstrom-Fernleitung.

Die Untersuchung der Fernleitung mit Wechselstrom bzw.
Drehstrom hat gezeigt, daß die Wirkung der Induktivität und
Kapazität der Leitung für die Fernübertragung gewisse Grenzen
setzen bzw. Einrichtungen nötig machen, um bei Überschreitung
gewisser Grenzen die Stabilität aufrecht zu erhalten. In dieser
Hinsicht ist die Übertragung mit hochgespannten Gleichströmen
im Vorteil, da diese Wirkungen nicht in Erscheinung treten,
weil hier ω gleich Null ist. Nur beim Übergang von einem Belastungszustand in einen anderen, also während des nichtstatio-
nären Vorganges, kommen L und C zur Wirkung. Hier interessieren jedoch nur die s t a t i o n ä r e n Zustände, d. h. die Zustände bei k o n s t a n t e r Belastung.

Von der Gleichstromleitung für N i e d e r s p a n n u n g
unterscheidet sich die Gleichstromfernleitung für H o c h s p a n-
n u n g dadurch, daß hier die Verluste durch Strahlung und un-
vollkommene Isolation berücksichtigt werden müssen. Diese
Verluste belasten die Leitung wie »fein verteilte« Abnehmer.

Es sei hier an den Fall einer gleichmäßig belasteten N i e d e r-
s p a n n u n g s l e i t u n g erinnert; dort wurde die Belastung
längs der Leitung auch durch die Verbraucher gebildet, welche
mit gleichen Belastungen in feiner Verteilung angeschlossen sind.
Für diese Leitung wurde gefunden, daß der Spannungsabfall
längs der Leitung nach einer P a r a b e l auf den am Ende der
Leitung herrschenden höchsten Spannungsabfall anwächst. Es
ist aber nicht zulässig, dieses Rechnungsergebnis auch für die
Fernleitung als gültig annehmen zu wollen; denn zwischen den

beiden Belastungsarten besteht ein wesentlicher U n t e r s c h i e d. Bei den Niederspannungsleitungen nimmt man nämlich an, daß die Belastungen der längs der Leitung fein verteilten Abnehmer u n a b h ä n g i g vom Spannungsabfall ist, der an der Stelle der Stromabnahme herrscht. Diese Annahme ist zulässig, weil der zugelassene Spannungsabfall bei den Niederspannungsleitungen sehr gering ist. Bei den Fernleitungen ist jedoch diese Annahme nicht mehr zulässig, weil man es hier mit g r ö ß e r e n Spannungsabfällen zu tun hat. Dies ist der wohl zu beachtende Unterschied zwischen den beiden Leitungen mit fein verteilten Belastungen.

Bei der Untersuchung der Gleichstromfernleitung werden wir wieder so vorgehen, daß wir die Leitung in einzelne Stücke zerlegen und die längs dieser Stücke wirksamen Verluste je zur Hälfte als Belastung am Anfang und Ende eines jeden Stückes verlegen. Dadurch entsteht eine Leitung, welche eine Vierpolkette aus rein O h m s c h e n Widerständen darstellt.

Bei der Untersuchung dieser Vierpolkette kann man mehrere Wege gehen. Die eine Methode schließt sich eng an die eben durchgeführte Rechnung der langen Drehstromleitung an. Man hat hier nur zu beachten, daß der Winkel Ψ jetzt gleich Null ist. Im übrigen ist der Rechnungsgang der gleiche, wie oben gezeigt wurde. Es gibt jedoch für die Gleichstromleitung e i n f a c h e r e Verfahren, die im folgenden angewendet werden sollen.

Zunächst ist die einfache Methode der a l g e b r a i s c h e n R e c h n u n g zu nennen, die auf der wiederholten Anwendung des einfachen Ohmschen Gesetzes beruht. Man beginnt mit der Rechnung am Ende des letzten, wie üblich mit I bezeichneten Leitungsstückes. An dieser Stelle ist die Spannung $(U_0)_I$ und der Belastungsstrom $(J_2)_I$ gegeben. Damit kann man den Spannungsabfall im Leitungswiderstand R_I und die Spannung $(U_0)_{II}$ zwischen den Stücken I und II berechnen und die neu hinzukommenden Ströme in den Leitwerten, welche die Ableitung am Anfang des Stückes I und am Ende des Stückes II ersetzen. Damit ist der Strom $(J_2)_{II}$ bekannt. Nun berechnet man den Spannungsabfall im Widerstand R_{II} und die Spannung im Punkt Null zwischen den Leitungsstücken II und III usw.

Am anschaulichsten ist eine g r a p h i s c h e Methode, welche sich der bei den Niederspannungsleitungen entwickelten »Leitungsgitter« bedient. Für die Darstellung dieses Diagrammes sei eine Leitung zugrunde gelegt mit den Belägen $R_0 = 0{,}4$ Ohm/km und $A_0 = 1 \cdot 10^{-6}$ Siemens/km. Die Länge der Leitungsstücke nehmen wir zu 200 km an. Bei diesen Längen ist sehr genau

$R = 200 \cdot 0{,}4 = 80$ Ohm und $A = 200 \cdot 1 \cdot 10^{-6} = 2 \cdot 10^{-4}$ Siemens. An Hand der Gl. (27) kann man nachrechnen, daß dies der Fall ist. Am Anfang und am Ende eines jeden Leitungsstückes ist demnach die Ableitung $^1/_2\, A$ anzunehmen. Das Bild 35 stellt diese Kette dar, wenn man $R = 80$ Ohm, die Induktivität ωL und die Kapazitäten am Anfang und am Ende eines jeden Stückes gleich Null setzt, so daß nur mehr die Ableitungen dort vorhanden sind.

Es sollen nun die wichtigsten Belastungsfälle der Gleichstromfernleitung untersucht werden.

a) Belastung.

1. Fall. Am Ende der Leitung sei ein Widerstand Z eingeschaltet, der die Leitung mit der natürlichen Leistung belastet. Man findet für diesen Widerstand

$$Z = \sqrt{\frac{R_0}{A_0}} = 632{,}5 \text{ Ohm.}$$

Bei der Konstruktion des Diagrammes geht man so vor (Bild 77 a): Man macht die Strecke Oc gleich der Spannung am Ende der Leitung, also gleich $(U_0)_l$. Diese Spannung werde zu 100 kV angenommen. Dann nimmt der Widerstand Z den Strom auf

$$(J_0)_l = \frac{100\,000}{632{,}5} = 158{,}1 \text{ A.}$$

Diesen Strom tragen wir als Strecke oO auf und verbinden die Punkte o und c miteinander; diese Verbindungslinie ist mit Z bezeichnet. Durch die Ableitung zwischen den Punkten Null und 2 des Stückes I fließt der Strom

$$(U_0)_l\, \frac{A}{2} = 10 \text{ A.}$$

Diesen Strom tragen wir als Strecke bO auf und verbinden die Punkte c und b miteinander. Diese Strecke ist mit A bezeichnet. Nun rechnet man noch den Spannungsabfall im Widerstand R_I aus. Dieser ist

$$80 \cdot 158{,}1 = 12\,648 \text{ V.}$$

Wir machen die Strecke rO gleich diesem Wert und verbinden die Punkte o und r miteinander. Diese Verbindungslinie ist mit R bezeichnet.

Nun kann man mit der eigentlichen Konstruktion beginnen. Man trägt von O aus nach rechts den Strom von 158,1 A auf und

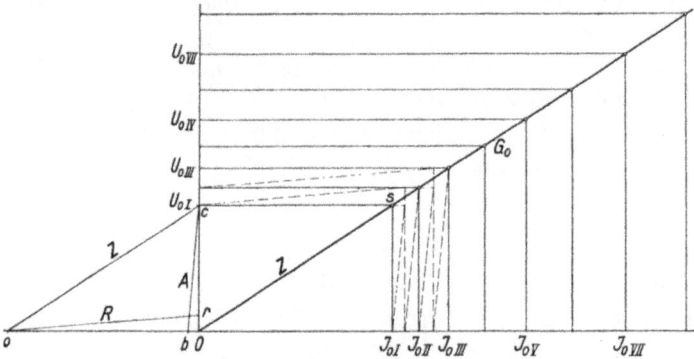

Bild 77 a.

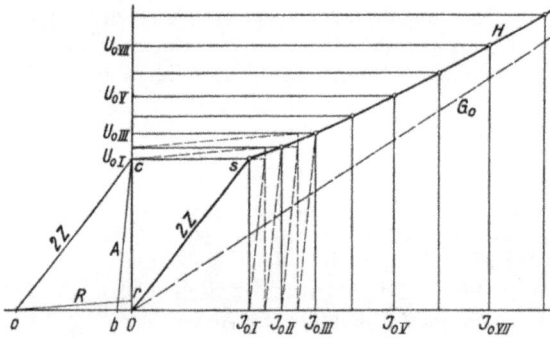

Bild 77 b.

erhält den Punkt $(J_0)_I$ und errichtet hier die Senkrechte auf der Abszissenachse. Durch c legt man die Parallele zur Abszissenachse und erhält mit der genannten Senkrechten den Schnittpunkt s. Die Verbindungslinie Os ist natürlich parallel und gleich der Verbindungslinie oc. Nun zeichnet man durch den Punkt $(J_0)_I$ die Parallele zu A bis zum Schnittpunkt mit $(U_0)_I$, da die Ableitung parallel zum Widerstand Z liegt. Damit findet man den

Strom im Punkt 2 des Stückes *I*; er wird durch die Strecke *O* $(J_2)_I$ dargestellt.

In $(J_2)_I$ errichtet man die Senkrechte und durch *c* zeichnet man die Parallele zu *R*, um den Spannungsabfall im Widerstand R_I zu erhalten. Durch den Schnittpunkt der beiden legt man die Parallele zur Abszissenachse und findet damit die Spannung $(U_0)_{II}$ im Punkt Null zwischen den beiden Stücken *I* und *II*.

An dieser Spannung liegen die beiden Ableitungen vom Anfang des Stückes *I* und vom Ende des Stückes *II*. Indem man von $(J_2)_I$ aus die zwei Parallelen zu *A* zeichnet, findet man den

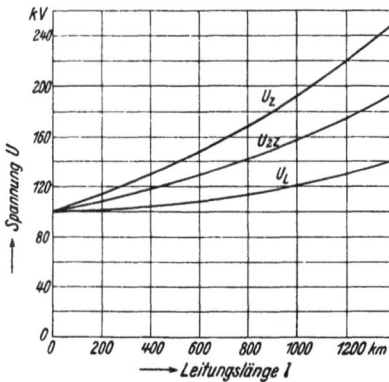

Bild 78.

Strom $(J_2)_{II}$ im Punkt 2 des Stückes *II*. Nun zeichnet man wieder den Spannungsabfall im Widerstand R_{II} und fährt in dieser Weise fort, indem man die entsprechenden Rechtecke für die Ableitung und für den Spannungsabfall neben- und übereinander anreiht. Damit sind die Spannungen und die Ströme in den einzelnen Punkten Null der Leitung gefunden. Das Ergebnis ist im Bild 78 abhängig von der Leitungslänge aufgetragen (Kurve U_Z).

Aus dem Diagramm des Bildes 77 a findet man die bemerkenswerte Beziehung, daß alle Spannungen in den Punkten Null auf einer G e r a d e n G_0 liegen, die durch den Koordinatenanfangspunkt geht. Die Neigung dieser Geraden ist aber ein Maß für den Widerstand der Leitung bis zu den einzelnen Punkten Null. Daraus folgt, daß der Widerstand der Leitung vom Ende an gemessen bis zu irgend einem Punkt gegen den Anfang zu immer gleich groß ist, und zwar gleich dem Widerstand *Z*, da

ja die Gerade auch durch den Belastungspunkt am Ende der
Leitung geht. Aus diesem Grund stellt die Kurve U_Z des Bildes 78
in einem anderen Maßstab gemessen zugleich den Strom in den
Punkten Null der Leitung dar.

Einen ähnlichen Fall haben wir früher kennengelernt,
nämlich bei der Belastung einer Drehstromleitung mit ihrem
Wellenwiderstand. Wie dort, so kann man auch hier nachweisen,
daß die Kurve U_Z eine Exponentialkurve ist. Doch soll hierauf
nicht näher eingegangen werden, da diese Untersuchungen nur
theoretisches Interesse bieten.

Belastung; 2. Fall. In Bild 77 b ist das Leitungsgitter
für dieselbe Leitung, jedoch bei der Belastung mit dem doppelten
Wellenwiderstand 2 Z aufgezeichnet; dabei ergibt sich für die
Spannungsverteilung die Kurve U_{2Z} in Bild 78. Zeichnet man
in Bild 78 wieder die Verbindungslinie aller Spannungen in den
Punkten Null der Leitung, dann erhält man keine Gerade mehr,
sondern die Kurve H. Trägt man auch die Gerade G_0 aus Bild 77 a
ein (gestrichelte Linie), dann findet man, daß die Kurve H dieser
Geraden immer mehr dieselbe Neigung annimmt, je länger die
Leitung ist. Daraus folgt, daß bei sehr langen Leitungen die
Spannungsverteilung längs der Leitung schließlich in diejenige
übergeht, welche bei der Belastung mit dem Wellenwiderstand
vorhanden ist, d. h. in die exponentielle Spannungsverteilung. Die Theorie lehrt, daß bei Belastungen, die von der
natürlichen Belastung abweichen, die Spannungsverteilung einer
Hyperbelfunktion folgt, die bei sehr langen Leitungen
in die Exponentialfunktion übergeht.

Auch hier geben die Verbindungslinien des Koordinaten-
anfangspunktes mit den Punkten Null des Diagrammes die Ersatzwiderstände der Leitung an. Man sieht, daß hier diese Verbindungslinien verschiedene Neigungen aufweisen, die allerdings mit zunehmender Länge der Leitung sich allmählich decken. Dann
stellt der Tangens des Neigungswinkels wieder den Widerstand Z dar.

Wohl keine Darstellungen läßt die Zustände auf der Leitung
so deutlich erkennen wie das Leitungsgitter.

b) Leerlauf.

Im Bild 78 ist auch die Kurve für die Spannungsverteilung
der leerlaufenden Leitung eingetragen (Kurve U_L).

Man sieht aus diesen Untersuchungen, daß bei der Gleichstromübertragung alle Erscheinungen, die bei der Wechselstromübertragung durch die Reflexion der Wellen hervorgerufen werden, und die manche Schwierigkeiten verursachen, wegfallen. In dieser Hinsicht ist demnach die Wechselstromübertragung der Gleichstromübertragung gegenüber im Nachteil. Der wichtigste Vorteil der Gleichstromübertragung dürfte darin zu erblicken sein, daß hier das Stabilitätsproblem nicht vorhanden ist. Dieser Vorteil kommt aber nur dann entscheidend in Frage, wenn sehr große Entfernungen überbrückt werden müssen und keine Möglichkeit besteht, die Drehstromübertragung mit Phasenschieberstationen anzuwenden.

Die Aufgaben der Gleichstromübertragung können auch mit Hilfe der Ossanna-Diagramme gelöst werden. Hierbei schrumpft das Koordinatensystem auf die Y-Achse zusammen, die mit der Richtung der MO-Linie zusammenfällt. Mit Hilfe der oberen und unteren Kreisschar werden die Untersuchungen wie bei der Wechselstromübertragung durchgeführt.

IV. Das Mastbild.

Seit dem Bau von Hochspannungsleitungen sind eine große Zahl von Mastbildformen entwickelt worden. In der Hauptsache war hierbei die Rücksicht auf die m e c h a n i s c h e Beanspruchung für die Konstruktion der Maste maßgebend und da hat sich gezeigt, daß eine große Zahl von Ausführungsformen bei ungefähr gleichen Baukosten in mechanischer Hinsicht gleichwertig sind.

Man kann die heute gebräuchlichen Mastbilder in drei Gruppen teilen (Bild 79). Bei der Gruppe I sind die Phasenseile ü b e r einander angeordnet; bei einer Einfach- und bei Doppelleitungen für Drehstrom sind demnach drei Ausleger, die übereinanderliegen, vorhanden. Bei der Gruppe II sind alle Phasenseile in g l e i c h e r Höhe verlegt. Die Gruppe III umfaßt die g e m i s c h t e n Anordnungen. Hierbei sind bei den Mastbildern mit Doppelleitungen nur zwei Ausleger vorhanden.

Bei übereinanderliegenden Phasenseilen vermeidet man es, die Phasenseile in der gleichen lotrechten Ebene zu verlegen, weil sonst die Gefahr besteht, daß die Seile zusammenschlagen und Erd- oder Kurzschlüsse erzeugen, wenn ein Phasenseil beim Abwurf der Schneelast emporschnellt. Es ist deshalb notwendig, die Seile gegeneinander zu v e r s e t z e n. Deshalb laden die Ausleger dieser Mastbilder verschieden weit aus. Dabei können die Ausleger mit der größten Ausladung unten, in der Mitte oder oben angeordnet sein.

Während bisher, wie erwähnt, die Mastbilder hauptsächlich mit Rücksicht auf mechanische Festigkeit entwickelt worden sind, fordert man heute immer dringender, daß sie auch »b l i t z s i c h e r« sein müssen. Die Formen der Maste werden dadurch insofern beeinflußt, als zur Erfüllung dieser Bedingung eine gewisse M i n d e s t z a h l von E r d s e i l e n und eine bestimmte A n o r d n u n g derselben den Phasenseilen gegenüber notwendig sind. Das Problem des Baues blitzsicherer Leitungen soll im folgenden näher untersucht werden.

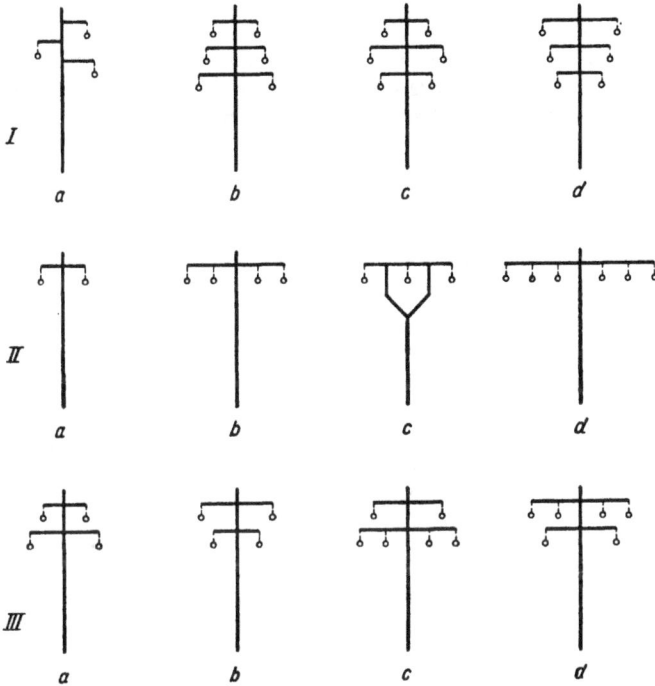

Bild 79.

A. Grundlagen für den Blitzschutz.

1. Die Entwicklung des Blitzschutzes.

Nach den üblichen Anschauungen sind hoch emporragende Bauwerke in erhöhtem Maß durch Blitzeinschläge gefährdet. Deshalb hielt man es schon in der ersten Zeit des Baues von Hochspannungsleitungen (etwa von 1893 bis 1914) für notwendig, sie gegen die unmittelbaren Einschläge zu schützen. Man hat dabei in Ermangelung anderer Kenntnisse dieselben Regeln beobachtet, die bei der Errichtung von Fangstangen und Erdseilen für den G e b ä u d e s c h u t z bis auf den heutigen Tag üblich sind. Insbesondere wurden E r d s e i l e als Fangvorrichtung verwendet und auf den Mastspitzen verlegt nach Art der Firstleitungen beim Gebäudeschutz.

Beim G e b ä u d e s c h u t z nimmt man an, daß eine F a n g s t a n g e einen k e g e l f ö r m i g e n Schutzraum erzeugt, wobei der Kegel durch die Fangstange als Achse und durch eine unter 45° hierzu geneigte, von der Stangenspitze ausgehende Gerade als Erzeugende des Kegelmantels gebildet wird. In entsprechender Weise schreibt man dem F a n g d r a h t (Erdseil) einen Schutzraum nach Form eines S a t t e l d a c h e s zu, wobei der Fangdraht den First des Satteldaches bildet. Die beiden Flächen des Satteldaches schließen miteinander den Winkel von 90° ein. Sowohl der Querschnitt des kegelförmigen als auch des dachförmigen Schutzraumes ist demnach ein gleichschenkeliges Dreieck mit dem Spitzenwinkel von 90°. Man nennt diesen Schutzraum vielfach »90°-Schutzraum« oder auch »45°-Schutzraum«.

Nimmt man an, daß diese Schutzräume tatsächlich gültig sind, und wendet man diese Regeln auch für die Anordnung der Erdseile den Phasenseilen gegenüber an, dann findet man, daß für die Maste der Gruppen I und III nur e i n e i n z i g e s Erdseil notwendig ist. Dieses kann bequem bei allen diesen Mastbildformen auf den Mastspitzen verlegt werden.

Im Laufe der Entwicklung hat man jedoch die Erfahrung gemacht, daß dieser Schutz nicht ausreicht, sondern oft v e r - s a g t; denn es kommt häufig vor, daß der Blitz nicht in das hierfür vorgesehene Erdseil, sondern daneben, nämlich in die P h a s e n s e i l e einschlägt. Dies wurde deutlich offenbar an den zertrümmerten Isolatoren und an durchgeschlagenen Wicklungen. Damit ging das Vertrauen auf das Erdseil als Blitzableiter verloren und man glaubte, den unmittelbaren Einschlag in die Phasenseile wehrlos als »höhere Gewalt« hinnehmen zu müssen.

In dem Für und Wider über den Nutzen des Erdseils siegte jedoch die Ansicht, daß das Erdseil b e i b e h a l t e n werden müsse, erstens, weil dadurch die E r d u n g der Maste verbessert wird und zweitens, weil das Erdseil einen gewissen Schutz gegen Ü b e r s p a n n u n g e n bietet, welche durch die sogenannten i n d i r e k t e n Einschläge in den Phasenseilen »influenziert« werden, d. h. durch Entladungen, welche zwar nicht unmittelbar in die Leitung, aber doch in deren n ä c h s t e n N ä h e einschlagen. Die Untersuchung der influenzierten Spannungen führte zu folgender Erkenntnis:

Nach der Lehre der Elektrostatik nimmt ein vollkommen isolierter Draht, der zwischen zwei Platten, also in einem homogenen Feld gespannt ist und sich auf einer Äquipotentialfläche befindet, die Spannung U_i an, wobei

$$U_i = \mathfrak{E}\, h;$$

hierin bedeuten $\mathfrak{E}$ die Feldstärke des homogenen Feldes und h die Höhe des Drahtes über der geerdeten Platte. Das atmosphärische elektrische Feld unmittelbar über der ebenen Erdoberfläche kann als h o m o g e n angenommen werden. Also gilt diese Gleichung auch für ein parallel zur Erdoberfläche gespanntes, v o l l k o m m e n isoliertes P h a s e n s e i l.

Ist das Phasenseil in u n v o l l k o m m e n e r Weise isoliert, was wegen der, wenn auch geringen Leitfähigkeit der Isolation stets der Fall ist, dann hat das Phasenseil bei l a n g s a m e n Änderungen des elektrischen Feldes stets die Spannung N u l l gegen Erde. Anders liegen jedoch die Verhältnisse bei sehr r a s c h e n Feldänderungen, wie sie beim plötzlichen Blitzschlag auftreten. In diesem Fall hat die auf der Leitung liegende Ladung nicht Zeit, genügend rasch über den Isolationswiderstand zur Erde abzufließen. Die Rechnung ergibt, daß dann die Leitung die Spannung $- U_i$ annimmt, die bei den hohen unmittelbar vor dem Blitzschlag vorhandenen Feldstärken bedeutende Werte annehmen kann. Man vermutete, daß diese influenzierten Überspannungen ausreichen, um Isolatoren zu überschlagen, Wicklungen zu zerstören und Erd- und Kurzschlüsse zu erzeugen, wie sie bei Blitzschlägen beobachtet werden. Darin erblickte man also die Gefährdung der Leitungen durch die indirekten Blitzschläge.

Aus der einfachen Gleichung für U_i ergibt sich die Erkenntnis, daß Maste mit g e r i n g e n Phasenseilhöhen h in dieser Hinsicht g ü n s t i g e r sind, als solche mit hohen Phasenseillagen. Dieser Erkenntnis verdanken die Mastbilder der Gruppe II mit waagrechter Phasenseilanordnung zum großen Teil ihre weite Verbreitung.

Natürlich sind dem Bestreben, die Phasenseile möglichst nahe an die E r d e heranzubringen, also h möglichst klein zu halten, aus naheliegenden Gründen Grenzen gesetzt. Nun stellt aber das E r d s e i l eine »künstliche« Erde dar, die sehr nahe an die Phasenseile herangebracht werden kann und damit dient also das Erdseil, wenn auch nicht, wie man annahm, zum Schutz gegen die unmittelbaren Einschläge, so doch durch die Herabminderung der influenzierten Überspannungen als Schutz gegen die Wirkung der indirekten Einschläge; denn durch das Erdseil wird der Abstand der Phasenseile von der Erde sozusagen v e r k l e i n e r t. Die Wirkung des Erdseils als Schutz gegen die influenzierten Überspannungen kann man sich demnach so vorstellen, daß die wahre Höhe h eines Phasenseiles über der Erde auf die scheinbar geringere Höhe h_s vermindert wird, wenn in seiner Nähe ein Erdseil angeordnet ist.

Rechnet man die Schutzwirkung eines einzelnen, möglichst nahe beim Phasenseil verlegten Erdseiles nach, dann findet man, daß h_s hierbei den Wert annimmt

$$h_s = (0,7 \text{ bis } 0,75)\, h;$$

d. h. die Wirkung des Erdseils ist dieselbe, als wenn das in Wirklichkeit in h Meter über der Erde verlegte Phasenseil nur in der Höhe h_s über der Erde verlegt wäre. Allerdings erkennt man zugleich, daß die Schutzwirkung eines e i n z e l n e n über den Phasenseilen gespannten Erdseils nicht sehr groß ist. Deshalb wurde vorgeschlagen, m e h r e r e E r d s e i l e über den Phasenseilen anzuordnen. Die Rechnung ergibt für die mittlere Schutzwirkung von mehreren Erdseilen folgende Werte für h_s

bei 2 Erdseilen $h_s = 0,66 \text{ bis } 0,63) \cdot h;$
bei 3 Erdseilen $h_s = (0,61 \text{ bis } 0,57) \cdot h.$

Auf eine erhebliche Schutzwirkung der Erdseile gegen die influenzierten Überspannungen kann man demnach nur bei Anwendung von mindestens zwei noch besser von drei Erdseilen rechnen.

So sind die Mastbilder mit m e h r e r e n E r d s e i l e n entstanden, wie sie auch heute noch vielfach im Gebrauch sind.

Damit beginnt eine neue Zeit der Entwicklung des Blitzschutzes, die etwa mit dem Jahr 1914 einsetzt. Also nicht die Forderung nach dem Schutz gegen die u n m i t t e l b a r e n Blitzschläge führte zur Anwendung von mehreren Erdseilen auf dem Mast; diesen Schutz hielt man vielmehr damals immer noch für u n e r r e i c h b a r. Man hat damals sogar empfohlen, die Erdseile u n t e r h a l b der Phasenseile anzuordnen, da sie hierbei in gleicher Weise gegen die influenzierten Überspannungen schützen, die mechanische Beanspruchung der Maste, insbesondere der Spitzenzug, aber geringer ist. Daß aber in dieser Anordnung die Erdseile die unmittelbaren Blitzschläge nicht abwehren können, liegt auf der Hand.

Bei den Leitungsanlagen mit m e h r e r e n über den Phasenseilen verlegten Erdseilen machte man im Lauf der Zeit eine b e m e r k e n s w e r t e Erfahrung, die für die Weiterentwicklung des Leitungsschutzes von a u s s c h l a g g e b e n d e r Bedeutung wurde. Man beobachtete, daß die zwar aus anderen Gründen so verlegten Erdseile zugleich einen gewissen, wenn auch nicht vollkommenen Schutz gegen die u n m i t t e l b a r e n E i n s c h l ä g e bieten; denn die Anlagen mit m e h r e r e n Erdseilen haben viel weniger unter direkten Phasenseileinschlägen zu leiden, als solche mit nur e i n e m Erdseil. Dies war nur so zu erklären, daß die Erdseile tatsächlich viele unmittelbare Einschläge aufnehmen und von den Phasenseilen fernhalten.

Damit wird die d r i t t e E p o c h e der Entwicklung des Leitungsschutzes eingeleitet. Am Anfang dieser Zeit steht die Streitfrage, ob der Schutz gegen die direkten Einschläge zugunsten des Schutzes gegen die unmittelbaren Einschläge vernachlässigt werden darf. Zur Entscheidung dieser Frage sammelte man möglichst viele Fälle von Einschlägen in der Nähe von Leitungsanlagen und untersuchte, ob hierbei Störungen durch influenzierte Überspannungen aufgetreten sind. Man fand dabei, daß selbst Einschläge in den Boden im Abstand von nur 40 m keine Störungen erzeugt haben. Daraus schloß man, daß die indirekten Einschläge tatsächlich nicht die Gefährlichkeit besitzen, die man ihnen bisher zugeschrieben hat. Noch aufschlußreicher für die Ungefährlichkeit der indirekten Einschläge ist nach Ansicht des Verfassers die Beobachtung, daß Einschläge in noch näherem Abstand von den Phasenseilen, nämlich die Einschläge in die E r d s e i l e selbst, keine Störungen durch influenzierte Überspannungen hervorrufen, wenn die Erdung der Erdseile einwandfrei ist.

Nach dem Ergebnis dieser Beobachtungen trat man mit berechtigten Hoffnungen wieder dem Problem näher, die Leitungsanlagen gegen den gefährlichsten Überspannungserreger, gegen die u n m i t t e l b a r e n Einschläge zu schützen.

Die Frage, die nunmehr zu beantworten war, lautete: In welcher Zahl und in welcher Anordnung hat man die Erdseile über den Phasenseilen zu verlegen, um diese mit Sicherheit vor den unmittelbaren Einschlägen zu schützen?

In der Zeit von etwa 1925 an hat man in allen Kulturländern die B l i t z f o r s c h u n g aufgenommen, um diese Fragen zu beantworten. Zu diesem Zweck hat man viele Leitungsanlagen mit M e ß e i n r i c h t u n g e n ausgerüstet. Hier interessieren besonders die Meßergebnisse, die mit Hilfe von eingebauten Stahlstäbchen hinsichtlich der E i n s c h l a g s t e l l e n des Blitzes gewonnen worden sind.

Die Auswertung der Stahlstäbchenangaben bestätigte tatsächlich, daß durch die Erdseile manche Einschläge abgefangen und schadlos zur Erde abgeleitet werden. Allerdings bewiesen die noch beobachteten Phasenseileinschläge, daß die bisherigen Erdseilanordnungen n i c h t geeignet sind, alle Blitze abzufangen und den »Vollschutz« der Leitungsanlage zu gewähren.

Scheinbar stehen die Erfahrungen, daß selbst bei Leitungsanlagen mit nur einem Erdseil auch eine Reihe von Blitzen durch
die Erdseile abgefangen werden, im Widerspruch mit den Erfahrungen der ersten Entwicklungszeit. Dieser scheinbare Widerspruch ist aber leicht aufzuklären. Damals wurden nämlich nur
diejenigen Blitzeinschläge offenbar, die sich durch die Zerstörung
von Isolatoren oder durch Wicklungsdurchschläge bemerkbar
gemacht haben, während diejenigen, welche durch die Erdseile
schadlos abgeführt wurden, der Beobachtung entgangen sind;
denn es waren damals noch keine Stahlstäbchen eingebaut, durch
welche auch diese Einschläge registriert werden.

Nunmehr hat der Leitungsschutz eine merkwürdige Entwicklung genommen. Die Tatsache einerseits, daß auch ein ein-
zelnes auf den Mastspitzen verlegtes Erdseil manche Blitze aufnimmt und die Erfahrung andrerseits, daß trotz der damaligen
Anordnung von mehreren Erdseilen der vollkommene Blitzschutz
doch noch nicht erreicht wird, hat viele Werke veranlaßt, sich
wieder mit der Anordnung von nur einem Erdseil zu begnügen.
Es ist also zunächst eine r ü c k l ä u f i g e Bewegung in der Entwicklung des Leitungsschutzes festzustellen. Der Vorteil bei der
Anordnung von nur einem Erdseil liegt ja auf der Hand, die
Leitungsanlage wird billiger. Freilich hat man dabei kaum bedacht, daß die von dem einzigen Erdseil nicht abgefangenen Einschläge größere Schäden und Einnahmeausfälle verursachen
können, als die Ersparnisse durch die billigeren Anlagekosten
ausmachen.

Natürlich gibt es viele Anlagen, bei welchen Betriebsunter-
brechungen unbedingt vermieden werden müssen, selbst wenn
hierzu Mittel notwendig wären, die erhöhte Kosten verursachen.
Es sei hier an die Fernleitungen für Vollbahnen, an chemische
Fabriken, Hüttenwerke usw. erinnert. Daß aber die Erdseilanordnungen, die nach den Ergebnissen der neuesten Forschungen
bemessen sind, w i r t s c h a f t l i c h t r a g b a r sind, kann wie
folgt bewiesen werden. Es gelingt nämlich, mit der g l e i c h e n
Anzahl von Erdseilen wie bisher, jedoch bei r i c h t i g e r A n-
o r d n u n g derselben den b l i t z s i c h e r e n Schutz der
Phasenseile zu erreichen. Nachdem man bisher die Anordnung
von zwei und drei Erdseilen gegen die indirekten Einschläge für
wirtschaftlich tragbar gehalten hat, obwohl man befürchtete, daß
damit nicht viel für den Schutz gegen die unmittelbaren Einschläge gewonnen ist und die dadurch entstehenden Schäden noch
zu tragen sind, kann man wohl nicht annehmen, daß dieselbe
Zahl von Erdseilen nunmehr wirtschaftlich nicht tragbar sei.

Darüber hinaus ist hinsichtlich der Frage der Wirtschaftlichkeit noch folgendes zu erwägen: Man ist sich heute darüber einig, daß die Hauptstörungsursache der elektrischen Übertragung die Überspannungen sind und die damit verbundenen Erd- und Kurzschlüsse, welche durch die u n m i t t e l b a r e n B l i t z e i n - s c h l ä g e verursacht werden. In den Zeiten, als man sich dieser nicht zu erwehren wußte und glaubte, sie als höhere Gewalt hinnehmen zu müssen, hat man versucht, den unmittelbaren Einschlag auf i n d i r e k t e m Weg zu bekämpfen, so durch verstärkte Isolation der in Mitleidenschaft gezogenen Teile der elektrischen Anlagen, durch Überspannungsschutzapparate, selektive Auslösung usw. Diese Art des Kampfes gegen den Blitzschlag erfordert also Einrichtungen, die sicherlich die Kosten der Anlagen in viel stärkerem Maß beeinflussen als der Schutz durch die Erdseile. Wenn es nun tatsächlich gelingt, die Erdseilanordnungen so zu verbessern, daß dadurch a l l e i n schon der vollkommene Blitzschutz erreicht wird, dann wird man im Lauf der Zeit auf manche andere indirekt wirkende Einrichtungen verzichten können und damit manche Kosten ersparen. Aber abgesehen von alledem gilt auch hier der Satz, daß Vorbeugen besser ist als Heilen.

2. Physikalische Grundlagen des Blitzschutzes.

Der Blitz ist eine Entladung auf g r o ß e Schlagweiten. Aus der Lehre über die elektrischen Entladungen ist bekannt, daß bei sehr großen Schlagweiten dem eigentlichen Funken eine »Vorentladung« vorausgeht, welche die Bahn des nachfolgenden Funkens ionisiert und damit vorbereitet. Ferner ist bekannt, daß in diesem Gebiet zwischen Schlagweite und Funkenspannung P r o p o r t i o n a l i t ä t herrscht. Dies gilt für alle Spannungsarten und für beide Polaritäten der Entladungselektrode.

Aus der elektrischen Festigkeitslehre ist bekannt[1]), daß zwischen der Durchschlagspannung U_d, der Durchschlagfestigkeit $\mathfrak{E}_d$ und der Schlagweite a bei den einzelnen Elektrodenpaaren die Beziehung besteht

$$U_d = \mathfrak{E}_d \, a \, \eta;$$

hierin bedeutet η einen Faktor, der angibt, um wieviel ungünstiger die Anordnung ist als die Plattenanordnung, für welche $\eta = 1$ ist. Das oben genannte Gesetz für große Schlagweiten kommt in

---

[1]) A. S c h w a i g e r: Elektrische Festigkeitslehre, 2. Auflage. J. Springer, Berlin.

der Formel dadurch zum Ausdruck, daß das Produkt $\mathfrak{E}_d \eta$ konstant und seine Größe für die Neigung der Funkengeraden maßgebend ist.

Das Produkt $\mathfrak{E}_d \eta$ hat nun bei den einzelnen Elektrodenpaaren verschiedene Werte, je nach der Form der Elektroden und der Polarität der Entladungselektrode. Im Koordinatensystem erhält man demnach für die Abhängigkeit der Funkenspannung von der Schlagweite bei verschiedenen Elektrodenpaaren eine Schar von Geraden mit verschiedenen Neigungen gegen die Abszissenachse.

Der Vorentladung des B l i t z e s, durch die seine Bahn und die Einschlagstelle bestimmt wird, steht bei ihrer Annäherung zur Erde eine g r o ß e Z a h l von Elektroden gegenüber, so bei der Leitungsanlage die Erdseile, die Phasenseile, die Maste und schließlich die Erdoberfläche. Im Gegensatz zur »Zweielektrodenanordnung« liegt hier der Fall einer »Vielelektrodenanordnung« vor. Die Frage, auf deren Lösung es für den Blitzschutz der Leitungsanlagen ankommt, lautet: In welche der auf der Erde vorhandenen Elektroden schlägt die wegbereitende Vorentladung ein?

Der Lösung dieser Frage stehen scheinbar unüberwindliche Schwierigkeiten im Weg, und zwar in erster Linie deshalb, weil die Formen der geerdeten Elektroden sehr verschieden sind und insbesondere, weil die Form der gegen die Erde vorwachsenden Vorentladung nicht bekannt sind. Man weiß also nicht, welches Funkengesetz man der Berechnung der Schutzwirkung zugrunde legen muß.

Man hat zwar versucht, die hier geltenden Durchschlaggesetze auf e x p e r i m e n t e l l e m Weg an Modellen zu erforschen. Man ist jedoch hier zu Resultaten gekommen, die weder unter sich, noch mit den Beobachtungen wirklicher Einschläge in Einklang zu bringen sind.

Der Verfasser hat nun gefunden, daß bei den g r o ß e n S c h l a g w e i t e n, wie sie beim Blitzschlag vorliegen und bei V i e l e l e k t r o d e n a n o r d n u n g e n glücklicherweise andere, viel e i n f a c h e r e Gesetze für die Funkenentladungen gelten als bei kleineren Schlagweiten. Denkt man sich die ruckweise vorwachsende Vorentladung durch eine Elektrode ersetzt, dann kann man die Vielelektrodenanordnung so auffassen, daß diese Blitzelektrode mit jeder einzelnen geerdeten Elektrode ein Elektroden p a a r bildet. Die neuen Gesetze für die Vielelektrodenanordnung sagen nun aus, erstens, daß die Funkenspannung bei

jedem Elektrodenpaar auch hier p r o p o r t i o n a l mit der
Schlagweite wächst und zweitens, daß alle dieses Funkengesetz
darstellenden Geraden d e n s e l b e n Proportionalitätsfaktor
besitzen und die dieses Gesetz darstellenden Geraden sich demnach d e c k e n, gleichgültig, welche Form die Blitzelektrode
und die geerdeten Elektroden besitzen, ferner unabhängig davon,
wie viele geerdete Elektroden und in welcher gegenseitigen Anordnung sie vorhanden sind. Formelmäßig ausgedrückt heißt
dies, daß das Produkt $\mathfrak{E}_d \eta$ für alle Elektrodenpaare d e n-
·s e l b e n Wert besitzt. Damit scheidet also unter anderen auch
die Frage aus über die Form des Kopfes, den die vorwachsende
Vorentladung besitzt und ob diese Form flüchtig und unbe-
ständig ist oder nicht.

B. Versuche und Beobachtungen.

1. Versuche.

Die Bedeutung des Gesetzes für große Schlagweiten hinsichtlich des Blitzschutzes erkennt man am besten an folgender
Versuchsanordnung. Stellt man einer den Blitz darstellenden
Elektrode zwei geerdete Elektroden i m g l e i c h e n A b-
s t a n d gegenüber, beispielsweise eine ebene Fläche (die Boden-
fläche) und einen parallel hierzu gespannten Draht (das Erdseil)
und legt man an diese Anordnung eine Spannung, am besten
eine Stoßspannung, dann muß bei Steigerung der Spannung der
Einschlag abwechslungsweise in die beiden geerdeten Elektroden
erfolgen, obwohl diese ganz verschiedene Formen besitzen. Dabei
muß es auch gleichgültig sein, ob als Blitzelektrode eine Kugel,
eine Spitze usw. verwendet wird. V e r k ü r z t man aber den
Abstand einer dieser beiden Elektroden von der Blitzelektrode,
dann müssen alle Entladungen in diese n ä h e r liegende Elektrode einschlagen, während die entferntere Elektrode nicht mehr
getroffen wird.

Man muß dann den Versuch noch weiter ausdehnen, indem
man w e i t e r e geerdete Elektroden i m K r e i s um die Blitzelektrode anordnet, beispielsweise einen weiteren oder mehrere
parallel zur Ebene gespannte Leitungen (Phasenseile). Dann
müssen alle Entladungen auch hier abwechslungsweise in die
einzelnen geerdeten Elektroden einschlagen. Rückt man dann
eine der geerdeten Elektroden, beispielsweise den das Erdseil
darstellenden Draht näher an die Blitzelektrode heran, dann
müssen alle Entladungen in diesen Draht einschlagen und die
anderen Elektroden müssen einschlagfrei bleiben.

13*

Bei den hierüber angestellten Versuchen wurde die Anordnung nach Bild 80 verwendet. Es bedeuten O das Erdseil in H_0 Metern über der Erde E, ferner B die den Blitz darstellende Elektrode, die sich in der Höhe H_B über E befindet, in welcher die Entscheidung über die Einschlagstelle erfolgen möge. Auf die Platte E ist eine Sandschicht aufgeschüttet, um die Verhältnisse, wie sie in der Natur oft herrschen, nachzubilden.

Bei den Versuchen wurden nun die Abmessungen H_0, H_B, d, s und w in weiten Grenzen verändert, und zwar bei beiden Polaritäten der Blitzelektrode B. Bei jeder Konfiguration der Elektroden und bei jeder Polarität wurden rund 30 Stoßentladungen

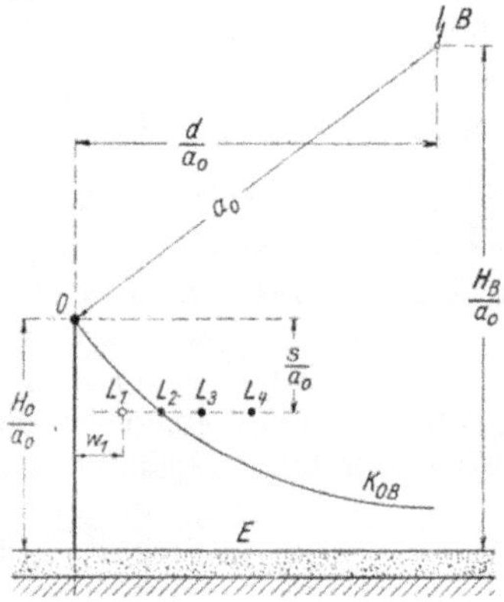

Bild 80.

erzeugt und die Einschlagstellen beobachtet. Im ganzen waren hierbei viele Tausende von Einzelversuchen notwendig, so daß sich mehrere Hochspannungslaboratorien in die Durchführung des Programmes teilen mußten[1]).

Das Ergebnis dieser Versuche kann auf eine einheitliche Darstellung gebracht werden, indem man für die Schlagweite a zwischen der Blitzelektrode und dem Erdseil eine »Einheitsgröße« a_0 wählt und alle anderen Dimensionen hierauf bezieht, wie dies in Bild 80 gezeigt ist.

Wird das Phasenseil in der Lage L_1 n i c h t getroffen, dann soll diese Lage durch einen kleinen Kreis r i n g gekennzeichnet

[1]) Die Versuche wurden durchgeführt in den Prüffeldern der Hermsdorf-Schomberg-Isolatoren G. m. b. H. in Hermsdorf, der Rosenthal-Isolatoren G. m. b. H. in Selb und der Steatit-Magnesia-AG. in Holenbrunn.

werden. Wird es in anderen Lagen, z. B. in der Lage L_1, L_2, L_3 usw. g e t r o f f e n, und zwar wenn auch unter allen Versuchen nur ein einziges Mal, dann soll diese Lage durch einen Kreis p u n k t gekennzeichnet werden.

Trägt man in dieser Weise die einschlagfreien und die anfälligen Lagen bei allen Versuchsbedingungen, also für alle Konstellationen der Elektroden auf, dann muß sich nach der Lehre des Gesetzes der großen Schlagweiten für die Trennzone der beiden Gebiete ein K r e i s b o g e n K_{0B} mit dem Radius a_0 ergeben; denn alle Lagen der Phasenseile a u ß e r h a l b der Kreisfläche haben gegenüber der Blitzelektrode B einen g r ö ß e r e n Abstand als das Erdseil und dürfen deshalb n i c h t getroffen werden. Andrerseits sind alle Lagen der Phasenseile i n n e r h a l b der Kreisfläche b l i t z a n f ä l l i g, weil ihr Abstand von B k l e i n e r ist als der Abstand des Erdseils von B. Außerhalb der Kreisfläche dürfen also nur Kreisringe und innerhalb der Kreisfläche nur Kreispunkte liegen, wenn man die Ergebnisse in einheitlicher Darstellung aufzeichnet.

Bild 81 zeigt nun das Ergebnis dieser Tausenden von Versuchen. Wenn das Phasenseil in einer Lage bei einer ganzen Versuchsreihe niemals, bei einer anderen Versuchsreihe dagegen (wenn auch nur einmal) getroffen worden ist, dann ist diese Stelle durch einen Kreisring mit Punkt kenntlich gemacht.

Die Betrachtung dieses Ergebnisses lehrt in einwandfreier Weise, daß tatsächlich das einschlagfreie und das blitzanfällige Gebiet mit einer geradezu erstaunlichen Genauigkeit durch eine Fläche, deren Spur ein K r e i s b o g e n ist, voneinander getrennt sind. Damit ist erwiesen, daß das Gesetz der kürzesten Schlagweite in den durch die Versuchsbedingungen untersuchten Grenzen tatsächlich erfüllt ist.

Besonders aufschlußreich sind die durch Kreisringe mit Punkten gekennzeichneten Lagen, die meist in allernächster Nähe des Kreisbogens liegen. Zu den etwas außerhalb der Gesetzmäßigkeit liegenden Punkten, bzw. Ringen ist folgendes zu sagen: Eine Reihe von diesen Lagen wurden mit Schlagweiten von nur 20 bis 30 cm ermittelt. Bei diesen kleinen Abständen kann man nicht mehr damit rechnen, daß das Gesetz, das nur für g r o ß e Schlagweiten gilt, erfüllt ist. Diese ausgefallenen Punkte gehören also entfernt. Andere falsch liegende Ringe oder Punkte sind auf Ablesefehler oder ungenaue Einstellung der Elektroden zurückzuführen; denn sie sind von so vielen richtig liegenden Marken umgeben, daß sie nicht als eine Durchbrechung des Gesetzes angesehen werden können.

Sieht man also von diesen ausgefallenen Punkten oder Ringen ab, so ist festzustellen, daß auch die »S t r e u u n g« dieses Gesetzes außerordentlich g e r i n g ist. Auf Grund anderer zur Ermittlung der Streuung durchgeführter Versuche[1]) kann man die Streuung zu etwa 2 bis 3% annehmen, und zwar gilt der kleinere Wert für die großen Schlagweiten.

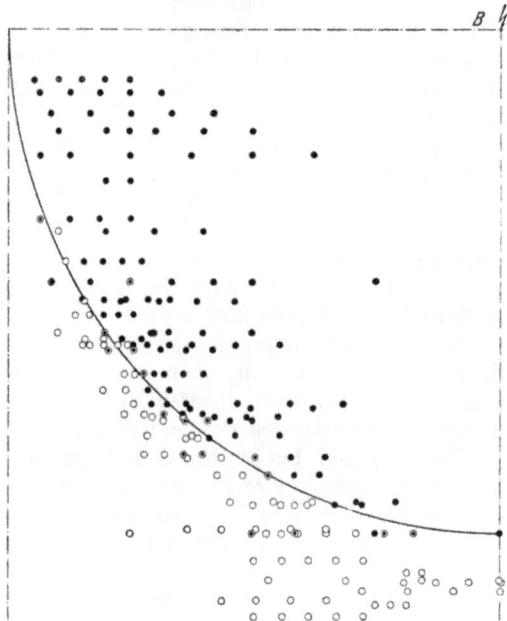

Bild 81.

Auf den B l i t z s c h u t z übertragen, besagen diese Versuchsergebnisse folgendes: Der S c h u t z r a u m, den ein Erdseil erzeugt, wird unabhängig von der Lage, in welcher sich die von der Wolke ausgehende Vorentladung hinsichtlich der Einschlagstelle entscheidet, im Querschnitt durch einen K r e i s b o g e n dargestellt, dessen Radius gleich dem Abstand a zwischen der betreffenden Lage der Vorentladung und dem Erdseil ist.

Es wurden auch noch weitere Versuche über den Schutzraum angestellt, den zwei in einer Ebene parallel zur Erde liegende Erdseile bilden und den zwei in verschiedenen Ebenen liegende Erdseile bilden. Auch hier ergab sich eine einwandfreie Be-

---

[1]) Mitteilungen der Rosenthal-Isolatoren G. m. b. H., Heft 23.

stätigung des für große Schlagweiten gültigen Gesetzes. Auf die Wiedergabe dieser Versuchsergebnisse soll an dieser Stelle jedoch verzichtet werden.

2. Die Blitzentladungen.

Für die Gültigkeit des Gesetzes der großen Schlagweiten ist schließlich noch zu prüfen, ob auch die Entladungen in der N a t u r dieses Gesetz bestätigen. Für diese Prüfung liegt ein umfangreiches Beobachtungsmaterial vor, nämlich die durch die Stahlstäbchenmessungen festgestellten Einschläge in Hochspannungsleitungen. Diese eignen sich ganz besonders für die Auswertung; denn erstens sind hier die Einschlagstellen durch M e s s u n g e n festgelegt und zweitens sind die F o r m e n der Mastbilder g e n a u d e f i n i e r t e und in ihren Abmessungen b e k a n n t e Gebilde. Zudem gibt es v i e l e F o r m e n von Mastbildern, so daß auch der Einfluß der verschiedenen Phasenseilanordnungen untersucht werden kann.

Bei der Auswertung des Beobachtungsmaterials ist folgendes zu beachten. Es ist nicht nur wichtig, die Lagen der blitzanfälligen Phasenseile den E r d s e i l e n gegenüber zu untersuchen, man muß vielmehr auch die Lagen von blitzanfälligen Phasenseilen anderen blitzanfälligen P h a s e n s e i l e n gegenüber prüfen. Denn ein blitzanfälliges Phasenseil wirkt auch als »S c h u t z - s e i l« für ein anderes, beispielsweise darunter liegendes Phasenseil. Aus diesem Grund stellen die Einschläge in Leitungen o h n e Erdseile gleichfalls ein wertvolles Material dar. Ferner sind auch die Einschläge in die M a s t e n bei der Beurteilung der Schutzwirkung der Erd- und Schutzseile zu verwerten. Bei Mastbildern mit nur einem Erdseil werden bei den Masteinschlägen nämlich hauptsächlich die P h a s e n s e i l a u s l e g e r getroffen, und zwar sind besonders deren Spitzen bevorzugte Einschlagstellen des Blitzes. Man hat beobachtet, daß den aus der Wolke kommenden und ruckweise vorwachsenden Vorentladungen gerade von den Auslegerspitzen sogenannte F a n g e n t l a d u n g e n entgegen schießen und den Blitz auf sich lenken. Die Ausleger könnten aber nicht getroffen werden, wenn auch sie im Schutzraum der Erdseile, bzw. der Schutzseile geborgen wären. Endlich ist noch auf folgendes zu verweisen: Die Beobachtungen haben ergeben, daß bei mehreren Mastbildern gewisse Phasenseile n i e m a l s von Einschlägen getroffen werden, so z. B. beim Mastbild *b* der Gruppe III die Phasenseile der unteren Traverse usw. Die Untersuchung der Lagen dieser einschlagfreien

Phasenseile ist ebenfalls sehr wichtig, damit man auch bei den natürlichen Einschlägen die Gebiete der anfälligen und der einschlagfreien Räume und ihre T r e n n l i n i e aufsuchen kann.

Bei der Prüfung, ob das Gesetz der großen Schlagweiten auch bei den natürlichen Einschlägen erfüllt ist, muß man in folgender Weise vorgehen: Man bezieht die Lagen der blitzanfälligen und der einschlagfreien Phasenseile und Mastteile den Erdseilen, bzw. den Schutzseilen gegenüber auf eine E i n h e i t s - s c h l a g w e i t e, die zweckmäßigerweise gleich der Höhe H_0 des Erdseiles, bzw. des Schutzseiles über dem Boden gewählt wird. Damit erhält man dann eine dem Bild 81 entsprechende Darstellung auch für die natürlichen Blitzeinschläge. Stellt sich dann heraus, daß auch hier die beiden Gebiete durch einen K r e i s - b o g e n voneinander abgegrenzt werden, dann ist bewiesen, daß die Blitzentladungen in der Natur dem für große Schlagweiten gültigen Gesetz folgen.

Die wichtigsten Ergebnisse der Stahlstäbchenmessungen lassen sich nach den Angaben im Schrifttum wie folgt zusammenfassen[1]).

Unter den Mastbildern mit einem Erdseil sind bei den Formen a und b der Gruppe I s ä m t l i c h e Phasenseile als blitzanfällig ermittelt worden, beim Mastbild c desgleichen die Phasenseile der b e i d e n o b e r e n Ausleger, während die untersten Phasenseile einschlagfrei sind. Beim Mastbild d sind nur die Phasenseile des o b e r s t e n Auslegers anfällig, die übrigen Phasenseile dagegen sind einschlagfrei.

Bei den Mastbildern der Gruppe II werden besonders die ä u ß e r s t e n Phasenseile häufig von Blitzen getroffen. Ganz u n g e n ü g e n d ist der Schutz der Phasenseile bei den Mastbildern für Einfachleitungen dieser Gruppe, bei welchen das Erdseil in g l e i c h e r Höhe wie die Phasenseile verlegt ist; hier versagt der Schutz des Erdseils fast vollkommen.

Unter den Mastbildern der Gruppe III sind bei der Form a a l l e Phasenseile, bei der Form b die o b e r s t e n, bei der Form c die Phasenseile des o b e r e n Auslegers und die ä u ß e r e n Phasenseile des unteren Auslegers anfällig. Bei der Form d sind hauptsächlich die ä u ß e r e n Phasenseile des oberen Auslegers gefährdet, während die Seile des unteren Auslegers vollständig einschlagfrei sind.

---

[1]) Siehe auch: Mitteilungen der Rosenthal-Isolatoren G. m. b. H., Heft 23, S. 74 ff.

Betrachten wir das Mastbild *b* der Gruppe 1 nochmals, bei welchem alle Phasenseile als blitzanfällig gefunden worden sind, so erkennt man folgendes: Die Phasenseile des mittleren Auslegers liegen nicht mehr im Schutzbereich des Erdseils, denn der Schutzbereich des Erdseils erstreckt sich nicht einmal so weit, daß die obersten Phasenseile darin geborgen sind. Deshalb sind ja diese Phasenseile blitzanfällig. Ein blitzanfälliges Phasenseil kann aber, wie schon erwähnt wurde, auch als S c h u t z s e i l für ein anderes Phasenseil wirken, wenn es die Blitzentladungen auf sich zieht und damit von den anderen Phasenseilen fernhält. Die Tatsache nun, daß auch die Phasenseile des mittleren Auslegers blitzanfällig sind, ist ein Beweis dafür, daß die Schutz· wirkung der obersten Phasenseile, die doch sehr nahe bei den Phasenseilen des mittleren Auslegers liegen, nicht ausreicht, um die Phasenseile des mittleren Auslegers zu schützen. Ebensowenig reicht die Schutzwirkung der Phasenseile des mittleren Auslegers aus, um die Phasenseile des untersten Auslegers zu schützen. Ähnliche Überlegungen kann man auch für einige andere Mastbilder der Gruppen I und III anstellen. Damit wurde gezeigt, daß auch die Lagen von blitzanfälligen Phasenseilen anderen Phasenseilen gegenüber einen wichtigen Beitrag zur Ermittlung der blitzanfälligen und der einschlagfreien Räume liefern.

Sehr wertvoll sind in anderer Richtung beispielsweise die Beobachtungen beim Mastbild *a* der Gruppe I. Es gibt nämlich hier Anordnungen, bei welchen das unterste Phasenseil überhaupt nicht oder doch nur ein wenig mehr auslädt als das darüber liegende oberste Phasenseil. Bei solchen Mastbildern wird das unterste Phasenseil von den Blitzen nicht getroffen. Hier wird demnach dieses Phasenseil von dem darüber liegenden obersten P h a s e n s e i l in vollkommener Weise g e s c h ü t z t. Daß dieser Schutz nicht vom E r d s e i l herrührt, ist klar; denn der Schutzbereich dieses Erdseils reicht nicht einmal aus, um das oberste Phasenseil zu schützen, deshalb ist ja dieses Phasenseil blitzanfällig. Auch beim Mastbild *d* findet man Ausführungsformen, bei welchen die Phasenseile des mittleren und unteren Auslegers nicht weiter oder doch nur wenig weiter ausladen, wie die obersten Phasenseile. Auch bei diesen Mastbildern haben sich die mittleren und die unteren Phasenseile als einschlagfrei erwiesen. Es gibt endlich auch Mastbilder mit zwei Erdseilen, bei welchen die darunter liegenden, etwas weiter ausladenden Phasenseile einschlagfrei sind.

Faßt man die Ergebnisse aller derartigen Untersuchungen über einschlagfreie Phasenseile zusammen und bringt man sie

auf eine einheitliche Darstellung, dann gewinnt man auch Anhaltspunkte für die e i n s c h l a g f r e i e n Räume.

Das Resultat dieser Analyse der Mastbilder aller Art ist in
Bild 82 nach dem Vorbild des Bildes 81 zusammengestellt. Die
einschlagfreien Lagen sind wieder durch Kreisringe und die anfälligen Lagen durch Kreispunkte gekennzeichnet. Die dreieckigen
Marken geben die Lagen der blitzanfälligen Auslegerkanten an.

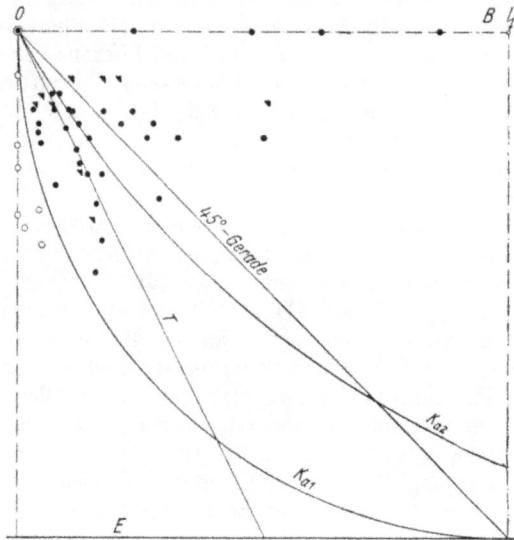

Bild 82.

Damit ist ein Ergebnis von e n t s c h e i d e n d e r Bedeutung
gewonnen; denn es zeigt sich ganz klar, daß auch hier die einschlagfreien und die blitzanfälligen Lagen der Phasenseile durch
einen K r e i s b o g e n voneinander getrennt sind und daß demnach auch bei den n a t ü r l i c h e n Blitzschlägen das Gesetz
der großen Schlagweiten v o l l e G ü l t i g k e i t besitzt. Daraus
folgt aber weiter mit zwingender Logik, daß auch in der Natur
die Schutzräume, die von dem Erdseil erzeugt werden, durch
K r e i s b ö g e n begrenzt werden.

Dieses Ergebnis ist noch in a n d e r e r Hinsicht außerordentlich w e r t v o l l. Der Kreisbogen K_{a1} in Bild 82, welcher
die Trennlinie der beiden Räume bildet, besitzt einen Radius,
welcher gleich der Höhe 1 H der Erdseile, bzw. Schutzseile über
dem Boden ist. Daraus folgt, daß es Entladungen gibt, die sich

hinsichtlich der Einschlagstelle erst in denjenigen Höhenlagen entscheiden, in welchen sich die E r d s e i l e, bzw. die S c h u t z- s e i l e befinden.

Die in n ä c h s t e r Nähe des Kreisbogens liegenden Einschlagstellen könnten nämlich nicht getroffen werden, wenn es nicht auch Entladungen gäbe, deren Entscheidung über die Einschlagstellen erst in M a s t h ö h e oder wenig darüber erfolgt.

Die oben geschilderten V e r s u c h e haben nur Auskunft darüber gegeben, welche F o r m die Schutzraumbegrenzung besitzt und daß diese Begrenzung ein K r e i s b o g e n ist. Wie groß aber der R a d i u s dieses Kreisbogens anzunehmen ist, d. h. welche Blitzkopflagen man für den Mittelpunkt dieses Kreisbogens zu wählen hat, darüber konnten die Experimente keinen Aufschluß geben. Diese Frage kann nur durch Beobachtungen in der N a t u r beantwortet werden und auch erst, nachdem das Funkenentladungsgesetz für große Schlagweiten erforscht war.

Man kann nun beispielsweise einen Kreisbogen K_{a2} mit dem Radius $2H$ einzeichnen, welcher durch das Erdseil O geht und den Boden berührt. Man sieht dann, daß dieser Kreisbogen durch das b l i t z a n f ä l l i g e Gebiet hindurchschneidet und demnach nicht die Schutzraumgrenze bildet. Auch die T a n g e n t e T an diesem Kreisbogen kann demnach nicht als Schutzraumgrenze angesehen werden. Diese Tangente schneidet in den Boden ein in einem Abstand vom Mastfuß, der ziemlich genau gleich der h a l b e n Höhe des Erdseils ist. Neuerdings wird empfohlen, diese Gerade als Schutzraumbegrenzung anzunehmen. Folgt man dieser Empfehlung, dann kann man nach dem Ergebnis dieser Untersuchungen nicht mit dem V o l l s c h u t z, sondern nur mit einem »T e i l s c h u t z« der Leitungsanlage rechnen.

Endlich ist in Bild 82 noch die unter 45° liegende Gerade des sogenannten 90°-Schutzes eingetragen, die nach den G e- b ä u d e s c h u t z r e g e l n für den Schutzraum als maßgebend betrachtet wird. Die Beobachtungen in der Natur an Leitungsanlagen beweisen mit aller Deutlichkeit, daß der sogenannte 90°-Schutzraum k e i n e Gültigkeit besitzt; denn die meisten b l i t z a n f ä l l i g e n Phasenseile liegen in diesem »Schutzraum«.

C. Praktische Ausführungen.

Im folgenden soll gezeigt werden, wie man die neuen Gesetze für große Schlagweiten beim Entwurf des Mastbildes anzuwenden hat und wie sich der neue Schutz im Vergleich zum Schutz nach a n d e r e n Regeln hinsichtlich der Mastdimensionen auswirkt.

1. Ableitung der Regeln.

Die Untersuchung der natürlichen Einschläge hat zur Erkenntnis geführt, daß manche Phasenseile nur von Blitzen getroffen sein können, die sich hinsichtlich der Einschlagstelle erst in der Höhenlage der E r d s e i l e, bzw. der S c h u t z s e i l e entscheiden. Will man nun eine Anlage v o l l k o m m e n b l i t z-

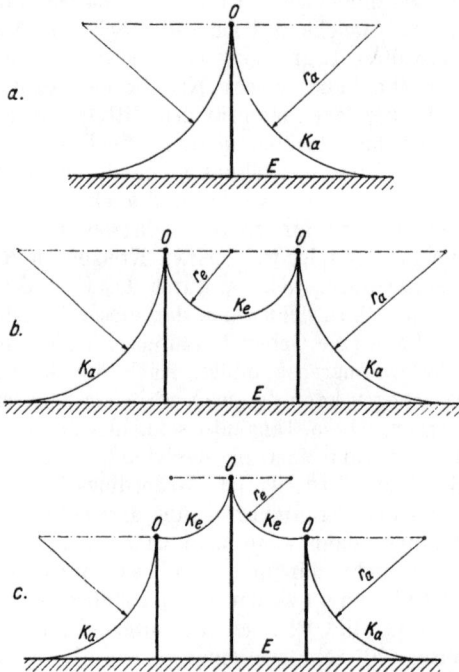

Bild 83.

s i c h e r machen, so hat man sie auch gegen diese Einschläge zu schützen. Die Mittelpunkte der Schutzraumbegrenzungs-Kreisbögen hat man demnach i n d e r H ö h e d e r E r d s e i l e anzunehmen. Dann erhält man für die Schutzraumbegrenzung beim Vorhandensein von einem, von zwei und von drei Erdseilen die in Bild 83 dargestellten Schutzräume. Die Konstruktion der Kreisbögen kann daraus ohne weiteres entnommen werden. Die mit K_a bezeichneten Kreisbögen werden »anbeschriebene« und die mit K_e bezeichneten werden »einbeschriebene« Kreisbögen genannt. Die anbeschriebenen Kreisbögen sind Viertelkreisbögen und laufen tangential an den Erdboden an. Die einbeschriebenen Kreisbögen bei zwei Erdseilen sind Halbkreise. Die Größe der Kreisbögen bei drei Erdseilen hängt von der Überhöhung und vom Abstand des mittleren Erdseiles ab.

Wenn die Phasenseile und Mastteile in vollkommener Weise geschützt werden sollen, müssen sie i n n e r h a l b der so gebildeten Schutzräume liegen, und zwar i n g e n ü g e n d e n A b s t ä n d e n von den Schutzraumgrenzen. Würde man die Erdseile so anordnen, daß die Phasenseile gerade a u f die Grenzen zu liegen kommen, dann wäre die Wahrscheinlichkeit, daß sie getroffen werden, ebenso groß wie die Wahrscheinlichkeit, daß die E r d s e i l e getroffen werden.

Der Abstand der Phasenseile von den Schutzraumgrenzen ist durch die S t r e u u n g der Entladungen bestimmt. Nach den erwähnten Versuchen kann diese zu 2 bis 3% oder der Sicherheit halber zu 4% der Schlagweite angenommen werden. Um diese Beträge müssen also die zu schützenden Teile der Anlage von den Schutzraumgrenzen entfernt sein.

Die Aufgabe, die Erdseilanordnung zu finden, liegt stets in der Form vor, daß die Lage der P h a s e n s e i l e vorgeschrieben ist und daß hierzu die Erdseilanordnung angegeben werden soll. Hierbei macht man am besten von zwei Konstruktionsaufgaben aus der Kreislehre Gebrauch.

Die eine Aufgabe, welche zur Auffindung des e i n b e- s c h r i e b e n e n Kreisbogens dient, lautet: Es ist ein Kreis zu konstruieren, dessen Mittelpunkt auf einer gegebenen Geraden AA (Mastachse) liegt und welcher einen gegebenen Kreis, der um den Mittelpunkt des Leiters L beschrieben ist, berührt. An diese Aufgabe ist im vorliegenden Fall insofern noch eine weitere Bedingung geknüpft, als der Radius ρ_e des zu berührenden Kreises das p-fache des Radius r'_e des zu suchenden Kreises betragen soll; es ist also verlangt

$$\rho_e = p\, r_e'.$$

Da der Faktor p die Größe der Streuung angibt, kann der Kreis mit dem Radius ρ_e »Streukreis« genannt werden.

Diese Konstruktionsaufgabe wird in folgender Weise gelöst (Bild 84): Man nimmt für den Radius r_e' des zu suchenden Kreises einen beliebigen Wert an; damit ist der Radius ρ_e des zu berührenden Kreises gegeben. Nun nimmt man die Strecke $r_e' + \rho_e$ in den Zirkel und schlägt von L aus einen Kreisbogen bis zum Schnitt m mit der gegebenen Geraden AA. Vom Punkt m aus trägt man die Strecke r_e' waagrecht nach links auf (Strecke mo'). Ein Kreisbogen um o' mit dem Radius r_e' erfüllt die geforderten Bedingungen. Diese Konstruktion wiederholt man unter Annahme anderer Werte von r_e', aber stets unter Beibehaltung des numerischen Wertes von p. Man findet dann, daß sich die Punkte o' auf einem g e o m e t r i s c h e n O r t G_e bewegen.

Die andere Aufgabe lautet: Es ist ein Kreis zu konstruieren, der eine Gerade E (Bodenoberfläche) und einen Kreis mit dem Mittelpunkt L berührt. Auch hieran ist wieder die Bedingung geknüpft, daß der Radius r_a' des zu suchenden Kreises und der Radius ϱ_a des zu berührenden Kreises in einem gegebenen Verhältnis p zueinander stehen (»anbeschriebener Kreisbogen«).

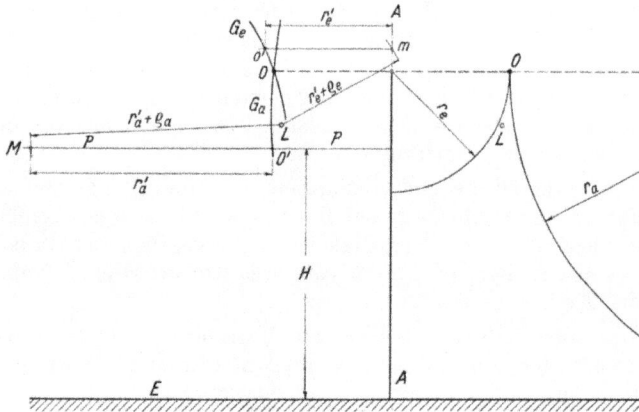

Bild 84.

Diese Konstruktionsaufgabe wird in folgender Weise gelöst (Bild 84): Man nimmt für den Radius r_a' des zu suchenden Kreises einen beliebigen Wert an; damit ist auch der Radius ϱ_a des zu berührenden Kreises mit dem Mittelpunkt L bekannt. Im Abstand $H = r_a'$ zeichnet man die Parallele PP zu E. Nun nimmt man die Strecke $r_a' + \varrho_a$ in den Zirkel und schlägt von L aus einen Kreisbogen bis zum Schnittpunkt M mit der Parallelen PP. Von M aus trägt man die Strecke r_a' auf der Parallelen PP auf (Strecke MO'). Ein Kreisbogen um O' mit dem Radius r_a' erfüllt die geforderten Bedingungen. Wiederholt man die Konstruktion unter Annahme verschiedener Werte von r_a', aber unter Beibehaltung des numerischen Wertes von p, dann ergibt sich für alle Lagen von O' der g e o m e t r i s c h e O r t G_a. Dies sind die Grundlagen, welche man für die Ermittlung der Erdseillagen benötigt. Der Schnittpunkt O der beiden geometrischen Örter gibt die Lage des Erdseils an, das den Leiter L im Schutzraum birgt, und zwar so, daß es vom einbeschriebenen Kreisbogen mit dem Radius r_e um $p \cdot r_e$, d. h. um $p\%$ der Schlagweite r_e und vom anbeschriebenen Kreisbogen mit dem Radius r_a um $p \cdot r_a$, d. h. um $p\%$ der Schlagweite r_a entfernt liegt. Die Lage O des Erdseils und die Lage L des Phasenseils sowie die gefundenen ein- und anbeschriebenen Schutzraumgrenzen sind in Bild 84 (rechte Seite) eingetragen.

2. Praktisches Beispiel.

Ein Beispiel soll zeigen, welche Lage sich für die Erdseile bei einem praktisch viel verwendeten Mastbild ergeben, und zwar erstens, wenn man nur die P h a s e n s e i l e schützen will (linke Seite von Bild 85) und zweitens, wenn auch die Mastausleger im Schutzraum liegen sollen (rechte Seite von Bild 85).

Daß bei dem gewählten Mastbild ein einziges Erdseil nicht genügt, um die Leitungsanlage zu schützen, erkennt man ohne weiteres, wenn man bei Annahme einer praktisch ausführbaren Masthöhe die Schutzraumbegrenzungen durch ein auf der Mastspitze liegendes Erdseil einzeichnet. Es sind also zwei symmetrisch zur Mastachse liegende Erdseile zum Schutz dieses Mastes nötig.

Die Kreiskonstruktion zur Ermittlung des Radius des e i n b e s c h r i e b e n e n Kreisbogens hat man auf den Leiter R anzuwenden und die Kreiskonstruktion zur Ermittlung des Radius des a n b e s c h r i e b e n e n Kreisbogens auf den Leiter S, bzw. auf die Kante des unteren Auslegers; denn das Phasenseil R liegt automatisch innerhalb der Schutzraumbegrenzung durch den anbeschriebenen Kreisbogen, wenn das Phasenseil S, bzw. die untere Auslegerkante darin geborgen ist und das Phasenseil S bzw. die untere Auslegerkante liegen automatisch innerhalb der Schutzraumbegrenzung durch den einbeschriebenen Kreisbogen, wenn das Phasenseil darin geborgen ist.

Für den Schutz der P h a s e n s e i l e allein ergibt die Konstruktion die Lage O_1 für die Erdseile mit den Schutzraumbegrenzungen K_{e1} und K_{a1}. Man sieht, daß hierbei die genannte Auslegerkante nicht als geschützt gelten kann.

Für den Schutz der P h a s e n s e i l e u n d d e r A u s l e g e r k a n t e findet man die Lage O_2 für die Erdseile mit den Schutzraumbegrenzungen K_{e2} und K_{a2}.

Damit sind die Lagen der Erdseile für den Schutz der Anlage gegen die Blitzentladungen aus a l l e n Höhen bestimmt.

Will man die Anlage nur gegen die Entladungen aus der doppelten Masthöhe und darüber schützen, dann wird nur ein T e i l s c h u t z der Anlage erreicht. Die Schutzraumbegrenzungen sind dann durch die oben näher beschriebenen Tangenten T gegeben, welche mit dem Lot den Winkel von 27° einschließen. Natürlich darf man auch hier die zu schützenden Teile nicht

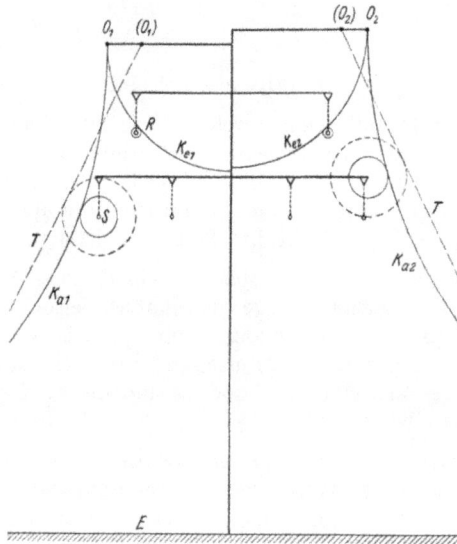

Bild 85.

direkt auf die Schutzraumgrenzen legen, sondern muß sie i n n e r - h a l b dieser Grenzen bergen. Nimmt man auch hier eine Streuung von 4% der Schlagweite (doppelte Masthöhe) an, dann muß man um den Leiter S, bzw. um die Auslegerkante einen Streukreis mit dem doppelten Radius zeichnen, wie bei der Annahme einer Schlagweite gleich der einfachen Masthöhe. Diese Schutzraumbegrenzungen sind in das Bild 85 gestrichelt eingetragen. Sie tangieren die Streukreise und ergeben die Erdseillagen (O_1) und (O_2).

Zur Frage, ob auch die M a s t a u s l e g e r geschützt werden sollen, ist folgendes zu sagen. Es ist richtig, daß viele Masteinschläge unschädlich zur Erde abgeleitet werden, wenn die Erdung

gut ist. Im anderen Fall treten bekanntlich r ü c k w ä r t i g e
Ü b e r s c h l ä g e auf, die zu Störungen führen können. Nun
wird im Schrifttum der Anteil der Masteinschläge zu rund 40%
aller Einschläge in die Leitungsanlage geschätzt. Die Masteinschläge müssen deshalb bei mangelhafter Erdung ebenfalls als
eine große G e f a h r e n q u e l l e für Störungen angesehen
werden. Den rückwärtigen Überschlägen kann man nun dadurch
vorbeugen, daß man auch die Mastteile in den S c h u t z r a u m
mit einbezieht. Tut man dies nicht, dann muß man Einrichtungen
vorsehen (Erdschlußlöschvorrichtungen, Erdschlußrelais usw.), mit
deren Hilfe die zugelassenen Folgen der rückwärtigen Überschläge
unschädlich gemacht werden. Neuerdings sind vielfach Zweifel
laut geworden, ob der mit der B r ü c k e gemessene Erdwiderstand
a l l e i n maßgebend ist für die Entstehung der rückwärtigen
Überschläge; es wird vermutet, daß auch der W e l l e n w i d e r-
s t a n d der Erdung eine Rolle spielen könnte. Dieser ist aber
wesentlich größer als der mit der Brücke gemessene Erdwiderstand. Sollte sich diese Vermutung bestätigen, dann muß den
Masteinschlägen eine größere Beachtung geschenkt werden als
bisher. Wie dem aber auch sei, jedenfalls gibt es ein Mittel, um
der Gefahr der rückwärtigen Überschläge entgegenzutreten,
und das ist die Einbeziehung nicht nur der Phasenseile, sondern
auch der Mastteile in den Schutzraum der Erdseile.

3. Vergleiche.

Wie früher erwähnt wurde, wird auch heute noch von manchen
der sogenannte 90°-S c h u t z r a u m für gültig angenommen.
Zeichnet man in das Mastbild des Bildes 85 eine unter 45° gegen
die Mastachse geneigte Gerade ein, so daß sie das Phasenseil R
oder die hierzu gehörige Auslegerkante berührt, dann findet man
einen Schnittpunkt auf der Mastachse, wo das Erdseil verlegt
werden muß, wenn man sich mit der Anordnung von nur e i n e m
Erdseil nach der genannten Regel zufrieden gibt (in das Bild 85
nicht eingezeichnet). Die Masthöhe ergibt sich hierbei zu etwa
28,5 m. Es ist klar, daß die Anordnung von nur einem Erdseil die
einfachste und billigste ist. Deshalb ist diese Ausführung bis auf
den heutigen Tag mit Vorzug angewendet worden. Die Erfahrungen
haben jedoch gelehrt, daß dieser Schutz vollkommen u n g e-
n ü g e n d ist. Wären die Erfahrungen mit den Mastbildern, die
nur ein Erdseil besitzen, einigermaßen befriedigend, dann wäre
es nicht nötig gewesen, das Problem des Blitzschutzes der Freileitungen in dem großen Umfang, wie dies geschehen ist, aufzu-
nehmen.

Die Lage der Erdseile bei (O_1), bzw. bei (O_2) nach den h e u t e
v i e l f a c h e m p f o h l e n e n Regeln (Schutz gegen Entladungen aus doppelter Masthöhe und darüber) erfordert die gezeichnete Ausladung der Erdseiltraverse. Trotz des Aufwandes
von zwei Erdseilen und der notwendigen Abmessungen für die
Erdseilausleger ist jedoch dieser Schutz nur ein T e i l s c h u t z,
da die aus niedrigeren Höhen kommenden Entladungen nicht von
den Phasenseilen ferngehalten werden, wie die Erfahrungen eindeutig lehren. Man muß sich deshalb die Frage vorlegen, ob es
sich wirklich lohnt, auf die richtige Anordnung der Erdseile bei
O_1, bzw. O_2 zu verzichten, die eine etwas größere Ausladung ver-
langen, wenn man dabei den Vorteil gewinnt, den v o l l k o m-
m e n e n S c h u t z der Leitungsanlage zu erhalten.

Das Mastbild nach Bild 85 wird auch in der Ausführung mit
zwei Erdseilen seit längerer Zeit p r a k t i s c h verwendet. Hierbei
sind die Erdseile in der Nähe von (O_1), jedoch etwas weiter nach
innen und etwas tiefer verlegt. Daß hierbei der vollkommene
Schutz n i c h t erreicht wird, ist klar. Daran ist bei dieser Anordnung der Erdseile auch nicht gedacht worden; dieses Mastbild
stammt nämlich aus einer Zeit, in der man nur auf den Schutz
gegen die influenzierten Überspannungen bei i n d i r e k t e n
Einschlägen bedacht war. Jedoch wird diese Ausführung der
Erdseile auch heute noch empfohlen, da sich zeigt, daß hierbei
zufällig auch der Teilschutz gegen Entladungen aus doppelter
Masthöhe und darüber vorhanden ist, wenn auch nicht mit derselben Sicherheit gegen die Streuung der Entladungen. Ein
Schutz der oberen Auslegerkanten ist dabei aber auf keinen Fall
erreicht. Auch hier ist demnach der Aufwand von zwei Erdseilen
gemacht, ohne den vollkommenen Schutz zu gewinnen.

Schließlich ist noch eine letzte Schutzraumregel zu erwähnen,
deren Einhaltung ebenfalls gelegentlich empfohlen wird. Darnach
sollen die Erdseile so angeordnet werden, daß sie »d i e P h a s e n-
s e i l e i m G r u n d r i ß einschließen«. Die Ausladung der
Phasenseile soll demnach mindestens ebenso groß gewählt werden,
wie die Ausladung der am weitesten ausladenden Phasenseile.

Zunächst folgt aus dieser Anweisung, daß der Schutz der
Leitungsanlagen mit nur e i n e m Erdseil abgelehnt wird; denn
e i n Erdseil allein kann die Phasenseile nicht im Grundriß einschließen. Dieses Gesetz steht demnach auch in Widerspruch mit
demjenigen, nach welchem der Schutzraum durch die Geraden T
begrenzt ist. Denn nach diesem Gesetz ist es durchaus möglich,
die Phasenseile in dem Schutzraum von nur einem Erdseil zu bergen;
es sei hier nur auf die ersten Mastbilder der Gruppe I verwiesen.

Die Regel, wonach die Erdseile die Phasenseile im Grundriß
einschließen sollen, sagt nichts darüber aus, in welcher Höhe über
den Phasenseilen die Erdseile verlegt werden sollen. Ein Beweis
dafür, daß es nicht genügt, nur die A u s l a d u n g vorzuschreiben,
sind die Erfahrungen mit den Mastbildern der Gruppe II, bei
welchen die Erdseile in der gleichen Ebene wie die Phasenseile
oder doch nur wenig darüber verlegt sind und dabei so, daß sie
die Phasenseile im Grundriß einschließen. Es hat sich aber im
praktischen Betrieb gezeigt, daß dieser Schutz vollkommen u n-
g e n ü g e n d ist. Bei Befolgung der Regel über die Ausladung
der Erdseile kann man demnach höchstens einen T e i l s c h u t z
der Phasenseile erwarten.

Nun zum V e r g l e i c h mit den Anordnungen nach Bild 85.
Bei der Anordnung der Erdseile in O_2 schließen sie die Phasenseile im Grundriß ein. Jedoch ist hier nicht nur die Ausladung,
sondern auch die H ö h e n l a g e vorgeschrieben. Die Erdseile
in O_1 schließen dagegen die Phasenseile nicht mehr im Grundriß
ein. Trotzdem müssen die Phasenseile als geschützt betrachtet
werden.

Die Anordnung der Erdseile bei den verschiedenen Lagen
(O_1), (O_2) und Q genügen n i c h t der oben genannten Regel;
denn hier werden die Phasenseile n i c h t von den Erdseilen im
Grundriß eingeschlossen. Bei Anerkennung der Schutzraumgrenzen, welche durch die Geraden T gebildet werden (Schutz
gegen Entladungen aus doppelter Masthöhe), wird aus Gründen
der Geometrie niemals erreicht, daß die Erdseile die Phasenseile
im Grundriß einschließen. Man sieht daraus, daß sich die heute vielfach empfohlenen Schutzraumregeln grundsätzlich widerstreiten.

Die Ausladung und die Höhenlage des Erdseilauslegers beeinflußt die K o s t e n des Mastes. Was die Ausladung betrifft,
erfordert die Regel, wonach die Ausladung der Erdseile mindestens
gleich der Ausladung der am weitesten ausladenden Phasenseile
sein muß, die größte Erdseilausladung, insbesondere wenn man
hierbei auch noch die Streuung berücksichtigt, was natürlich
verlangt werden muß. Hinsichtlich der Höhenlage des Erdseilauslegers verlangt die vom Verfasser angegebene Anordnung
etwas höhere Maste als die Anordnungen nach den anderen Regeln.
Im großen und ganzen dürften jedoch hinsichtlich der Mastkosten
keine ins Gewicht fallenden Unterschiede bei Anwendung der
einen oder anderen Schutzraumregel sein. Dabei gewährt jedoch
nur die vom Verfasser angegebene Anordnung den V o l l s c h u t z
der Leitungsanlage, während die anderen Anordnungen nur den
Teilschutz bieten können. Es lohnt sich deshalb nicht, den Teil-

schutz in Kauf zu nehmen, da mit ungefähr gleichen Kosten der Vollschutz erreicht werden kann.

Das ganze Schutzproblem kann man auch noch von einem anderen Standpunkt aus betrachten. Es ist bekannt, daß ein vollständig geschlossener Metallkäfig, der sogenannte Faradaysche Käfig, den eingeschlossenen Raum in vollkommener Weise gegen das Eindringen von Entladungen schützt. Irgendwelche Gegenstände im Innern des Käfigs können dabei beliebig nahe an die Innenwand des Käfigs herangebracht werden.

Statt eines vollständig geschlossenen Käfigs kann man auch einen aus einem Metall n e t z bestehenden Käfig verwenden. Auch dieser Käfig schützt das Innere gegen das Eindringen von Entladungen. Allerdings dürfen hier die im Innern vorhandenen Gegenstände nicht mehr beliebig an die Innenwand herangebracht werden; denn sonst besteht die Gefahr, daß die Entladungen durch die Maschenöffnung hindurchschlagen und den zu bergenden Gegenstand treffen. Es ist einleuchtend, daß der Abstand von der Innenwand des Käfigs um so größer sein muß, je größer die M a s c h e n w e i t e des Drahtnetzes ist.

Auf den Schutz der Leitungsanlagen übertragen heißt dies: Die Erdseile und der leitende Boden bilden zusammen einen Faradayschen Käfig mit einer großen Maschenweite. Die vom Verfasser angegebenen Gesetze besagen, von diesem Standpunkt aus betrachtet, wie weit man die Maschenweite des Erdseilnetzes öffnen darf und wie hoch man das Erdseilnetz über den Phasenseilen und Auslegern zu verlegen hat um zu verhindern, daß die Blitze durch die Maschen hindurchdringen können und in die Phasenseile oder Ausleger einschlagen.

Auch von diesem Standpunkt aus betrachtet erscheint die Regel, wonach die Erdseile die Phasenseile im Grundriß einschließen sollen, als völlig ungenügend; denn es ist hier nichts darüber ausgesagt, welchen Abstand von der Innenwand des Käfigs die Phasenseile besitzen müssen oder mit anderen Worten, wie hoch die Erdseile über den Phasenseilen zu verlegen sind, um zu verhindern, daß ein durch die Maschen hindurchfahrender Blitz die Phasenseile trifft.

Ebensowenig kann, gleichfalls von diesem Standpunkt aus betrachtet, die Regel begründet werden, daß die Maschenweite nur mit Rücksicht auf die in einer Höhe von $2H$ sich entscheidenden Blitze bestimmt werden soll (H ist hier die Höhe des Käfigs). Je weiter die Maschen des Käfigs sind, um so näher können die Entladungen bis zum Netz vordringen, bevor die Entscheidung über die Einschlagstelle erfolgt.

Anhang.

Im folgenden sind die B e l ä g e f ü r W i d e r s t ä n d e u n d
L e i t w e r t e von Freileitungen und Kabeln unter Benutzung
der Druckschrift der AEG »Rechnungsgrößen von Hochspannungsanlagen« zusammengestellt, um bei der Berechnung von
Leitungen Anhaltspunkte für die numerischen Werte zu geben.

A. Widerstandsbelag.

In der nachstehenden Zahlentafel ist der Widerstandsbelag
R_0 für F r e i l e i t u n g e n je Leiter für Kupfer, Aluminium und
Stahl-Aluminium abhängig vom Querschnitt dargestellt.

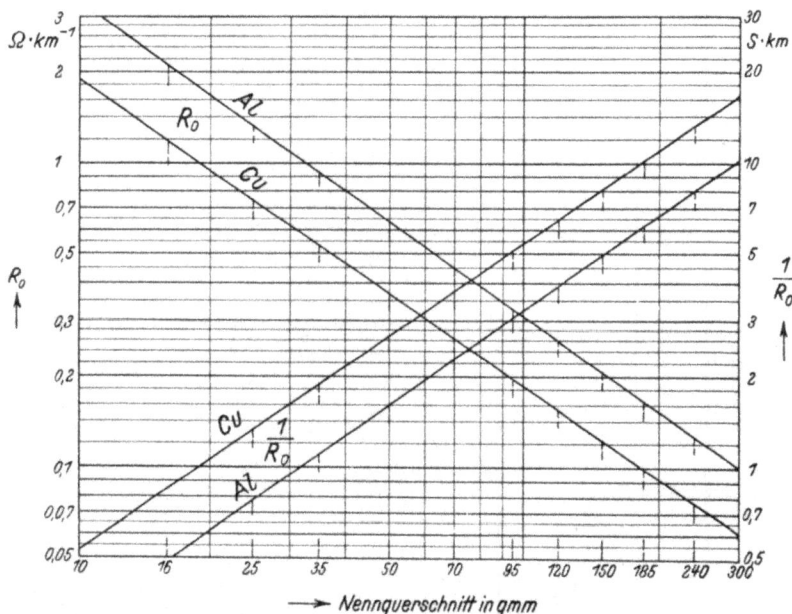

Bild 86. Wiederstandsbelag R_0 und Leitwertsbelag $G_0 = \dfrac{1}{R_0}$ von Kupfer- und
Aluminium-Leitungen abhängig vom Querschnitt.

In Bild 86 sind die Werte der Zahlentafel für F r e i l e i t u n-
g e n graphisch dargestellt, und zwar sind auch die Kehrwerte $\dfrac{1}{R_0}$
eingetragen. Für K a b e l wird im allgemeinen ein weicheres
Kupfer verwendet. Für die Berechnung des Widerstandsbelages
von K a b e l n gilt die Formel

$$R_0 = \frac{17,8}{\text{Nennquerschnitt}} \; \text{Ohm/km}.$$

Zahlentafel.

Nenn-querschnitt mm²	Kupfer				Aluminium				Stahl-Aluminium				
	Ist-querschnitt mm²	Seil-durchmesser mm	Wirk-widerstand Ohm.km⁻¹	Ge-wicht kg.km⁻¹	Ist-querschnitt mm²	Seil-durchmesser mm	Wirk-widerstand Ohm.km⁻¹	Ge-wicht kg.km⁻¹	Istquerschnitt Stahl mm²	Istquerschnitt Aluminium mm²	Seil-durchmesser mm	Wirk-widerstand Ohm.km⁻¹	Ge-wicht kg.km⁻¹
35	34	7,5	0,531	316	—	—	—	—	—	—	—	—	—
50	48,5	9,0	0,373	442	—	—	—	—	—	—	—	—	—
70	66	10,5	0,277	597	66	10,5	0,450	183	10,8	62,5	11,3	0,474	261
95	93	12,5	0,1953	845	93	12,5	0,318	260	15,0	90,1	13,5	0,329	372
120	117	14,0	0,1557	1060	117	14,0	0,253	326	20,9	122,6	15,8	0,242	510
150	147	15,8	0,1238	1332	147	15,8	0,201	410	27,8	165,9	18,3	0,1774	686
185	182	17,5	0,1002	1645	182	17,5	0,163	516	35,8	209,1	20,6	0,1413	871
240	243	20,3	0,0751	2200	243	20,3	0,122	675	44,6	264,7	23,1	0,1118	1097
300	—	—	—	—	299	22,5	0,0989	833	56,2	326,7	25,7	0,0906	1354

B. Induktivitäts- und Kapazitätsbelag.

Unter Zugrundelegung einer Frequenz von 50 Hertz und einer vollkommenen Verdrillung der Leiter sind in Bild 87 der Belag der induktiven Reaktanz ωL_0 und der kapazitiven Suszeptanz ωC_0 sowie der Kehrwert $\dfrac{1}{\omega L_0}$ von F r e i l e i t u n g e n abhängig vom Verhältnis des mittleren Leiterabstandes d zum

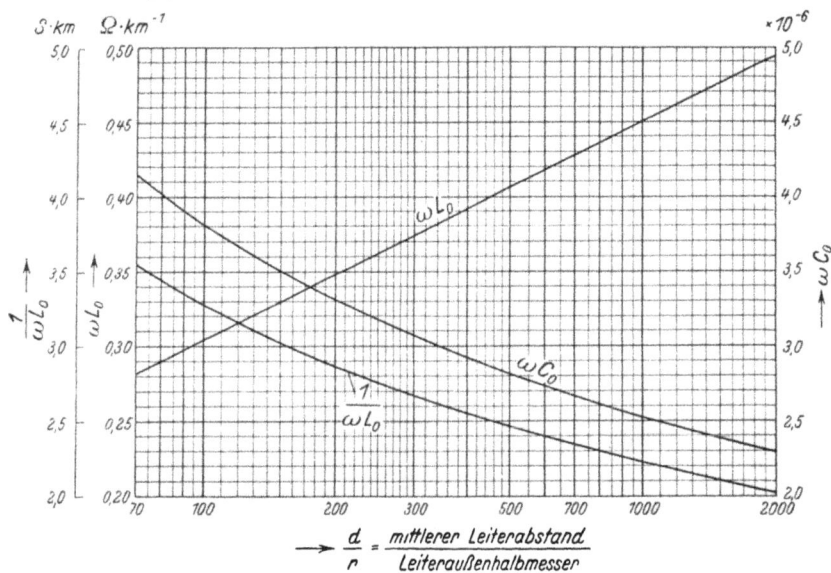

Bild 87.

Reaktanzbelag ωL_0 und Suszeptanzbelag $\dfrac{1}{\omega L_0}$ und ωC_0 (Siemens) von Freileitungen abhängig von $\dfrac{d}{r}$.

Leiteraußenhalbmesser r dargestellt. Dabei ist unter dem m i t t - l e r e n L e i t e r a b s t a n d d bei Drehstrom der geometrische Mittelwert der drei Leiterabstände verstanden; es ist also

$$d = \sqrt[3]{d_{12} \cdot d_{23} \cdot d_{31}}.$$

Bei Drehstrom - D o p p e l l e i t u n g e n sind die Werte des Bildes 87 mit den in Bild 88 angegebenen Umrechnungsziffern zu multiplizieren. Bild 88 enthält verschiedene M a s t b i l d e r, die maßstäblich gezeichnet sind, und zwar ist der mittlere Leiterabstand d für alle Mastbilder der gleiche. Bei Mastbildern mit

$1{,}0 \; \omega L_0$	$1{,}015 \, \omega L_0$	$1{,}026 \, \omega L_0$	$1{,}026 \, \omega L_0$
$1{,}0 \; \omega C_0$	$0{,}985 \, \omega C_0$	$0{,}975 \, \omega C_0$	$0{,}975 \, \omega C_0$
$1{,}018 \, \omega L_0$	$1{,}034 \, \omega L_0$	$1{,}047 \, \omega L_0$	$1{,}080 \, \omega L_0$
$0{,}983 \, \omega C_0$	$0{,}968 \, \omega C_0$	$0{,}955 \, \omega C_0$	$0{,}926 \, \omega C_0$

Bild 88.
Mastbildanordnung von Drehstrom-Doppelleitungen.

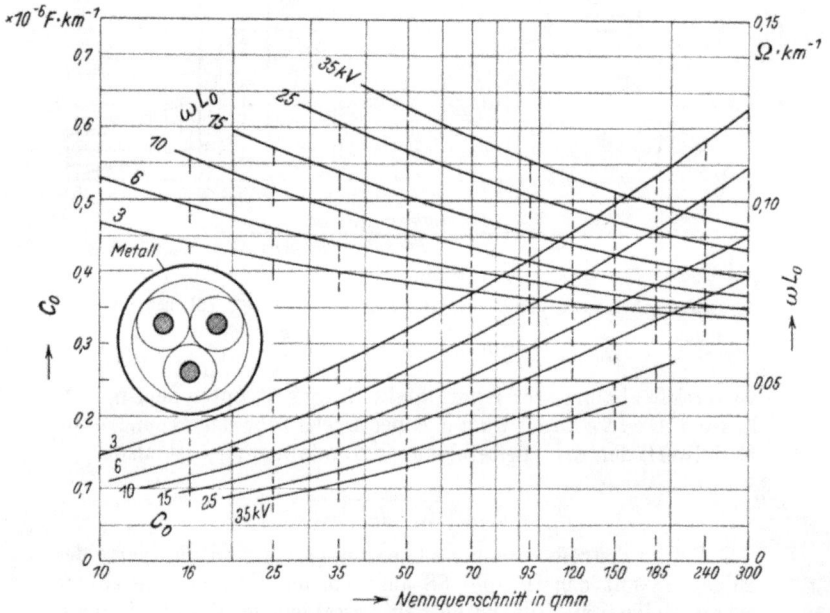

Bild 89.
Reaktanzbelag ωL_0 und Kapazitätsbelag C_0 von gewöhnlichen Drehstrom-kabeln.

anderen Verhältnissen der Leiterabstände hat man die Umrechnungsziffern zu interpolieren.

Bei Hohlseilen hat man den Wert für den Induktivitätsbelag außerdem noch mit der weiteren Umrechnungsziffer $\left(0,96 + 0,051\,\dfrac{\delta}{r}\right)$ zu multiplizieren. Hierin bedeuten δ die Wandstärke und r den Außenhalbmesser des Hohlseiles. Diese Umrechnungsziffer gilt im Bereich $0 < \dfrac{\delta}{r} < 0,6$.

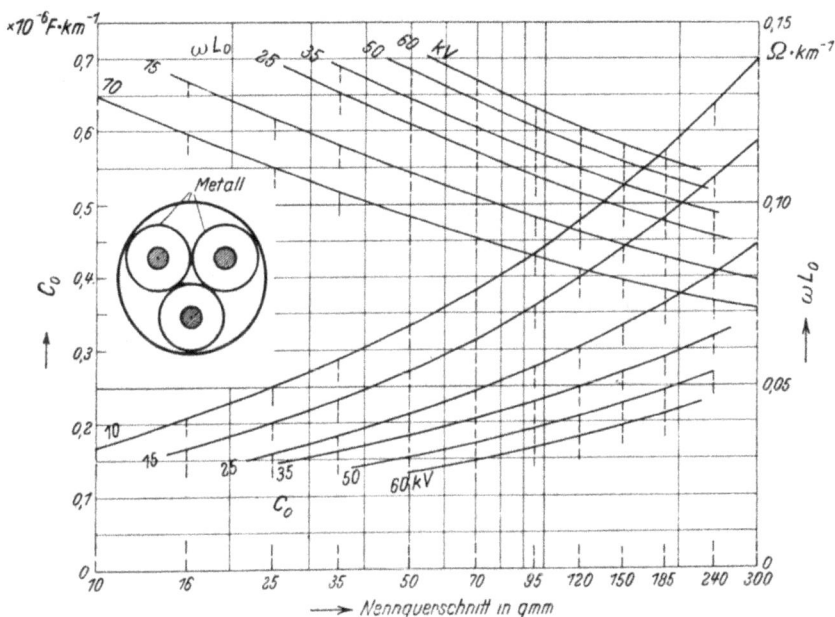

Bild 90.
Reaktanzbelag ωL_0 und Kapazitätsbelag C_0 von Drehstrom-H-Kabeln (metallisierte Einzelleiter).

Die in Bild 87 angegebenen Werte gelten genügend genau für Freileitungen mit oder ohne E r d s e i l e n.

In den Bildern 89 und 90 sind die Beläge ωL_0 und C_0 für K a b e l dargestellt, und zwar in Bild 89 für gewöhnliche Drehstromkabel und in Bild 90 für Drehstrom-H-Kabel.

An einem ausgeführten Kabel für 100 kV (Einleiterkabel) wurden folgende Werte für die Beläge gemessen:

$C_0 = 0,21 \cdot 10^{-6}$ Farad; $\omega L_0 = 0,166$ Ohm; $R_0 = 0,925$ Ohm;
Verlustwinkel tg $\delta = 0,0059$.

C. Ableitungsbelag.

Unter der Ableitung versteht man die dem Quadrat der Spannung proportionalen Verluste.

Bei F r e i l e i t u n g e n hoher Spannung treten sie in Form von G l i m m verlusten (Korona) auf. Die Glimmverluste sind von der Beschaffenheit der Leiteroberfläche und von den Witterungsverhältnissen stark abhängig. Man rechnet für Drehstromleitungen im Mittel mit 1 bis 4 kW Verlusten pro 1 km bei Spannungen von 100 bis 220 kV.

Daraus berechnet sich der Ableitungsbelag zu

$g_0 = 0{,}1 \cdot 10^{-6}$ Siemens/km je Leiter bei 100 kV verketteter Spannung,

$g_0 = 0{,}0827 \cdot 10^{-6}$ Siemens/km je Leiter bei 220 kV verketteter Spannung.

Bei K a b e l n werden die Verluste verursacht durch die Leitfähigkeit der Isolation und durch die dielektrische Hysteresis.

Man kann hier für den Ableitungsbelag annehmen:

$g_0 = 0{,}01 \; \omega C_0$ Siemens/km je Leiter bei Drehstromkabeln gewöhnlicher Bauart,

$g_0 = 0{,}005 \; \omega C_0$ Siemens/km je Leiter bei Einphasenkabeln und bei Drehstromkabeln mit metallisierten Einzelleitern.

Schrifttum.

Burger O.: Berechnung von Drehstromkraftübertragungen. Berlin 1927.

Emde F.: Sinusrelief und Tangensrelief in der Elektrotechnik. Braunschweig 1924.

Fraenkel A.: Theorie der Wechselströme. Berlin 1930.

Grünholz H.: Theorie der Wechselstromübertragung. Berlin 1928.

Hering E.: Neue Methoden der graphischen Netzberechnung. Elektro-Journal (1927), H. 3 u. 4.

Herzog-Feldmann: Die Berechnung elektrischer Leitungsnetze in Theorie und Praxis. Berlin 1927.

Kropp H.: Energieübertragung auf Fernleitungen. (Mitteilungen aus dem Hochspannungslaboratorium der Technischen Hochschule München.) Arch. f. Elektr., Bd. 29 (1935), H. 6.

Ossanna J.: Fernübertragungsmöglichkeiten großer Energiemengen. ETZ (1922), H. 32 u. 33.

Ossanna J.: Neue Arbeitsdiagramme über die Spannungsänderung in Wechselstromnetzen. E u. M (1926), H. 6.

Piloty H.: Leistungsgrenzen und Stabilität von Großkraftübertragungen. Forschung u. Technik (AEG) 1930.

Piloty H.: Wirtschaftlichkeit der Drehstrom- und Gleichstromübertragung. Vortrag 1932.

Roeßler G.: Die Fernleitung von Wechselströmen. Berlin 1905.

Schwaiger A.: Graphische Berechnung elektrischer Leitungsnetze. ETZ (1920), H. 12.

Schwaiger A.: Ermittlung von Kurzschlußströmen in Netzen. ETZ (1929), H. 32.

Schwaiger A.: Einfache Diagramme für Fernleitungen. Elektr. Wirtsch., Bd. 30 (1931), H. 17.

Teichmüller J.: Die Berechnung der Leitungen auf der Grundlage der vier Grundgrößen. ETZ (1921), H. 29 u. 30.

Wich E.: Zur Geometrie der Wechselstromübertragung. München. Techn. Hochsch. Diss. 1934.

Wich E.: Arch. f. Elektr., Bd. 30 (1936), H. 6.

Sachverzeichnis.

Anbeschriebener Kreisbogen 206
Arbeitsdiagramm 112
Auslegerkanten 207

Blitzanfälligkeit 197
Blitzforschung 191
Blitzsicherheit 186

Cassinische Kurve 133

Doppelwert 119
Drosselspule 64, 173, 176

Eigenkapazität 115
Einbeschriebener Kreisbogen 205
Einheitsschlagweite 200
Einschlagstelle 191
Erdseil 186
Ersatzleiter 25
Ersatzschaltung 84
Exponentialfunktion 184

Fangdraht 188
Fangentladungen 199
Fangstange 187
Faradayscher Käfig 212
Fernleitung 83
Ferranti-Effekt 139
Formelgruppe 89, 92
Fortschreitende Wellen 144

Gebäudeschutz 187
Geometrische Örter 73, 121, 206
Grenzleistung 119
Grenzparabel 119, 132

Hochspannungsleitung 7
Höchstspannungsleitung 7

Ideale Übertragungsform 145
Indirekter Einschlag 188
Influenzierte Überspannung 189

Kapazität 150
Knotenpunkt 41
Kompensation 134, 172
Kosten 211
Kreisdiagramm 86
Kupplungsleitung 14, 83
Kurzschluß 59

Längskomponente 10
Leerlaufcharakteristik 62

Leitlinie 100
Leitungsgitter 41

Maschen 44
Mastausleger 208
Mastbild 186
Maßstäbe 21

Natürliche Leistung 141
Niederspannungsleitungen 7

Örter, geometrische 73, 121, 206
Ossanna-Diagramm 86, 130, 134

Parabel 100, 132, 159
Parallelbetrieb 16
Proportionalität 193

Querkomponente 10

Reaktanzbelag 20
Reflektierte Wellen 145

Satteldach 188
Schutzraum 187, 198
Schutzseil 199
Sinus- und Tangensrelief 87
Spannungsregulierung 125
Stabilität 15
Stehende Wellen 188
Streureaktanz 63
Streuung 205
Superposition 48
Synchrone Reaktanz 65

Tangente 203
Teilschutz 203

Überstromschutz 45
Unmittelbare Blitzeinschläge 193

Verbundbetrieb 84
Verdrehungswinkel 16
Verwerfen 22
Verzerrung 156
Verzerrungswinkel 163
Verzinsung 12
Vielelektrodenanordnung 194
Vollschutz 203

Wellenlänge 139
Wellenwiderstand 146
Widerstandsbelag 19
Wirtschaftlicher Spannungsabfall 12

ATM
ARCHIV FÜR TECHNISCHES MESSEN
Ein Sammelwerk für die gesamte Meßtechnik

Das ATM übernahm vom Buch und von der Kartei die für seine Zwecke geeigneten Eigenschaften:

> vom **Buch** die Systematik, den festen umgrenzten Plan und das Streben nach Vollständigkeit der Darstellung,
> von der **Kartei** die sichere und rasche Ordnung der Einzelthemen sowie die Beweglichkeit in der Verwendung innerhalb des Betriebs.

ATM vereinigt das alles zu einem sorgsam durchdachten Arbeits- und Hilfsmittel von bemerkenswerter Vollkommenheit.

> **Die Aufsätze** erscheinen auf in sich abgeschlossenen, 4 fach gelochten Einzel- bzw. Doppelblättern. Sie sind Kurzaufsätze und für den vielbeschäftigten Fachmann bestimmt, der nicht die Zeit hat, lange Abhandlungen zu lesen, sondern ein knapp gefaßtes Hilfsmittel braucht, das ihm mit großer Reichhaltigkeit das Wesentliche bringt.

> **Kein Suchen mehr!** Beim ATM fällt alles Suchen in vielen Bänden fort, denn es ist ein buchartiges Sammelwerk. Ein Griff und Sie finden z. B. alle Aufsätze über die Frage „Meßbrücken" an einer Stelle zusammen. Bequemer geht es wohl nicht mehr.

> **Diese Ordnung bietet noch weitere Vorteile:** Sie finden nicht nur alle Aufsätze über eine Frage ohne Zeitverlust, Sie haben auch die Gewißheit, keinen Aufsatz übersehen zu haben. Auch alles, was künftig erscheint, werden Sie dort finden. Da veraltete Aufsätze durch neue Blätter ersetzt werden, verfügen Sie zugleich immer über den neuesten Stand der Forschung.

Der Zweck des ATM ist die Vermittlung der Ergebnisse der gesamten Meßtechnik. Es bringt Arbeiten aus allen Gebieten der Meßtechnik, mechanisch, elektrisch, optisch, akustisch. Die elektrische Meßtechnik überwiegt häufig, weil man in den letzten Jahren mehr und mehr die feinsten Messungen auf elektrische umgestellt hat, vor allem, um Fernbeobachtung und Registrierung auszuführen. Neben die Aufsätze treten „Firmenmitteilungen", die Mitteilungen von Firmen über die von ihnen hergestellten Spezial-Meßgeräte oder Baustoffe enthalten.

Das ATM ist billig. Die Lieferungen werden regelmäßig (monatlich) ausgegeben. Bei ständigem Bezug kostet jede Lieferung RM. 1.50.

Mit dem Bezug können Sie jederzeit beginnen. Ihre Bestellung nimmt jede Buchhandlung, die Post oder der Verlag gern entgegen.

VERLAG R. OLDENBOURG · MÜNCHEN 1 UND BERLIN

Lehrbuch der Elektrotechnik.

Von Prof. Dr.-Ing. Günther Oberdorfer.

Band I: Die wissenschaftlichen Grundlagen der Elektrotechnik. 2. Aufl., 460 S., 272 Abb., 1 Taf. Gr.-8⁰. 1941. In Leinen RM. 19.50.

Band II: Rechenverfahren und allgemeine Theorien der Elektrotechnik. 2. Aufl. 377 S., 123 Abb. Gr.-8⁰. 1941. In Leinen RM. 18.50.

Die Ortskurventheorie der Wechselstromtechnik.

Von Dr.-Ing. Günther Oberdorfer. 88 S., 52 Abb. Gr.-8⁰. 1934. RM. 4.50.

Elektromagnetische Grundbegriffe.

Ihre Entwicklung und ihre einfachsten technischen Anwendungen. Von Prof. W. O. Schumann. 220 S., 197 Abb. Gr.-8⁰. 1931. RM.11.—.

Transformatoren mit Stufenregelung unter Last.

Theorie, Aufbau, Anwendung. Von Karl Bölte und Rudolf Küchler. 182 S., 159 Abb. Gr.-8⁰. 1938. In Leinen RM. 9.60.

Das Bürstenproblem im Elektromaschinenbau.

Ein Beitrag zum Studium der Stromabnahme von Kommutatoren und Schleifringen bei elektrischen Maschinen. Von Obering. Dr. W. Heinrich. 194 S. 114 Abb. Gr.-8⁰. 1930. RM. 9.—.

Freileitungsbau und Schleuderbetonmasten.

Von Dr.-Ing. Ludwig Heuser und Obering. Robert Burget. 184 S., 148 Abb. Gr.-8⁰. 1932. RM. 10.—.

Fahrleitungsanlagen für elektrische Bahnen.

Von Fr. W. Jacobs. 296 S., 400 Abb. Gr.-8⁰. 1925. RM. 8.10. In Leinen RM. 9.40.

Freileitungsbau, Ortsnetzbau.

Von F. Kapper. 4. umgearb. Aufl. 395 S., 374 Abb., 2 Taf., 55 Tab. Gr.-8⁰. 1923. RM. 10.80. In Leinen RM. 12.10.

Ortsnetze für Kabel und Freileitung.

Mit Berechnungsbeispielen aus der Praxis. Von El.-Ing. Karl Kinzinger. 122 S., 35 Abb., 2 Tab. 8⁰. 1932. RM. 5.—.

Die Trockengleichrichter.

Von Ing. Karl Maier. Theorie, Aufbau und Anwendung. 313 S., 313 Abb. Gr.-8⁰. 1938. In Leinen RM. 18.—.

Stromrichter unter besonderer Berücksichtigung der Quecksilberdampf-Großgleichrichter.

Von D. K. Marti und H. Winograd. Bearbeitet von Dr.-Ing. Gramisch. 405 S., 279 Abb. Gr.-8⁰. 1933. In Leinen RM. 22.—.

VERLAG R. OLDENBOURG · MÜNCHEN 1 UND BERLIN

Die Technik selbsttätiger Steuerungen und Anlagen.

Neuzeitliche schaltungstechnische Mittel und Verfahren, ihre Anwendung auf den Gebieten der Verriegelungen und der selbsttätigen Steuerungen. Von Dipl.-Ing. G. Meiners. 225 S., 144 Abb. Gr.-8⁰. 1936. In Leinen RM. 12.—.

Berechnung der Gleich- und Wechselstromnetze.

Von Ing. K. Muttersbach. 124 S., 88 Abb. Gr.-8⁰. 1925. RM. 5.—.

Kohlebürsten, zugleich eine Darstellung des veränderlichen Verhaltens der Stromwendung bei Gleichstrommaschinen.

Von Dr. J. Neukirchen. 142 S., 35 Abb., 12 Taf. Gr.-8⁰. 1934. RM. 6.80.

Quecksilberdampf-Gleichrichter, Wirkungsweise, Konstruktion und Schaltung.

Von D. C. Prince und F. B. Vogdes. Deutsche Ausgabe bearbeitet von Dr.-Ing. O. Gramisch. 199 S., 172 Abb. Gr.-8⁰. 1931. RM. 11.70. In Leinen RM. 13.50.

Die Phasenkompensation in Drehstromanlagen.

Ein Hilfsbuch für praktische Leistungsfaktor-Verbesserung. Von Ing. H. Rengert. 106 S. 98 Abb. 8⁰. 1931. RM. 5.—.

Die elektrische Warmbehandlung in der Industrie.

Von Obering. E. Fr. Ruß. 264 S., 240 Abb. Gr.-8⁰. 1933. In Leinen RM. 14.—.

Gleichrichterschaltungen, ihre Berechnung und Arbeitsweise.

Von Dr.-Ing. Walter Schilling. 279 S., 121 Abb. Gr.-8⁰. 1939. In Leinen RM. 17.50.

Die Wechselrichter und Umrichter.

Ihre Berechnung und Arbeitsweise. Von Dr.-Ing. habil. Walter Schilling. 161 S., 83 Abb. Gr.-8⁰. 1940. In Leinen RM. 12.—.

Der Schutzbereich von Blitzableitern.

Neue Regeln für den Bau von Blitz-Fangvorrichtungen. Von Prof. Dr.-Ing. Anton Schwaiger. 115 S., 27 Abb., 3 Kurventaf. 8⁰. 1938. RM. 5.—.

Wirtschaftliche Energieverteilung in Drehstromkabelnetzen.

Von Dr.-Ing. Willy Speidel. 124 S., 17 Abb. Gr.-8⁰ 1932. RM. 7.—.

Kurzschlußströme in Drehstromnetzen.

Berechnung und Begrenzung. Von Dr.-Ing. M. Walter. 2. Aufl. 167 S., 124 Abb. Gr.-8⁰. 1938. In Leinen RM. 8.80.

Selektivschutzeinrichtungen für Hochspannungsanlagen mit Anleitung zu ihrer Projektierung.

Von Obering. M. Walter. 134 S., 77 Abb. Gr.-8⁰. 1929. RM. 6.30.

VERLAG R. OLDENBOURG · MÜNCHEN 1 UND BERLIN

www.ingramcontent.com/pod-product-compliance
Lightning Source LLC
Chambersburg PA
CBHW031439180326
41458CB00002B/591